流れ学

流体力学と流体機械の基礎

山田英巳・濵川洋充・田坂裕司 共著

森北出版株式会社

まえがき

現在，大学の工学部や工業高等専門学校の機械工学系の学科では，力学に基づく従来からの機械工学の学問分野に加えて，コンピュータ技術を基盤とする情報処理，計算力学，制御工学，計測工学などの学際的な学問分野が必須な科目として取り入れられている．これは，機械工学を学んだ学生諸子が現代の多様な産業社会で活躍できるようにするためには必要なことだろうと考えられる．しかし，そのために流体力学などの機械工学の基盤科目に使える時間数は確実に減ってきている．従来の機械工学系学科において流体力学に関する科目に費やす時間は，水力学が 1 年間，流体機械が半年間，非粘性と粘性の流体を扱う流体力学が半年～1 年間程度であったが，現在ではおおむね半年～1 年分程度は少なくなっている．これに対処するためか，現在は水力学と流体力学を合わせて，学部段階で学ぶ新たな流体力学として 1 年分程度の内容にまとめたテキストが「流体力学」として多く出版されている．また，流体力学を実際の機械工学に応用した流体装置について学ぶ科目である流体機械については，カリキュラムから省かれる場合も珍しくなくなっている．

著者らは，流体力学を初めて学ぶ学生諸子にとっては，これまでのように実際の流れ現象と対照させて有意な物理量を求めようとする水力学から始めて，流体機械，流体力学の順番に学習を進めるほうが流体力学を体系的に理解しやすいものと考えている．そのため，本書では具体的な流れ現象を扱う水力学から流体機械までの範囲でぜひ身につけてほしい基礎的内容を厳選して段階的に積み上げ，これに流体の計測法と可視化法を加えて「流れ学—流体力学と流体機械の基礎—」として幅広くまとめることに努めている．とくに，第 10 章では流体機械のエッセンスが十分学べるように紙面を多く使い，また第 11 章では流れの計測法の注意点や課題にまで言及している．そのため，大学の工学部や工業高等専門学校の学生諸子が 1 年間で初めて流体力学を学ぶには，やや多めの内容となっているかもしれないが，取捨選択して学べるようにまとめている．講義で取り扱わなかった事項の学習にもぜひ活用してほしい．

流れ学は，広い意味では流体力学の体系の中に含まれるが，多くの先人たちが経験的に蓄積してきた流れ現象に対する幅広い知識を簡潔な数式により取り扱い，実用的な観点で解を得ようとする学問分野であるため，数理学的な記述を重視する立場からの流体力学とは一線を画して見えるだろう．しかし，著者らは，本書を通じて初めて流体力学を学ぶ学生諸子に抵抗なく流体力学の世界にふみ込んでもらうことが最優先であると考え，主に機械工学に関連する基本的でかつ具体的な流れ現象を題材にとって記述することに心がけた．それゆえ，本書は数理学的な流体力学の世界にふみ出すための入門書にあたると考えている．したがって，カリキュラムの都合によって本書だけで流体力学を終えて社会に入る学生諸子にとっても，本格的な流体力学の基礎を学ぼうとする諸氏にとっても，本書が有益な一助となることを願っている．

本書の執筆にあたっては多くの書籍を参考にさせていただいた．参考文献として巻末に記して謝意を表する．著者らの浅学非才のため不十分な内容や不備があるのではないかと危惧するが，ご容赦願うとともに，ご指摘・ご教示いただければ幸いである．

最後に，本書の出版にあたって，北海道大学と大分大学の大学院生のみなさんにはオリジナル図の作成に協力いただいた．ここに改めて，お礼申し上げる．

2016 年 4 月

著者代表　山田英巳

目　次

ギリシャ文字の英語表記と本書での使用例

ギリシャ文字(大)	ギリシャ文字(小)	アルファベット表記	記号としての使用例
A	α	alpha（アルファ）	角度
B	β	beta（ベータ）	圧縮率
Γ	γ	gamma（ガンマ）	
Δ	δ	delta（デルタ）	境界層の厚さ
E	ε	epsilon（イプシロン）	
Z	ζ	zeta（ゼータ）	損失係数
H	η	eta（イータ）	効率
Θ	θ	theta（シータ）	角度
I	ι	iota（イオタ）	
K	κ	kappa（カッパ）	カルマン定数
Λ	λ	lambda（ラムダ）	管摩擦係数
M	μ	mu（ミュー）	粘度
N	ν	nu（ニュー）	動粘度
Ξ	ξ	xi（グザイ，クシー）	修正係数
O	o	omicron（オミクロン）	
Π	π	pi（パイ）	円周率
P	ρ	rho（ロー）	流体の密度
Σ	σ	sigma（シグマ）	表面張力
T	τ	tau（タウ）	せん断応力
Υ	υ	upsilon（ウプシロン）	
Φ	ϕ	phi（ファイ）	
X	χ	chi（カイ）	
Ψ	ψ	psi（プサイ）	
Ω	ω	omega（オメガ）	回転角速度

序　章　流体の流れ

日本列島は四季の自然に恵まれた地域といわれている．一歩外に出ると，春には梅，桜，ツツジなどの花々を楽しみ，夏には緑豊かな木陰で一息つき，秋には秋桜（コスモス）や曼珠沙華（マンジュシャゲ）に爽やかな空気を感じ，冬には雪を頂いた山々を眺めることができる．それぞれの季節の陽射しや滋雨が，私たちの糧となるさまざまな自然の恵みを提供していることが実感される．一方で自然は，集中豪雨，台風，地震などの災害をもたらす畏怖の対象でもある．

このような自然の恵みと災いをもたらす事象のほとんどが，流れとよばれる流体の運動と深く関係している．地球は，その表面上で適切な量の水と空気を絶妙に循環させて，宇宙に逃がさないように蓄えている惑星である．水や空気は物理法則に従って運動しているにすぎないが，この水と空気の運動が大規模な循環システムを形成して，私たちに自然の恵みをもたらしている．

この水や空気に代表される液体と気体の総称が流体であり，流体が運動することにより流れが生じる．流体の流れを取り扱う学問分野は広く流体力学とよばれている．本書『流れ学』は，流体力学の入門書に相当すると考えていただきたい．ところで，液体の運動は気体の運動より，私たちにとってはるかに体験的に認識しやすいといえる．たとえば，水泳では水の粘性による流動抵抗を体に感じるため，水という流体の存在を体感できる．一方，大気の中にすっぽり埋もれて一生の間ある種の「空泳」をしているにもかかわらず，私たちは空気の存在をほとんど意識していない．しかし，流体力学では特別な場合を除き，一般に液体と気体の運動とを区別することをしない．

流体力学で取り扱う流れ現象は地球規模から微生物環境に至るまで幅広く関係しているが，その中で私たちの身近に見られる流体の流れについてみてみよう．

■自然環境における流れ

台風，豪雨，地震，雷などの災害をもたらす要因のほとんどが流体の運動と深く関係している．一見，流れとは無関係な現象に思える地震でさえも，地表面を支える地殻の内側で高温のマントルが対流して地殻プレートを移動させることが原因となって生じている．雷は上空の積乱雲から地表面に向かう放電現象であるが，その原因は積乱雲内にある霰（あられ）や氷晶などの混相流体が衝突や摩擦により帯電するため発生すると考えられている.

また，気象学では台風の強さと進路をより正確に予測することが重要な課題であるが，その気象学の基礎は流体力学に支えられている．このように，流体力学は自然環境の解明に役立つだけでなく，私たちの安全な生活を維持するためにも貢献している.

■暮らしの中での流れの利用

あらゆる産業分野において，その産業を維持・成長させていくために電力は必要不可欠である．火力発電や原子力発電では，高温高圧のガスを作り出して効率よくタービンを回転させる必要がある．そのため，タービンを通過する際のガスの流れをいかにコントロールするかが重要な課題であり，流体力学的な解析に基づいてその性能改善が続けられている．一方，これらの発電に利用するエネルギー資源は有限であるため，近年になって，再生可能な資源を利用する発電や，太陽光・水力・風力などの自然エネルギーを利用する発電にも関心が向けられてきている．我が国では明治以降水力発電が一定の発電量を担ってきたが，電力需要の高まりとともにその発電割合は減少し，現在では10% 未満となっている．さらに，古くからあるダムに土砂がたまってきて貯水量が減少しつつあり，水力発電の大幅な増加は期待できない．しかし，水力発電は我が国の国内資源を有効利用できる数少ない発電方式の一つであるので，水車の効率向上や水流の損失低減などを図り，今後も水力発電システムを改善していくことが有意義であると思われる．水力発電や風力発電に用いる水車や風車の原理，特徴，性能などの基本事項については，本書の第 5 章および第 10 章で取り扱う.

身のまわりの流れに目を転じてみると，私たちが日常利用している自動車や電車は空気という流体の中を走っていることに気づく．その結果，通常は目には見えないが自動車のまわりには図 1 のような流れが形成され，抗力とよばれる自動車の走行を妨げようとする流体力が作用する．抗力が大きいほど走行時に無駄なエネルギーを要するので，燃費は悪くなる．一般に，流体中を進行する物体の抗力は，そのまわりの流れが滑らかに物体形状を包み込むように流れる場合ほど小さくなる．そのような滑らかな流れを生じる物体形状は流線形とよばれている．究極の流線形は翼形であり，それは図 2 のように航空機の翼の形状に活かされている．航空機の翼は，抗力が小さいだけでなく，重い機体を浮き上がらせるほどの大きい揚力をもつことに特徴がある．自動車のような物体に作用する抗力や翼に作用する揚力については，本書の第 9 章で取り扱う.

さらに，自動車や航空機の内部は見えないが，その心臓部であるエンジンの性能が自動車や航空機の性能に直結している．航空機はその速度を上げて揚力を高めるため高い推力をもつジェットエンジンを必要とするが，その性能は，多数の翼形からなる

図 1　自動車の車体まわりの流れ

図 2　航空機

タービンを過ぎる流れの熱力学的挙動に左右される．このように，流体力学は熱力学とも関連して重要な技術を担っているといえる．

また，さらにエンジンには液体燃料を効率よくエンジンに供給するための管路システムが付随しており，燃料という液体の流れもまたコントロールされている．管路システムといえば，私たちの生活を支えている上水道システムもその一つである．水道水の多くは，河川から吸い上げられて浄水場でさまざまな浄化処理が施された後の水であり，それは大型ポンプにより導水管を介して各家庭などの末端へ送られている．我が国の上水道システムはよく整備されているため，どの地域に住んでいても蛇口をひねるだけできれいな飲料水が得られる．このような管路システムは，導水管，種々の管路継手，弁（バルブ）などの管路要素の組み合わせから構成されており，これに用いる適切なポンプ規格を選定するには，管路システムの流動抵抗を正確に見積もらなければならない．管路システムの概要とその流動抵抗の評価法については，本書の第 6 章および第 7 章で取り扱っている．

■体の中の流れ

ほとんど意識されることはないが，私たち人間も含めてほとんどの動物や植物の体の中に空気と水の流れが存在しており，それが生命活動を支えている．ここで，私たち自身の生命活動を支える呼吸や血管内の流れについて考えてみよう．呼吸は，肺で酸素と二酸化炭素とのガス交換を行うために，気管に呼気または吸気とよばれる空気を交互に流すしくみである．そのため，吸気は空気と同じ組成の酸素を含む空気であり，呼気は二酸化炭素濃度が高い空気である．この空気の流れは，血液の流れと密接に関連している．

図 3 は体内の血液循環システムの模式図である．不要となった二酸化炭素の代わりに肺で酸素を取り入れた新鮮な血液が，左心室という大型の拍動ポンプから大動脈・中動脈を介して末端の毛細血管に送られる．大動脈を通過する間に拍動による圧力変

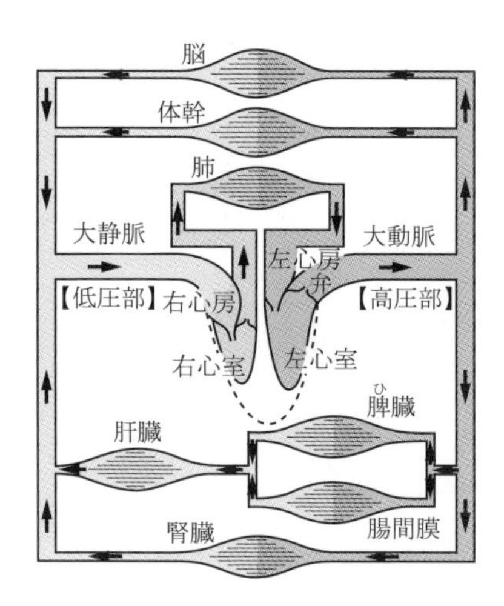

図 3　血液の循環システム

動も小さくなっていく．これもまた，前述したある種の管路システムであり，浄水場で浄化した水を大型ポンプで各家庭に送る上水道の管路システムに似ている．しかし，人体の管路システムは静脈という帰り道をもつことで，優れた循環式の管路システムを構築していることがわかる．動脈側の毛細血管から酸素や栄養素を受け取った人体の各組織は，二酸化炭素や老廃物を静脈側の血管を通して右心房に戻している．そのため，基本的に血液の総量に変化はない．右心房に返された血液はもう一つの右心室ポンプにより肺に送られて浄化される．以上のことから，人体内の血管は左心室と右心室という二つの拍動ポンプを備えることで，優れた血液の完全循環システムを形成していることがわかる．これは，長い進化の過程で私たちが獲得した生物としての機能の一つで，きわめて緻密にリサイクルを行うしくみといえる．これからは，このような生物の優れたしくみを理解して，流体力学をさまざまな産業分野に応用していく姿勢が必要であろう．このような観点に基づいて，近年，生物流体力学とよばれる分野の研究活動が注目されつつある．詳しい内容は本書の範囲を超えるが，この分野を理解するためには第 6〜7 章および第 10 章の知識が必要である．

以上，自然環境，人工物，生体の三つの例について，流体力学との関係をみてきた．現象の複雑さやスケールはさまざまだが，本書が担う流体力学と流体機械の基礎を身につけることにより，背後にある原理をある程度理解することができるであろう．次章から，流体力学と流体機械における基本事項とさまざまな法則について学んでいく．

第1章 流体の性質

流体は，気体と液体の総称であり，圧力やせん断応力が作用することで変形・流動化しやすいという，固体とは区別される共通の性質をもっている．個々の流体は，たとえば密度や粘度のように温度と圧力に依存して変化する固有の性質，すなわち物性値をもっている．気体と液体では，それぞれの密度や粘度などの物性値が大きく異なっているが，流体の粘性や圧縮性などを評価する際の関係式に区別はない．ただし，気体と液体とではそれぞれの分子間力が異なるため，気体と液体とが接する界面近くでは表面張力などを考慮する必要が生じる．本章では，流体の密度，粘性，圧縮性，キャビテーションなど，第2章以降で取り扱う流体の運動を理解するうえでもっとも基本的な流体の性質について学ぶ．

1.1 流体とは

物質は一般に固体（固相），液体（液相），気体（気相）の状態に分類され，これらの状態は圧力や温度の変化により図1.1に示すように変化する．これを物質の相変化という．たとえば，水は液相での名称であり，固相では氷，気相では水蒸気とよばれるように相が変化する．このうちの液体と気体を総称して流体という．また，液体と気体が混ざった場合やこれらに微量に固体が混ざった場合の流体は混相流体とよばれ，特殊な流体の一種として取り扱われることが多い．

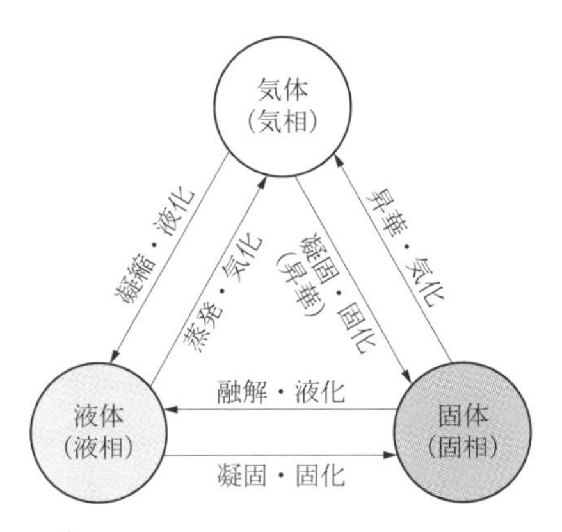

図1.1 物質の3態と相変化

流体は特定の形をもたず，おおよそせん断力に比例して流動化する性質をもっている．通常の流体は十分多くの分子から構成されているので，連続した物質として考えることができる．一方，分子数がきわめて少ない気体の流動は，個々の分子運動をも考慮した希薄流体力学という分野で取り扱われる．

1.2 流体の密度と比重

流体の単位体積あたりの質量を**密度**（density）という．流体の体積を V [m^3]，質量を m [kg] とすると，流体の密度 ρ [kg/m^3] は次式で求められる．

$$\rho = \frac{m}{V} \tag{1.1}$$

一般に，流体の密度は温度や圧力によって変化するが，表1.1および表1.2を比べるとわかるように，水に代表される液体の密度変化はきわめて小さい．

密度とは逆に，流体の単位質量あたりの体積を**比体積**（specific volume）といい，密度の逆数として定義される．また，**比重**（specific gravity）s は，流体の密度 ρ

表1.1　標準気圧（= 101.325 kPa）における水の物性値

温度 [°C]	**密度** ρ [kg/m^3]	**粘度** μ [Pa·s]	**動粘度** ν [m^2/s]
0	999.8	1.792×10^{-3}	1.792×10^{-6}
5	1000.0	1.519	1.519
10	999.7	1.307	1.307
20	998.2	1.002	1.004
30	995.7	0.797	0.800
40	992.2	0.653	0.658
50	988.0	0.547	0.554
60	983.2	0.467	0.475
70	977.8	0.404	0.413
80	971.8	0.355	0.365
90	965.3	0.315	0.326
100	958.4	0.282	0.294

表1.2　標準気圧（=101.325 kPa）における乾燥空気の物性値

温度 [°C]	**密度** ρ [kg/m^3]	**粘度** μ [Pa·s]	**動粘度** ν [m^2/s]
0	1.292	1.724×10^{-5}	1.334×10^{-5}
10	1.247	1.773	1.422
20	1.204	1.822	1.513
30	1.164	1.869	1.606
40	1.127	1.915	1.699

表 1.3 標準気圧（=101.325 kPa）における水銀とアルコールの比重 s

温度 [℃]	**水銀**	**エチルアルコール**		
		80%	90%	100%
0	13.596	0.8606	0.8354	0.8063
10	13.571	0.8520	0.8267	0.7978
15	13.559	0.8477	0.8224	0.7936
20	13.546	0.8434	0.8180	0.7893
30	13.522	0.8348	0.8093	0.7806

を基準となる流体の密度との比として表したものである．一般に，液体の比重は4℃の水の密度 ρ_w（$= 1000\,\mathrm{kg/m^3}$）を基準に，気体の比重は15℃の空気の密度 ρ_a（$= 1.226\,\mathrm{kg/m^3}$）を基準に示される．表1.3に代表的な液体の比重を示す．

1.3 流体の粘性

図1.2は，小さな隙間 h をもつ2枚の平行な平板間に流体が満たされている様子を表している．次に，下方の平板を固定し，上方の平板を一定速度 U で移動させると，流体の粘性のため平板に接する流体は平板と同じ速度となるので，隙間内の流体の速度は下方の固定平板上の0から移動平板上の U にまで直線的に変化する．このような流れは**クエット流れ**（Couette flow）とよばれる．クエット流れにおいて，上方の平板を移動させるのに必要な力 F は，平板の面積 A と移動速度 U に比例し，平板間の間隔 h に反比例する．したがって，比例定数を μ とすると次の関係式が得られる．

$$\frac{F}{A} = \mu \frac{U}{h} \tag{1.2}$$

F/A は平板の単位面積あたりに作用するせん断力（摩擦力）であるので，**せん断応力**（shear stress）τ あるいは**摩擦応力**（friction stress）τ とよばれる．その単位は[N/m²]または[Pa]（パスカル）である．U/h は y 方向の速度勾配を表す．また，μ は

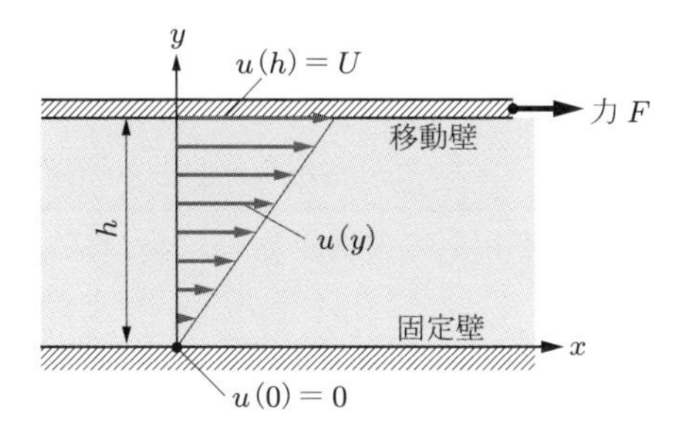

図 1.2 クエット流れ

流体の粘性の大きさを表しており，**粘度**（viscosity）とよばれる．その単位は [Pa·s] である．粘度は表 1.1，表 1.2 に示すように流体の種類によって異なる物性値である．

クエット流れでは，速度勾配 U/h は y 軸上のどこでも一定であるので，平板間の流体に作用するせん断応力 τ もまた y の位置に関係なく一定となる．ところが，図 1.3 に示すような速度勾配が y の位置により変化する流れでは，y の各位置におけるせん断応力 τ は

$$\tau = \lim_{\Delta y \to 0} \left(\mu \frac{\Delta u}{\Delta y} \right) = \mu \frac{du}{dy} \tag{1.3}$$

と表される．この関係式は，**ニュートンの粘性法則**（Newton's law of viscosity）とよばれる．式 (1.3) に従う流体を**ニュートン流体**（Newtonian fluid）とよび，空気，油，水などがこれに相当する．なお，式 (1.3) は y 方向に速度が変化しない流れ，すなわち速度勾配のない流れでは，$\tau = \mu \cdot 0 = 0$ となり，流体自身が粘性をもっていてもせん断応力が生じないことを示している．

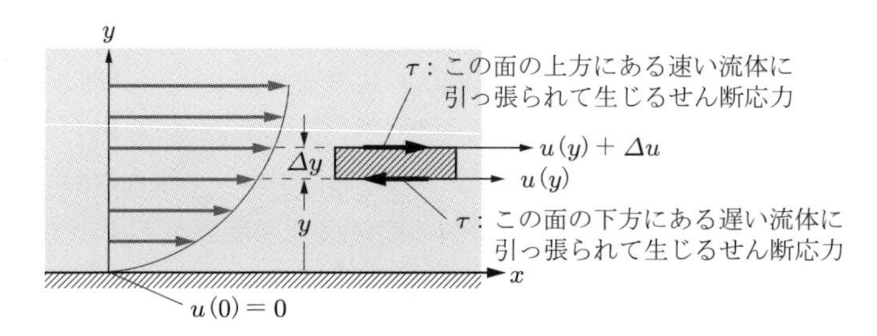

図 1.3　速度勾配とせん断応力

流体の粘性を表す量として，粘度 μ のほかに，密度 ρ で割った式 (1.4) で定義される**動粘度**（kinematic viscosity）ν が用いられる．

$$\nu = \frac{\mu}{\rho} \tag{1.4}$$

動粘度は，後述するレイノルズ数を構成する主要な量であり，流体の運動に大きく影響する物性値である．

例題 1.1　式 (1.2)〜(1.4) を利用して，粘度 μ の単位が [Pa·s]，動粘度 ν の単位が [m^2/s] となることを示せ．

解　粘度 μ は式 (1.2) より

$$\mu = \frac{F/A}{U/h} = \frac{Fh}{UA}$$

と表せるので，右辺の物理量を基本単位（SI 単位）で表すと，以下のようになる．

$$\frac{[\mathrm{N}][\mathrm{m}]}{[\mathrm{m/s}]\,[\mathrm{m}^2]} = \left[\frac{\mathrm{N}}{\mathrm{m}^2}\right][\mathrm{s}] = [\mathrm{Pa{\cdot}s}]$$

一方，動粘度 ν の単位は，式 (1.4) より以下のようになる．

$$\frac{\left[\dfrac{\mathrm{N}}{\mathrm{m}^2}\right][\mathrm{s}]}{\left[\dfrac{\mathrm{kg}}{\mathrm{m}^3}\right]} = \frac{\left[\dfrac{\mathrm{kg{\cdot}m/s^2}}{\mathrm{m}^2}\right][\mathrm{s}]}{\left[\dfrac{\mathrm{kg}}{\mathrm{m}^3}\right]} = \frac{\left[\dfrac{1}{\mathrm{m{\cdot}s}}\right]}{\left[\dfrac{1}{\mathrm{m}^3}\right]} = \left[\frac{\mathrm{m}^2}{\mathrm{s}}\right]$$

■

式 (1.3) のせん断応力 τ と速度勾配 du/dy（せん断変形速度）の関係を図示したものを，流動曲線とよぶ．各種の流体の流動曲線を調べると図 1.4 のようになる．ニュートン流体は，粘度 μ が一定のままで式 (1.3) に従うので直線で示されている．それ以外の流体を**非ニュートン流体**（non-Newtonian fluid）という．アスファルトやグリースなどの塑性流体は，せん断応力がある値に達するまで流動化しない．高分子水溶液やガラス融液は擬塑性流体，砂と水の混合物はダイラタント流体に相当する．ただし，本書ではこれ以降，非ニュートン流体は取り扱わないこととする．

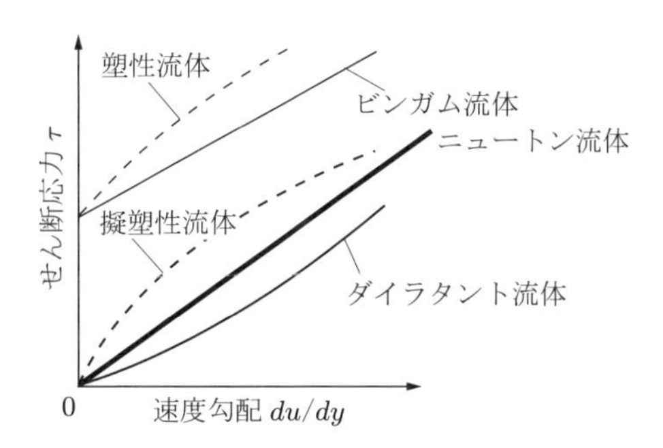

図 1.4 流動曲線

例題 1.2 水と空気はそれぞれ，液体と気体を代表する物質である．標準気圧（$= 101.325\,\mathrm{kPa}$），20℃ において水の粘度は $\mu_\mathrm{w} = 1.002 \times 10^{-3}\,\mathrm{Pa{\cdot}s}$，空気の粘度は $\mu_\mathrm{a} = 1.822 \times 10^{-5}\,\mathrm{Pa{\cdot}s}$ である．標準気圧，20℃ における水と空気の動粘度 ν_w，$\nu_\mathrm{a}\,[\mathrm{m^2/s}]$ を算出し，粘度と動粘度について水と空気を比較して考察せよ．

解 水と空気の密度は，表 1.1 および表 1.2 からそれぞれ $\rho_\mathrm{w} = 998.2\,\mathrm{kg/m^3}$，$\rho_\mathrm{a} = 1.204\,\mathrm{kg/m^3}$ である．したがって，式 (1.4) からそれぞれの動粘度は次のようになる．

$$\langle水\rangle \qquad \nu_\mathrm{w} = \frac{\mu_\mathrm{w}}{\rho_\mathrm{w}} = \frac{1.002 \times 10^{-3}}{998.2} = 1.0038 \times 10^{-6} \fallingdotseq 1.004 \times 10^{-6}\,\mathrm{m^2/s}$$

〈空気〉　$\nu_a = \dfrac{\mu_a}{\rho_a} = \dfrac{1.822 \times 10^{-5}}{1.204} = 1.5132 \times 10^{-5} \fallingdotseq 1.513 \times 10^{-5}\ \mathrm{m^2/s}$

これらをまとめると，空気の粘度に対する水の粘度は

$$\frac{\mu_w}{\mu_a} = \frac{1.002 \times 10^{-3}}{1.822 \times 10^{-5}} = 54.99 \fallingdotseq 55$$

であるので，流体としての粘性は水のほうが約55倍大きいことがわかる．ところが，水の密度は空気よりはるかに大きいので，空気の動粘度と比べて水の動粘度は，

$$\frac{\nu_w}{\nu_a} = \frac{1.004 \times 10^{-6}}{1.513 \times 10^{-5}} \fallingdotseq \frac{1}{15}$$

となる．すなわち，動粘度については空気のほうが水より約15倍大きくなる．これは，流体が運動している状態では，空気のほうが水より粘性の効果が大きいことを意味する．■

1.4　圧縮性と音速

流体に圧力が作用するとその体積が減少し，密度が変化する性質がある．これを流体の**圧縮性**（compressibility）という．圧縮性の大きさは圧縮率 β や体積弾性係数 K を用いて表される．

今，図1.5(a)のように圧力 p をかけたピストンで閉じられた容器に体積 V の気体が入っている．次に，圧力の大きさを Δp だけ増加させると，図(b)の容器内の気体の体積は圧縮されて ΔV だけ減少するものとする．これは，Δp の圧力増加により気体の体積減少割合（$-\Delta V/V$）が生じたと考えると，比例定数 K を用いて

$$\Delta p = K\left(-\frac{\Delta V}{V}\right) \tag{1.5}$$

のように関係づけることができる．したがって，K の値が大きいほど流体の体積減少割合が小さいこと，すなわち圧縮されにくいことを示す．この K を**体積弾性係数**（bulk modulus of elasticity）といい，その基本単位は[Pa]となる（表1.4）．また，

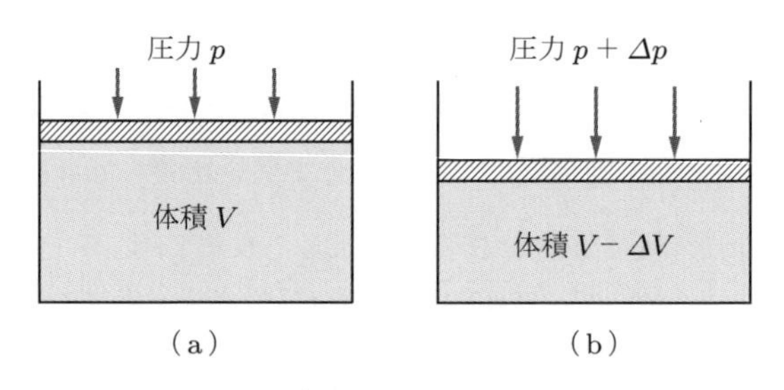

図1.5　気体の圧縮性

表 1.4 水の体積弾性係数 K [GPa]

温度 [℃]	**圧力** p [MPa]						
	0.1〜2.5	2.5〜5.0	5.0〜7.5	7.5〜10	10〜50	50〜100	100〜150
0	1.93	1.97	1.99	2.02	2.13	2.43	2.83
10	2.03	2.06	2.14	2.16	2.26	2.57	2.91
20	2.06	2.13	2.22	2.24	2.33	2.66	3.00
50					2.43	2.77	3.11

以下のような K の逆数をとると，流体の圧縮されやすさを示す**圧縮率**（coefficient of compressibility）β を得ることができる．β の単位は [1/Pa] となる．

$$\beta = \frac{1}{K} = -\frac{1}{V}\left(\frac{\Delta V}{\Delta p}\right) \tag{1.6}$$

体積弾性係数 K や圧縮率 β の値は各流体に特有の物性値であるが，式 (1.5) と式 (1.6) は固体にも適用することができる．たとえば，標準的な気体，液体，固体の圧縮率はおよそ

気体（20℃）：$\beta \fallingdotseq 1 \times 10^{-5}$ [1/Pa]
液体（20℃）：$\beta \fallingdotseq 5 \times 10^{-10}$ [1/Pa]
固体（軟鋼）：$\beta \fallingdotseq 6 \times 10^{-12}$ [1/Pa]

となる．β の値をみると，気体に比べて液体および固体がきわめて圧縮されにくい物質であることがわかる．

音波は，図 1.6 に示すモデルのように，媒体中の圧力 p の微小変動が周囲の触媒に伝播する疎密波（縦波）であるので，圧力変動に対して体積と密度が変化する媒体，すなわち圧縮性をもつ流体中をある速度で伝わることができる．音波の伝播速度である**音速**（acoustic velocity）a [m/s] は，次式で与えられる．K は媒体の体積弾性係数，ρ は媒体の密度である．

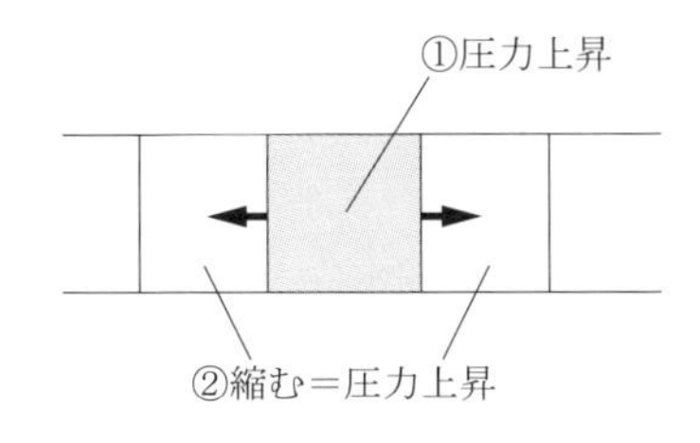

図 1.6 圧力波の伝播

$$a = \sqrt{\frac{dp}{d\rho}} = \sqrt{\frac{K}{\rho}} \tag{1.7}$$

空気と水が温度 t [℃] のときの音速 a [m/s] は，近似的に次式で求められる．

空気：$a = 331.45 + 0.607\,t$

水　：$a = 1404.4 + 4.8215t - 0.047562t^2 + 0.00013541t^3$

気体の流れにおいて圧縮性を考慮しなければならないかどうかの基準として，**マッハ数**（Mach number）Ma が用いられる．マッハ数は，次式のように音速 a に対する流体の速度 v の比として定義される．

$$Ma = \frac{v}{a} \tag{1.8}$$

$Ma > 1$ の流れは超音速流れ，$Ma = 1$ の程度の流れは遷音速流れ，$Ma < 1$ の流れは亜音速流れとよばれ，流れが高速になるほど，圧縮性の影響は大きくなる．すなわち，マッハ数が大きい場合ほど圧力による気体の密度変化は大きくなる．ただし，$Ma < 0.3$ 程度の亜音速流れであれば，通常は圧縮性の影響を考慮しなくてもよい．

1.5 表面張力と毛管現象

液体を構成する多数の分子間には，凝集力とよばれる分子間引力が作用している．また，気体と接している液体の分子には気体分子の引力も作用するが，その引力の大きさはきわめて小さい．このため，凝集力によって気体と接している液体の表面（界面）にはその表面積をできるだけ縮めようとする張力が働く．この張力が**表面張力**（surface tension）である．表面張力 σ [N/m] は，図 1.7 に示すように，液体表面に引いた線分 ds に垂直に作用する液体表面に沿う引張り力 dF として与えられる．代表的な液体の表面張力を表 1.5 に示す．

$$\sigma = \frac{dF}{ds} \tag{1.9}$$

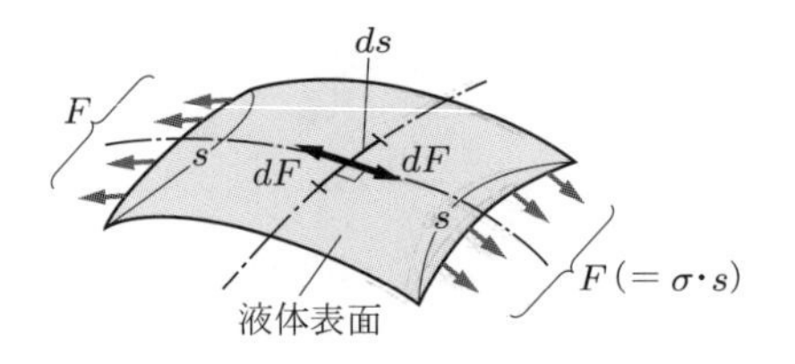

図 1.7　表面張力

表 1.5 各種液体の表面張力 σ [N/m]

液体	接触気体	温度 [℃]	表面張力 σ [N/m]
エチルアルコール	窒素	20	22.27×10^{-3}
酢酸	空気	20	27.7
グリセリン	空気	20	63.4
水	空気	20	72.75
水	空気	30	71.15
水銀	窒素	25	482.1

一方，液体分子は固体と接触するとその表面に付着しようとする力が生じる．この力が**付着力**（adhesive force）である．この凝集力と付着力の作用する事例に，**毛管現象**（capillarity）がある．凝集力より付着力が大きい場合には，図 1.8(a) にみられるように細い管の内部の液面は上昇し，内壁と液面との接触角 θ は $90°$ より小さくなる．逆に，付着力より凝集力が大きい場合は，図 (b) のように管内の液面は降下し，接触角は $90°$ より大きくなる．

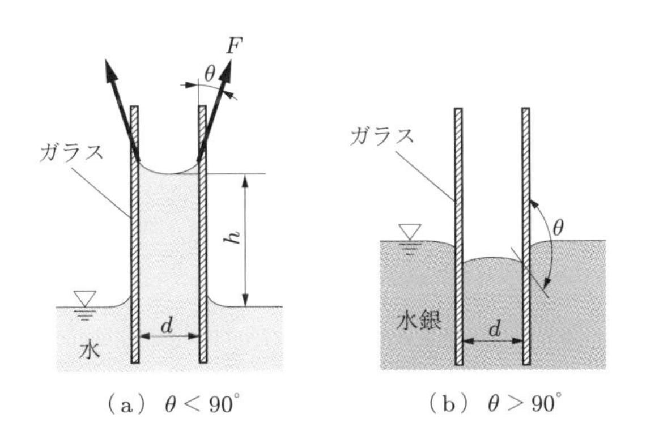

（a） $\theta < 90°$　（b） $\theta > 90°$

図 1.8 毛管現象

例題 1.3 直径（内径）d のまっすぐなガラス管を液中に鉛直に立てたところ，図 1.8(a) のように毛管現象により管内の液面が h だけ上昇した．この液体の表面張力 σ を求めよ．なお，液体の密度を ρ，空気の密度を ρ_a，接触角を θ とする．

解 ガラス管内の一周分の付着力 F の鉛直方向の力が，ガラス管内を上昇した液体に作用する重力と浮力の差に釣り合うので，ガラス管の内径を d，重力加速度を g とすると以下の関係が成り立つ．

$$F\cos\theta = (\rho - \rho_a)\frac{\pi}{4}d^2hg \tag{1.10}$$

ここで，F は表面張力 σ がガラス管の内周全体に作用すると考えて

$$F = (\pi d)\sigma$$

と表せるので，式 (1.10) より σ は次式で求められる．

$$\sigma = \frac{(\rho - \rho_a)ghd}{4\cos\theta} \tag{1.11}$$

空気の密度 ρ_a は液体の密度 ρ に比べると非常に小さい（$\rho \gg \rho_a$）ので，近似的に

$$\sigma \fallingdotseq \frac{\rho ghd}{4\cos\theta} \tag{1.12}$$

として浮力の影響が省略される場合もある． ■

1.6 飽和蒸気圧とキャビテーション

液体と気体の界面では，液体の分子は気体中に飛び出し，気体の分子は液体中に飛び込んでいる．液体と同じ分子の気体（蒸気）が気体中に飛び出すほうが多い現象を蒸発という．たとえば，水を密閉容器内に入れると，蒸発した水の気体（蒸気）により容器内の蒸気の分圧（蒸気圧）が上昇し，やがて蒸気圧は飽和して一定となり，蒸発は止まる．この蒸気圧を**飽和蒸気圧**（saturated vapor pressure）という．飽和蒸気圧は，表 1.6 に示すように液体の温度が上昇するほど大きくなるので，先の密閉容器内の水を加熱すると再び蒸発が始まる．

常温の液体流れであっても，圧力が急低下する場所が生じてその圧力が飽和蒸気圧以下になると，液体中から微細な蒸気の泡が発生する．この現象を**キャビテーション**

表 1.6 水の飽和蒸気圧

温度 [°C]	**飽和蒸気圧** [kPa]
0	0.61
10	1.23
20	2.34
30	4.24
40	7.38
50	12.33
60	19.92
70	31.16
80	47.36
90	70.11
100	101.33
120	198.54
180	1002.7
250	3977.6

図 1.9 ポンプ内の羽根車に生じているキャビテーション（提供：九州大学 流体制御研究室）

(cavitation) という．図 1.9 は，ポンプ内にあるらせん状の羽根車で発生しているキャビテーションを可視化した写真である．キャビテーションは，ポンプのような高速流動部がある流体機械などで比較的発生しやすく，ポンプ性能の劣化，羽根車表面の壊食および振動・騒音などの原因となる．キャビテーションの発生条件などの詳細は第 10 章で述べる．

1.7 飽和溶解度

液体に異種の気体や液体が混合して均質な状態になることを溶解といい，これらの異種の物質が液体に含まれる質量の比を溶解度という．気液界面において，液体に含まれる気体の溶解度が低いとき，液体に飛び込む気体の分子のほうが多くなるので溶解は進行する．しかし，溶解度が増加していくと，液体に飛び込む気体分子の数と液体から飛び出す気体分子の数がついに等しくなり，溶解の進行は停止する．このときの溶解度を**飽和溶解度** (saturated solubility) という．飽和溶解度は，液体の温度が低いほど，また気体の圧力が高いほど大きくなる．

演習問題

1.1 図 1.2 のように，20°C の水が狭い隙間 $h = 0.3\,\mathrm{mm}$ をもつ平行平板間に充満している．上方の移動壁を x 方向に $U = 2\,\mathrm{m/s}$ で移動させるのに必要なせん断応力（摩擦応力）（平板の単位面積あたりの力）τ を求めよ．

1.2 図 1.3 のように，壁面から y 方向に連続的に速度が変化する 20°C の空気の流れ場がある．$y = 2 \times 10^{-3} \sim 20 \times 10^{-3}\,\mathrm{m}$ における速度 u が $u = 150\sqrt{y}\,[\mathrm{m/s}]$ で近似できるとき，壁面から 2 mm と 20 mm の位置における空気の粘性によるせん断応力 τ を求めよ．

1.3 20°C の空気の体積を 1% 減少させるのに，どれだけ圧力を増加させればよいか．なお，20°C の空気の体積弾性係数は $K = 100\,\mathrm{kPa}$ とする．

1.4 20°C の水の体積を 1% 減少させるのに，どれだけ圧力を増加させればよいか．なお，20°C の水の体積弾性係数は $K = 2\,\mathrm{GPa}$ とする．

1.5 内径 $d = 1.0\,\mathrm{mm}$ の細いガラス管を 20°C の水中に立てたところ，図 1.8(a) のように毛管現象によりガラス管内の水面が h だけ上昇した．水面の上昇高さ h を算出せよ．なお，水の表面張力は $\sigma = 72.8 \times 10^{-3}\,\mathrm{N/m}$，接触角は $\theta = 0°$ とする．

1.6 標高の高い高原でお湯を沸かしたところ，98°C で沸騰した．高原の気圧はおよそ何 kPa と推測されるか．

第2章 静止流体の力学

流動せず静止している状態の流体中で任意の向きに微小な仮想面を想定して，この微小仮想面の両面に垂直な圧力あるいは圧力による力が作用すると考えると，流体による圧力をとらえやすくなる．一般に，このような圧力の大きさは，流体中の仮想面の位置により変化する．本章では，このような圧力の一般的な性質，液体の高さを利用した圧力の表示法，各種の液柱圧力計，液体中にある壁面に作用する力および浮力と圧力の関係などについて学ぶ．

2.1 圧　力

静止流体に作用する力 F は，圧力に起因して発生する．流体中に任意の仮想面 $\Delta A\,[\mathrm{m}^2]$ を考え，この面に垂直に力 $\Delta F\,[\mathrm{N}]$ が作用するとするとき，圧力 $p\,[\mathrm{Pa}]$ は式 (2.1) のように定義される．

$$p = \lim_{\Delta A \to 0} \frac{\Delta F}{\Delta A} \tag{2.1}$$

なお，実際には図 2.1 のように，面積 $A\,[\mathrm{m}^2]$ の面全域に均一に垂直の力 $F\,[\mathrm{N}]$ が作用する場合の圧力を $p\,[\mathrm{Pa}]$ として，式 (2.2) で表される．

$$p = \frac{F}{A} \tag{2.2}$$

ただし，面積 A の面に作用する力がその場所によって異なる場合には，式 (2.2) は断面平均圧力となる．

静止流体における圧力は，固体の壁面に垂直に作用し，流体内部の任意点において

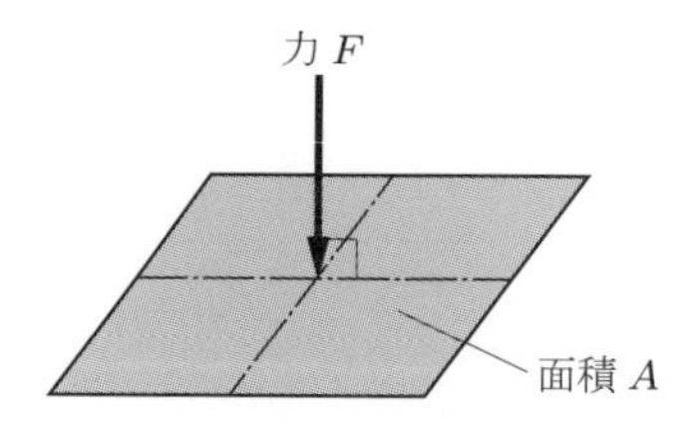

図 2.1　圧力の概念

あらゆる方向に等しく作用する（圧力の等方性）という特徴をもっている．これは，「閉じた容器内の流体の一部に圧力をかけると，その圧力は閉じた容器内にある流体の全域に伝わる」という**パスカルの原理**（Pascal's law）と同じことを意味する．

2.2 圧力の表示

図 2.2 に示すように，容器内に自由表面（固体壁と接していない水平な液面）をもつ液体があるとき，液体表面から深さ h の位置における圧力 p の大きさについて考えてみよう．液体表面から h の深さにある断面積 A の断面に作用する力 F は，その上方にある液柱の重さと断面積 A に均一に作用する大気圧による力の和に等しいので，液体の密度を ρ，大気の圧力を p_a とすると，次のようになる．

$$F = (\rho Ah)g + p_a A \tag{2.3}$$

両辺を A で割ると，式 (2.2) より圧力 p は次式のように表される．

$$p = \rho gh + p_a \tag{2.4}$$

ところで，私たちは地球の大気圧の環境下で生活しているため，圧力を絶対圧力で表示するより，むしろ図 2.3 に示すように標準気圧（大気圧）を基準にして標準気圧との差で圧力の大きさを示すゲージ圧力表示のほうが感覚的にとらえやすい．ゲージ圧力表示では，式 (2.4) に示す圧力は次のように表される．

$$p = \rho gh \tag{2.5}$$

市販の圧力計の多くはゲージ圧力を表示するようになっている．一般に，標準気圧以下の負のゲージ圧力を測定する場合には真空計とよばれる圧力計が，正負のゲージ圧力を測定する場合には連成計とよばれる圧力計がそれぞれ用いられる．

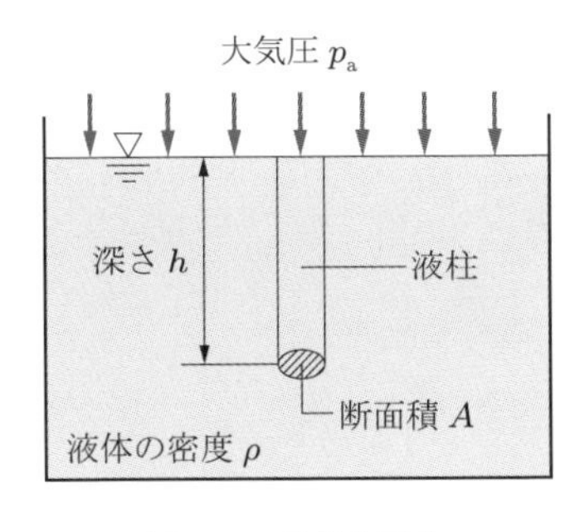

図 2.2 液柱と圧力

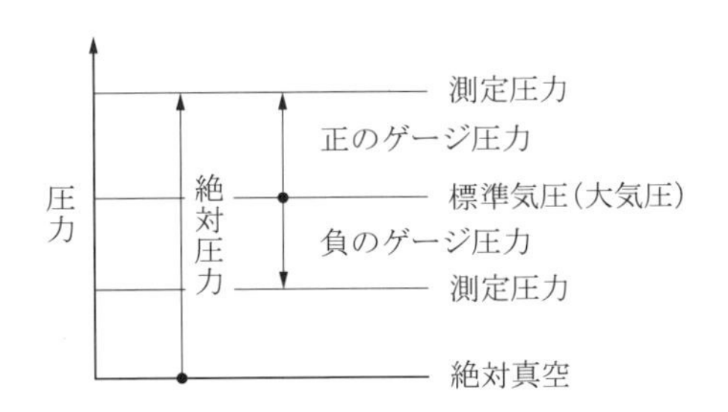

図 2.3 絶対圧力とゲージ圧力

例題 2.1　大気圧は厳密には地表面上の場所や時間によって異なるため，標準的な大気圧として標準気圧（単位 [atm]（アトム））が定められている．図 2.4 に示すトリチェリの実験を利用して標準気圧を単位 [Pa] で求めよ．この場合の水銀の密度は $\rho_{Hg} = 13.595 \times 10^3\,\mathrm{kg/m^3}$，重力加速度は $g = 9.80665\,\mathrm{m/s^2}$（標準重力加速度），水銀柱の高さは $h = 760\,\mathrm{mm}$ とする．

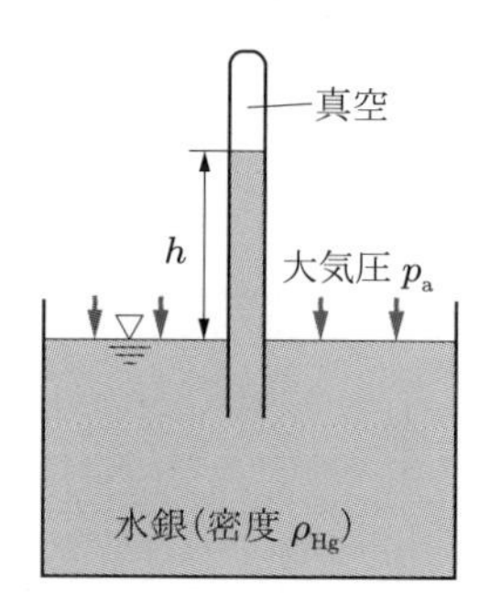

図 2.4　大気圧の測定

解　図 2.4 に示すように，大気圧が真空の鉛直管の中に水銀を押し上げるので，押し上げられた水銀柱の高さにより大気圧の大きさを知ることができる．したがって，標準気圧（1 atm）は式 (2.5) より

$$\begin{aligned} 1\,[\mathrm{atm}] = \rho_{Hg} g h &= 13.595 \times 10^3\,[\mathrm{kg/m^3}] \times 9.80665\,[\mathrm{m/s^2}] \times 0.76\,[\mathrm{m}] \\ &= 101.325 \times 10^3\,[\mathrm{Pa}] \\ &= 101.325\,[\mathrm{kPa}] \end{aligned}$$

となる．■

　このように，圧力は液柱の密度と高さから知ることができる．そのため，圧力の大きさは単位 [Pa] だけでなく，しばしば液体の種類をともなった液柱の高さとして表現されることがある．たとえば，標準気圧であれば「水銀柱 760 mm」または「760 mmHg」などと表記される．

2.3 パスカルの原理の応用

　パスカルの原理を応用した機械装置に，図 2.5 に示すようなプレス機がある．プレス機内の液体の種類によって，油圧プレス（油圧機）や水圧プレス（水圧機）などとよばれている．断面積が A_1，A_2 のように異なる直径の二つのシリンダが連結されてピストンで密封されている．ピストンの重さは考えないものとして，大きい断面積の

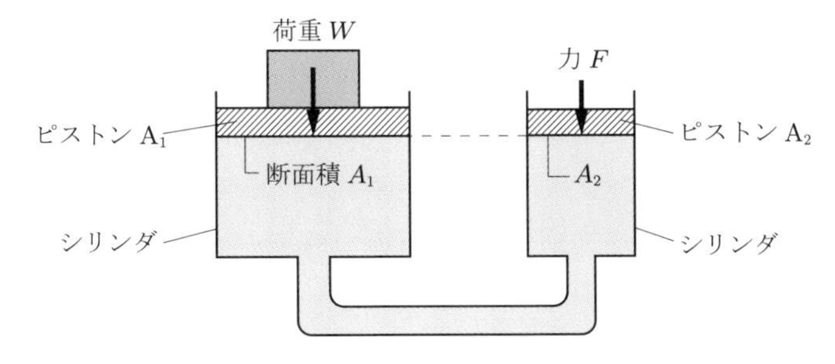

図 2.5 プレス機の原理

ピストン上に荷重 W を置くと，そこで発生した圧力 $p\ (= W/A_1)$ と同じ圧力 p が，断面積の小さいピストンにも作用する．両方のピストンの高さを同じに保つには，小さい断面積のシリンダに力 F を外部から作用させて同じ圧力 $p\ (= F/A_2)$ を生じさせなければならない．したがって，次式の関係が成り立つ．

$$p = \frac{W}{A_1} = \frac{F}{A_2} \tag{2.6}$$

よって，この外部から与える力 F の大きさは

$$F = \frac{A_2}{A_1} W$$

となり，荷重 W に比べて（A_2/A_1）倍に減らすことができる．

例題 2.2 図 2.5 のような油圧機で，$W = 50\,\mathrm{kN}$ の荷重のかかったピストン A_1 をピストン A_2 と同じ高さに維持するために必要な，ピストン A_2 に加えるべき力 F を算出せよ．なお，シリンダの直径は大きいほうが $d_1 = 80\,\mathrm{cm}$，小さいほうが $d_2 = 8\,\mathrm{cm}$ で，油圧機の内部には比重 0.8 の油が入っているものとする．

解 図 2.5 中の破線で示すような同一水平面における圧力 p は，シリンダの大小に関係なく等しいので，式 (2.6) が成り立つ．

$$p = \frac{W}{(\pi {d_1}^2)/4} = \frac{F}{(\pi {d_2}^2)/4}$$

したがって，力 F は次式から求められる．

$$F = \left(\frac{d_2}{d_1}\right)^2 W = \left(\frac{80}{800}\right)^2 \times 50 \times 10^3 = 0.5 \times 10^3\,\mathrm{N}$$

これより，ピストン A_2 に加えるべき力 F が，荷重 W の 1/100 でよいことがわかる． ■

2.4 圧力計

流体の圧力は，市販の種々の圧力計で測定することができる．ここでは，主に液柱の高さを利用して圧力を測定する**マノメータ**（**液柱圧力計**：manometer）について述べる．

2.4.1 通常マノメータ

図2.6(a)，(b)は，容器の中心に位置する液体に作用する圧力pを絶対圧力として測定するためにマノメータを取り付けたもので，通常マノメータとよばれる．容器内の液体の密度をρ，液柱の高さをh，大気圧をp_aとすれば，図(a)の場合の圧力pは式(2.4)と同様に

$$p = p_\mathrm{a} + \rho g H$$

として求められる．このような液柱圧力計は**ピエゾメータ**（piezometer）とよばれる．一方，図(b)のような2種類の液体を用いる液柱圧力計は**U字管マノメータ**（U-tube manometer）とよばれる．この場合，水平面B-B$'$に作用する左右の管内の圧力は等しいので，容器の中心位置Aにおける圧力をp，容器内の流体の密度をρ，管内の流体の密度をρ' $(\rho' > \rho)$とすると

$$p + \rho g H = p_\mathrm{a} + \rho' g H' \tag{2.7}$$

が成り立つ．したがって，容器内の中心位置における圧力pは，絶対圧力表示で次式のようになる．

$$p = p_\mathrm{a} + \rho' g H' - \rho g H \tag{2.8}$$

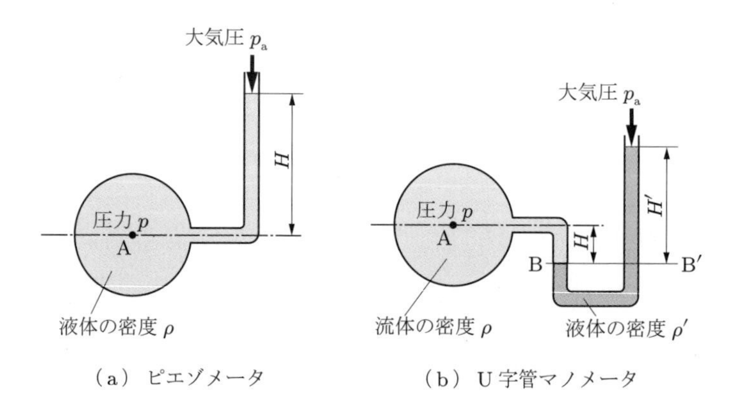

図2.6　通常マノメータ

2.4.2 示差マノメータ

2 箇所の圧力の差を測定する液柱圧力計は**示差マノメータ** (differential manometer) に分類される．その代表は図 2.7 に示すような U 字管マノメータである．この場合も式 (2.7) と同様に，水平面 C-C′ に作用する圧力は U 字管の左右で等しいので

$$p_1 + \rho g(H + H') = p_2 + \rho g H' + \rho' g H \tag{2.9}$$

が成り立つ．したがって，容器内の圧力 p_1 と p_2 との圧力差 Δp $(= p_1 - p_2)$ は

$$\Delta p = (\rho' - \rho) g H \tag{2.10}$$

として得られる．

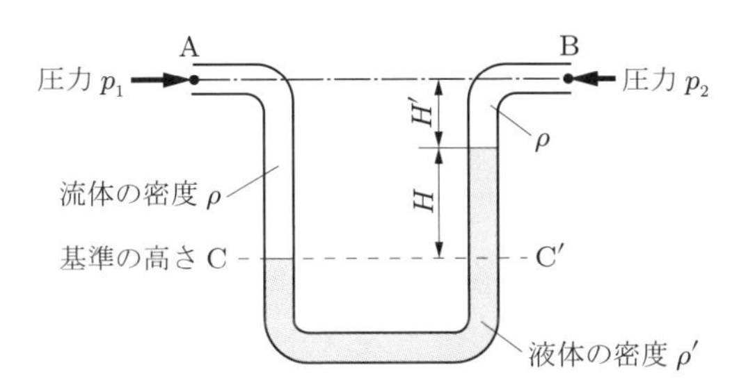

図 2.7 示差マノメータ

さらに，気体による微小な圧力差（$p_A - p_B$）の測定には，図 2.8 のように大きな液面の面積 A_1 をもつ容器と小さな断面積 A_2 をもつ円管を連結した構造である微差圧計が用いられる．これも示差マノメータの一種である．圧力 p_A と p_B（$p_A > p_B$）を導入する以前の液面は図の破線の高さである．p_A と p_B を導入したときの液面の差は $(h_1 + h_2)$ であるので，圧力差 Δp（$= p_A - p_B$）は，式 (2.10) と同様に

$$\Delta p = (\rho - \rho') g (h_1 + h_2)$$

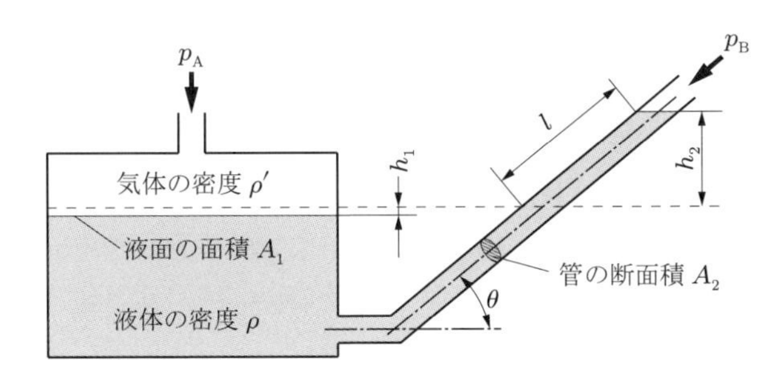

図 2.8 微差圧計

となるが，液体の密度 ρ は気体の密度 ρ' と比べてきわめて大きい（$\rho \gg \rho'$）ので，

$$\Delta p = \rho g(h_1 + h_2)$$

のように近似できる．これに，$h_1 = (A_2/A_1)l$，$h_2 = l\sin\theta$ の関係を代入すると，

$$\Delta p = \rho g\left(\frac{A_2}{A_1}l + l\sin\theta\right)$$

となる．容器の液面の面積 A_1 は円管の断面積 A_2 よりはるかに大きい（$A_1 \gg A_2$）ので，圧力 p_A と p_B との間の微小な圧力差 Δp は

$$\Delta p = \rho g(l\sin\theta) \quad \text{または} \quad \Delta p = \rho g h_2 \tag{2.11}$$

として求めることができる．

上述したように，液柱計を用いると液面高さの測定から直接的に圧力の大きさを知ることができる．しかし，適切な密度をもつ液体を入れた管が必要であるなど，工業的な圧力測定の現場で多用するには不便である．そのため，圧力の大きさをフック形のブルドン管の変形量と関係づけて大きな圧力も簡便に測定することができる，図 2.9 のような**ブルドン管圧力計**（Bourdon tube pressure gage）が市販され，広く用いられている．

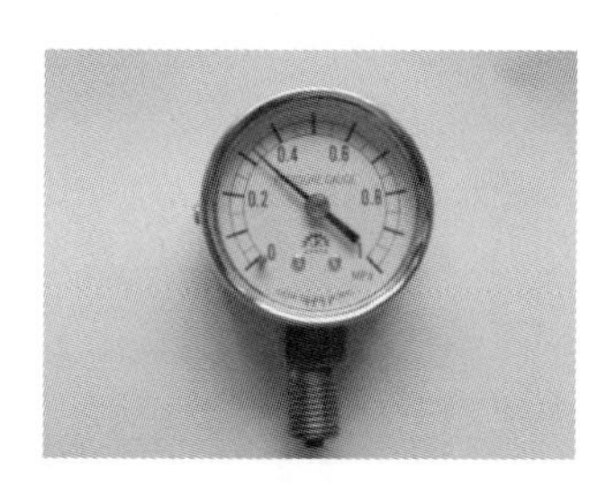

図 2.9　ブルドン管圧力計

例題 2.3　第 4 章の図 4.8 のように，ベンチュリ管という流量計を用いて水の流量の測定を行う場合，ベンチュリ管の上・下流位置における圧力 p_1，p_2 の圧力差 $\Delta p = (p_1 - p_2)$ を測定する必要がある．図のように圧力差 Δp を U 字管マノメータにより測定するとき，比重が $s = 13.6$ の水銀が入った U 字管の中で，水と水銀との境界の液面差が $\Delta h = 70\,\mathrm{mm}$ であった．圧力差 $\Delta p = p_1 - p_2$ [Pa] を算出せよ．

解　水の密度を $\rho = 1000\,\mathrm{kg/m^3}$ とすると，水銀の密度は $\rho' = s\rho$ と表される．圧力差 Δp は式 (2.10) より次のようになる．

$$\Delta p = (\rho' - \rho)g\Delta h = \rho(s-1)g\Delta h$$

$$= 1000 \times (13.6 - 1) \times 9.8 \times 70 \times 10^{-3} = 8644\,\mathrm{Pa} \fallingdotseq 8.6\,\mathrm{kPa}$$ ■

2.5　液体中の壁面に作用する力

これまでに，静止した液体中にある壁面には液体中の深さに応じて異なる圧力が作用することを学んだ．これにより，液体の入った容器の壁，水門やダムの壁などの壁面全体に作用する圧力による力の作用点は，重心位置から下方に移動することになる．本節では，壁面全体に作用する力の大きさとその作用点を見いだす方法について述べる．それに先立って，まず平面図形のモーメントについて考えてみよう．

2.5.1　図形のモーメント

図 2.10 は，面積 A をもつ任意の図形が x-y 平面上にある場合を示す．この図形は等密度 ρ の材質からなり，x-y 平面に垂直な方向に微小な厚さ Δt をもつ平板と考えることができる．図形の図心 G（平板の重心 G と一致）の y 座標を y_G とし，また位置 y における図形の幅を dy とする．x-y 平面上の図形全体に作用する x-y 平面に垂直な方向の力を F とすると，x 軸まわりの力のモーメントは Fy_G となる．一方，y の位置にある微小面積 dA に垂直に作用する力を dF とすると，この部分による x 軸まわりの力のモーメントは ydF となる．この ydF を図形の面積全体で積分して得られる力のモーメントは，先の Fy_G と等しくなるので次式が成り立つ．

$$Fy_G = \int_A ydF$$

ここで，x-y 平面に垂直に作用する力の加速度を α とすると，$F = (\rho A\Delta t)\alpha$ であるので，上式は

$$(\rho A\Delta t\alpha)y_G = \int_A y(\rho dA\Delta t\alpha)$$

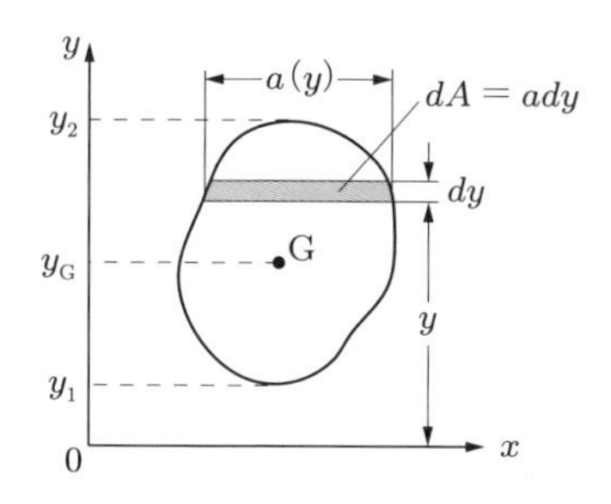

図 2.10　平面図形

と書ける．両辺を $\rho\alpha\Delta t$ で割ると，両辺から力の概念が取り去られ，x-y 平面上の図形に依存するモーメント

$$Ay_{\mathrm{G}} = \int_A y dA \tag{2.12}$$

が得られる．式 (2.12) を**断面一次モーメント** (geometrical moment of area) という．

さらに，式 (2.12) において次式のように x 軸からの垂直な腕の長さ y を 2 乗した量を，**断面二次モーメント** (second moment of area) I とよぶ．

$$I = \int_A y^2 dA \tag{2.13}$$

たとえば，図 2.11 のような長方形平板について，重心 G を通る x 軸まわりの断面二次モーメント I_{G} を求めてみよう．I_{G} は式 (2.13) より

$$I_{\mathrm{G}} = \int_A y^2 dA$$

と書ける．ここで，$dA = ady$ なので

$$I_{\mathrm{G}} = a\int_{-b/2}^{b/2} y^2 dy = \frac{ab^3}{12} \tag{2.14}$$

が得られる．また，図 2.12 のように，モーメントの回転軸が重心を通る x 軸から y 方向に h だけ平行移動した場合，断面二次モーメント I は I_{G} を用いて次式のように表される．

$$I = I_{\mathrm{G}} + h^2 A \tag{2.15}$$

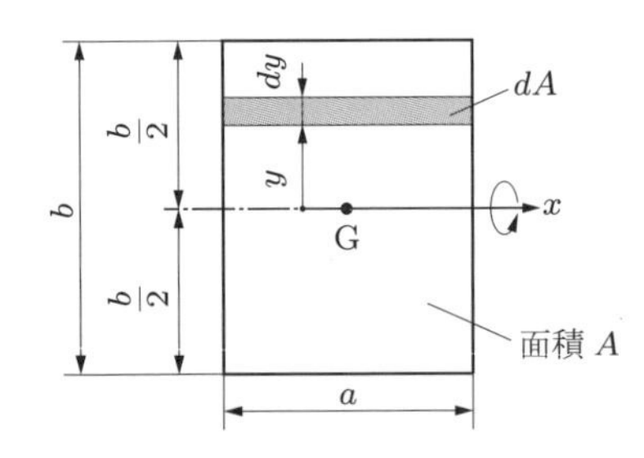

図 2.11　長方形の断面二次モーメント

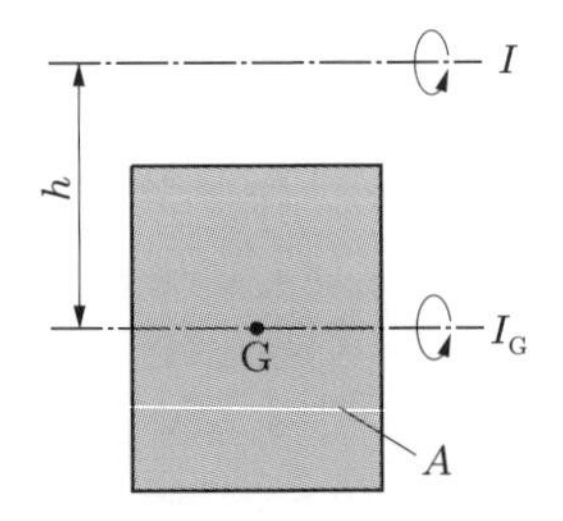

図 2.12　軸の移動

例題 2.4　図 2.11 のような長方形平板（$a = 1.0\,\mathrm{m}$，$b = 1.4\,\mathrm{m}$）が，その面が鉛直

に，かつ x 軸が水面と平行になるように水中に入れられているものとする．重心を通る x 軸まわりの断面二次モーメント I_G，および図 2.12 に示すように x 軸を鉛直方向に h だけ平行移動した水面位置まわりの断面二次モーメント I を算出せよ．ただし，$h = 2.3\,\mathrm{m}$ とする．

解 重心を通る x 軸まわりの断面二次モーメント I_G は，式 (2.14) から次のようになる．

$$I_G = \frac{ab^3}{12} = \frac{1 \times 1.4^3}{12} = 0.2286 \fallingdotseq 0.23\,\mathrm{m}^4$$

水面位置まわりの断面二次モーメント I は，式 (2.15) から次のようになる．

$$I = I_G + h^2 A = 0.2286 + 2.3^2 \times (1 \times 1.4) = 7.6346 \fallingdotseq 7.6\,\mathrm{m}^4$$

■

2.5.2 壁面に作用する力

上述した平面図形の基礎事項をふまえて，実際に図 2.13 のように密度 ρ の液体中に傾けて入れられた平板の壁面に作用する力について考えてみよう．深さ z の位置にある微小面積 dA に作用する力 dF は，その深さにおける圧力が ρgz であるので

$$dF = (\rho gz)dA$$

となる．したがって，面積が A である平板の壁面全体に作用する力 F は

$$F = \int_A dF = \int_A \rho gzdA = \int_A \rho gy \sin\theta dA = \rho g \sin\theta \int_A ydA \qquad (2.16)$$

となる．これに，断面一次モーメントの式 (2.12) を代入すると

$$F = \rho g \sin\theta y_G A = (\rho g z_G)A \qquad (2.17)$$

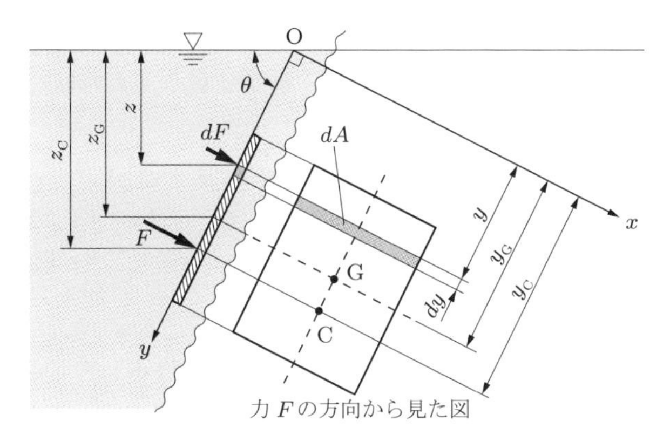

図 2.13 壁面に作用する圧力による力

となる．この平板の壁面全体に作用する力 F を**全圧力**（total pressure force）という．式 (2.17) は，全圧力の大きさが重心位置に作用する圧力と全表面積との積から求められることを意味する．

全圧力 F の平板表面上の作用点 C を**圧力の中心** (center of pressure) とよぶ．y 方向に沿った圧力の中心までの位置 y_C は，x 軸まわりのモーメントの釣り合いから次のように求めることができる．微小面積 dA に作用する力 dF によるモーメントは ydF なので，平板全体としてのモーメントは ydF を平板全体で積分したものとなる．一方，これは全圧力 F が圧力の中心 C の一点に集中して作用するときに生じるモーメント $y_C F$ に等しいので，次式が成り立つ．

$$y_C F = \int_A ydF$$

したがって，圧力の中心 y_C は

$$y_C = \frac{\int_A ydF}{F} = \frac{\int_A y(\rho gzdA)}{\rho gz_G A} = \frac{\int_A y\rho g(y\sin\theta)dA}{\rho g(y_G\sin\theta)A} = \frac{\int_A y^2 dA}{y_G A} \tag{2.18}$$

として求められる．ここで，式 (2.18) の分母は x 軸まわりの断面一次モーメント，分子は断面二次モーメントである．式 (2.15) を参照して断面二次モーメントを表すと，y_C は次式のようになる．

$$y_C = \frac{I_G + {y_G}^2 A}{y_G A} = y_G + \frac{I_G}{y_G A} \tag{2.19}$$

式 (2.19) は，圧力の中心位置 y_C が重心位置 y_G より y 軸に沿って $I_G/(y_G A)$ だけ下方にずれることを示している．

例題 2.5 例題 2.4 において，圧力の中心 C は重心 G よりどれほど深い位置になるかを算出せよ．

解 長方形平板はその面が鉛直になるように水中に入れられているので，式 (2.19) における y 方向は鉛直下方に一致する．また，重心 G までの距離 y_G は例題 2.4 における h に等しいので，$y_G = 2.3\,\mathrm{m}$ である．水面位置から圧力の中心 C まで鉛直下方に測った距離を y_C とすると，$y_C - y_G$ は式 (2.19) より

$$y_C - y_G = \frac{I_G}{y_G A} = \frac{0.23}{2.3 \times (1 \times 1.4)} = 0.07142 \fallingdotseq 0.071\,\mathrm{m}$$

となる．したがって，圧力の中心 C は重心 G より 0.071 m だけ鉛直下方の位置にくる．■

2.6 浮揚体の安定性

静止流体中にある物体は，そのまわりの流体による圧力を受けている．この圧力が物体が表面全体に及ぼす全圧力が浮力である．一般に「静止流体中にある物体は，その物体が排除した流体の重量に等しい鉛直上方への**浮力**（buoyancy）を受ける」というアルキメデスの原理（Archmedes' principle）として，よく知られている．

図 2.14 に基づいて，物体に作用する圧力による浮力の発生について考えてみよう．物体はその体積が V で，液面に対する投影面積が A であるとする．図のように，密度 ρ の流体中にある物体がなす閉曲面内を，上方から下方に鉛直に貫く微小な断面積 dA の円筒要素に作用する浮力は，その上下面に作用する圧力差による力 $(p_2 - p_1)dA$ となる．したがって，体積 V の物体に作用する浮力 F は，$(p_2 - p_1)dA$ を A の全範囲で積分することにより，次のように $\rho g V$ として求められる．

$$F = \int_A (p_2 - p_1)dA = \int_A \rho g(z_2 - z_1)dA = \rho g V \tag{2.20}$$

また，排除した流体の重心が浮力の中心（作用点）となる．

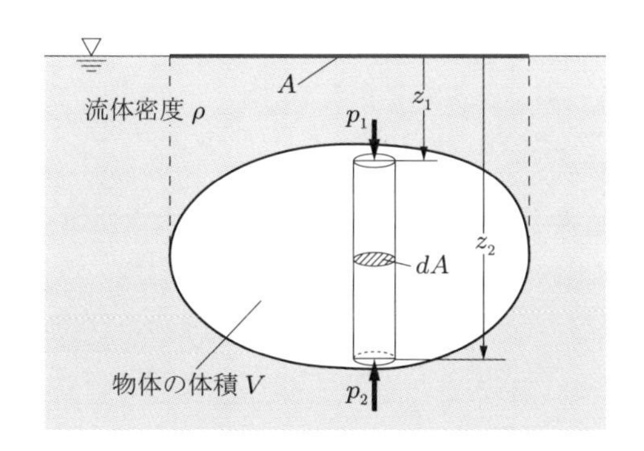

図 2.14 浮力の発生

図 2.15 のように，浮力により液面に浮く物体を**浮揚体**（floating body）という．船の横断面形状を例にとると，図 (a) は船（浮揚体）の甲板が水平な平衡状態にある場合で，浮力の中心 C を通る鉛直線（浮力の作用線）は，船の重心 G を通る中心線と重なり，浮力 F と重力 W とが釣り合っている．図 (b) の場合，船が角度 θ だけ傾くと重心 G の位置は変わらないが，浮力の中心 C は新しい位置 C′ に移動するので，偶力 $W \cdot h\sin\theta = F \cdot h\sin\theta$ を生じ，船を元の姿勢に戻そうとする．新しい浮力の中心 C′ を通る作用線が中心線と交差する点を**メタセンタ**（metacenter）とよぶ．メタセンタ M は，図 (b) の場合，中心線に沿って重心 G より h だけ上方（$h > 0$）にあるので，船の姿勢を元に戻す復元偶力が生じる．この場合，船の姿勢は安定であるとい

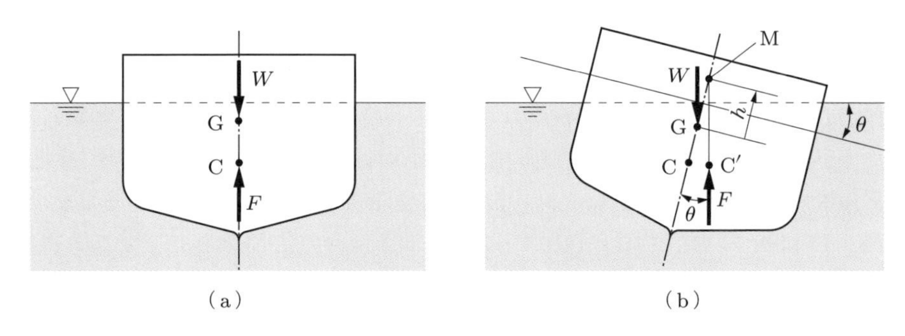

図 2.15 浮揚体の安定性

う．もし，メタセンタが重心より下方（$h < 0$）にくると，偶力は船の傾きを増す方向に作用するので船の姿勢は不安定になり，船はますます傾くことになる．

2.7 相対的静止

容器内の液体が容器とともに等加速度運動をしている場合，容器に固定した座標系から見て液体の運動が静止した状態で観測されるとき，液体の運動は相対的静止の状態にあるという．相対的静止状態にある液体については，その液体に作用する圧力分布から液体表面の形状を知ることができる．

2.7.1 等加速度運動

図 2.16 のように，密度 ρ の液体を入れた容器が x 方向に加速度 α で動く場合について，液面の形状や容器内の圧力を求めてみよう．容器内の液体が相対的に静止した状態であるとすると，容器内の液体には重力加速度 g のほかに容器が動く方向とは逆向きの見かけの加速度 α が作用する．したがって，これらの合成加速度 R は液面に垂直に作用し，その大きさは

$$R = \sqrt{\alpha^2 + g^2}$$

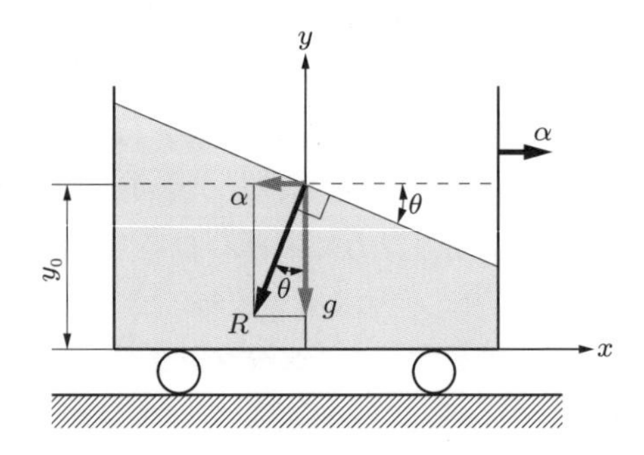

図 2.16 等加速度運動をする容器内の液体

となる．液面と垂直方向の深さを h とすると，その深さ h における圧力 p は場所によらず等しく

$$p = \rho R h \tag{2.21}$$

となり，液面と平行に等圧面が形成される．また，図より水面の傾き dy/dx は

$$\frac{dy}{dx} = -\tan\theta = -\frac{\alpha}{g}$$

と書けるので，x について積分すると次式となる．

$$y = -\frac{\alpha}{g}x + c_0$$

ここで，液面の境界条件として $x = 0$ のとき $y = y_0$ であることを用いると

$$y = -\frac{\alpha}{g}x + y_0 \tag{2.22}$$

で表される液面の形状が得られる．

2.7.2 回転容器内の運動

液体の入った円筒容器を鉛直軸まわりに一定の角速度で回転させると，図 2.17 のように，液体は液面の中央がくぼんだ形状を保ったまま容器と一体となって回転する．このように，固体のように回転する流体運動は強制渦運動とよばれる．

z 軸まわりの回転角速度を ω とすると，容器とともに回転する液体には半径 r 方向

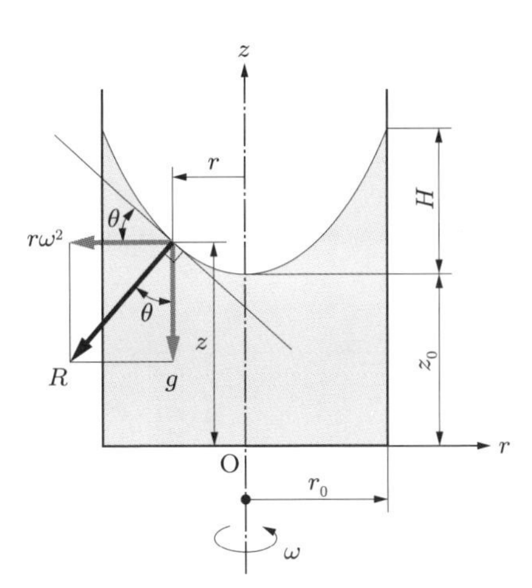

図 2.17 一定の角速度で回転運動をする容器内の液体

に遠心加速度 $r\omega^2$ が，下向きに重力加速度 g が作用する．これらの合成加速度 R は液面に垂直となる．したがって，図より液面の傾き $\tan\theta$ は

$$\tan\theta = \frac{r\omega^2}{g}$$

と表される．また，任意の半径 r の位置における液面の高さを z とすると，その傾きは dz/dr であるので

$$\frac{dz}{dr} = \tan\theta = \frac{r\omega^2}{g}$$

の関係が成り立つ．両辺を r で積分し，境界条件として $r = 0$ のときの液面高さが z_0 であるとすると，次式が得られる．

$$z = z_0 + \frac{\omega^2}{2g}r^2 \tag{2.23}$$

式 (2.23) は，液面高さの形状が半径 r の二次曲線（放物面）となることを示している．

演習問題

2.1　比重が $s = 1.15$ の海水がある．海面から下方に $h = 10\,\mathrm{m}$ の深さにおける圧力 p はゲージ圧力表示で何 [Pa] になるか．さらに，その圧力を水柱 [mAq] および水銀柱 [mmHg] で表示せよ．ただし，水の密度は $\rho_{\mathrm{w}} = 1000\,\mathrm{kg/m^3}$，水銀の密度は $\rho_{\mathrm{Hg}} = 13.6 \times 10^3\,\mathrm{kg/m^3}$ とする．

2.2　大きいほうの直径が $d_{\mathrm{A1}} = 80\,\mathrm{cm}$，小さいほうの直径が $d_{\mathrm{A2}} = 8\,\mathrm{cm}$ のシリンダからなる図 2.5 と同じ型の油圧機で，$W = 50\,\mathrm{kN}$ の荷重のかかったピストン $\mathrm{A_1}$ をピストン $\mathrm{A_2}$ より 30 m 高い位置に上げるのに必要な力 F を算出せよ．油圧機の内部には比重 0.8 の油が入っているものとする．

2.3　圧力タンク A，B の内部にはそれぞれ圧力 p_{A} と p_{B} に保った水が入っている．二つの

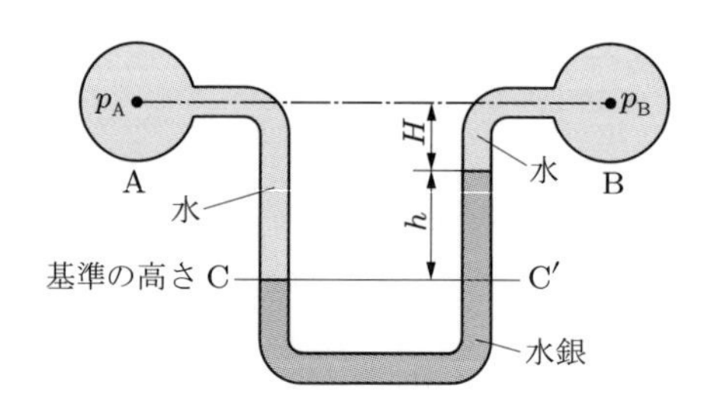

図 2.18

タンクの圧力差 Δp（$= p_A - p_B$）を図 2.18 のように U 字管マノメータで測定したところ，水銀の液面高さの差が $h = 20\,\mathrm{mm}$ となった．このときの圧力差 $\Delta p\,[\mathrm{Pa}]$ を求めよ．なお，水の密度は $\rho_w = 1000\,\mathrm{kg/m^3}$，水銀の比重は $s = 13.6$ とする．

2.4 図 2.19 のように，幅が 1 m で水深 H が 3 m の水路の途中に，幅が $a = 1\,\mathrm{m}$，高さが $b = 1.4\,\mathrm{m}$ で，その上端が蝶番 A で固定された回転可能な長方形の板が取り付けられている．長方形の板を垂直に保って水路の水をせき止めておくためには，板の下端の点 B にどれだけの力 $F_B\,[\mathrm{N}]$ を必要とするか．水の密度は $\rho_w = 1000\,\mathrm{kg/m^3}$ とする．

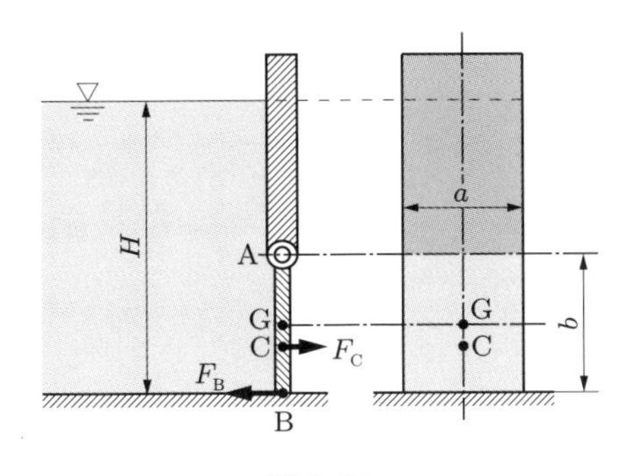

図 2.19

第3章 流れの基礎

第1章と第2章で流体の物性値や圧力の概念・表示法など，流体という物質そのものの性質について学んだ．このような流体が運動することによりさまざまな流れの状態が生じる．その際，流れの状態をどのように分類し，どのようにとらえ，どのように表示するかを考える必要がある．本章では流体運動の数学的記述法および種々の観点による流れの分類，さらに流れの様子を理解するのに役立つ流線，流跡線，流脈線，流管などの基礎的な概念について学ぶ．

3.1 流れの記述法

流体の運動を考える際，流れの中のある特定部分を**流体要素**（fluid element）あるいは**流体粒子**（fluid particle）として着目し，その周囲の流体と区別して取り扱うことができる．しかし，流体粒子はその周囲の流体と連続した同種の物質であるので，その運動は周囲から独立した固体粒子が運動する場合とは異なる．

特定の流体粒子の運動を時間的に追跡して，任意の時刻 t におけるその流体粒子の位置，速度，圧力などを記述する方法を**ラグランジュの記述法**（Lagrangian description method）という．これは，たとえば汚染物質を含む特定の流体粒子に着目してその拡散移動の様子を表す場合などに有効である．

一方，実際の問題では，たとえば日本列島の上空に着目した天気図のように，着目する流れ場における速度や圧力の時間的変化が知りたい場合が多い．このように，着目した空間を次々に過ぎる流体粒子の速度や圧力を記述する方法を，**オイラーの記述法**（Eulerian description method）という．流体解析の多くはこの記述法を用いており，本書もこの記述法に従うことにする．

3.2 流れの分類

流れの時間依存性や空間的な広がりなど，流れのさまざまな特徴に着目することにより，それぞれの観点に基づいて流れは次のように分類される．

3.2.1 定常流と非定常流

着目する流れ場に対して，流れの状態を表す速度や圧力が時間的に一定である流れを**定常流**（steady flow）という．一方，流れの状態が時間的に変化する流れを**非定常流**（unsteady flow）という．たとえば，弁をある位置に固定した場合の円管内の流れは定常流であるが，その位置から弁を時間とともに開閉すると，その開閉過程における流れは時間的に変化するので非定常流となる．

3.2.2 一様流と非一様流

空間的に速度ベクトルが一定である流れを**一様流**（uniform flow）といい，速度ベクトルが空間的に変化する流れを**非一様流**（non-uniform flow）という．実際の流れ場ではこれらは隣接して存在することが多い．たとえば，図 1.3 や図 9.1 に示すように，壁面に沿って流れる流体の速度は，壁面のごく近傍では壁面からの距離によって連続的に変化するが，ある距離を超えると一定になる．そのため，壁面の近くで速度が変化する領域（境界層とよばれる領域）の流れは非一様流であるが，それより遠い領域の流れは一様流である．

3.2.3 流れの空間的広がり

一般に，流れの空間的広がりは図 3.1 のように三次元の座標で表される．そのため，流れの中の任意点 P における速度ベクトルもまた 3 方向の成分をもっている．

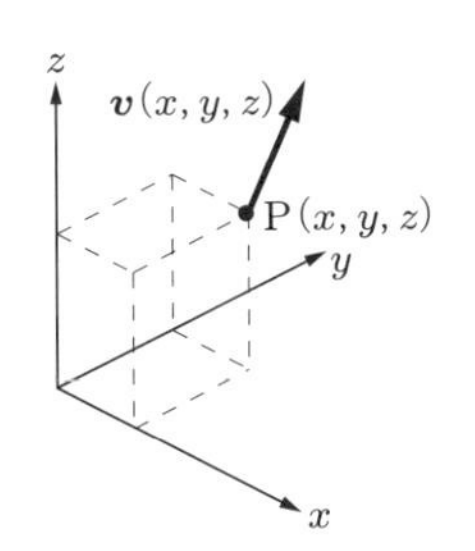

図 3.1 流れ場の空間座標

速度ベクトルに代表される流れの状態が，三次元座標の関数 $\boldsymbol{v}(x, y, z)$ のように表されるとき，その流れは**三次元流れ**（three-dimensional flow）であるという．たとえば，図 3.2 に示すような壁面上に立てられた長方形平板のまわりの流れでは，速度 $\boldsymbol{v}$ は (x, y, z) 空間の各位置に依存して異なることがわかる．したがって，この場合の流れは三次元流れである．実際の流れのほとんどが突き詰めると三次元流れであるが，図 3.3 のように紙面と垂直な z 方向に十分な長さをもつ平板であれば，流れの状態は z 方向にはほとんど変化しないので，速度 $\boldsymbol{v}$ は 2 方向の座標 (x, y) の関数 $\boldsymbol{v}(x, y)$ として表すことができる．このような流れを，**二次元流れ**（two-dimensional flow）という．さらに，流れ場の速度や圧力の状態が 1 方向の直線座標（曲線座標を含む）の

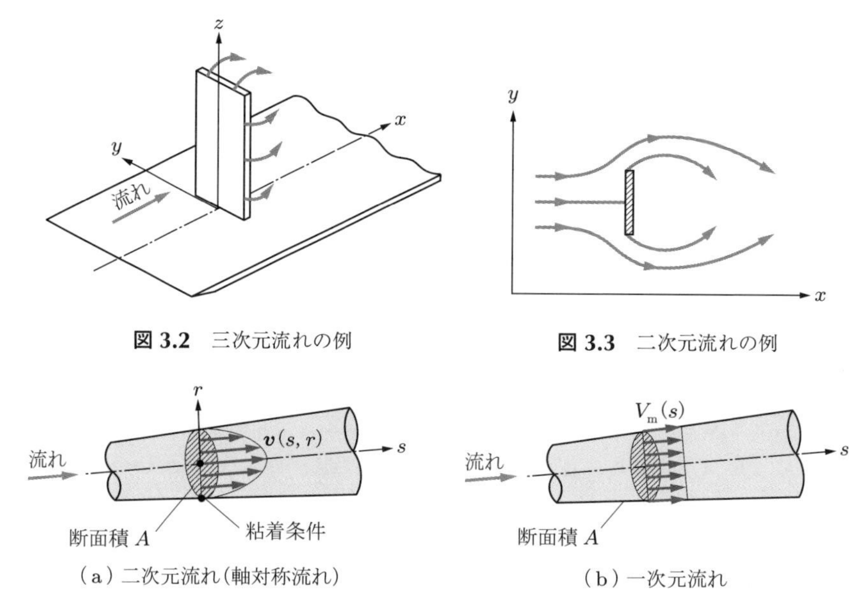

図 3.2　三次元流れの例

図 3.3　二次元流れの例

(a) 二次元流れ(軸対称流れ)

(b) 一次元流れ

図 3.4　円管内の流れ

みに依存して表される流れを**一次元流れ**（one-dimensional flow）という．

図3.4のような円管内の流れについて考えてみよう．一般に，円管内の流れにおける速度と圧力は，管軸の方向 s に依存して変化する．さらに，円管内の任意の断面における速度は半径方向距離 r に依存し，実際には図 (a) のように円管の中央でもっとも大きく，内壁面上でゼロとなる．したがって，円管内の流れの速度は $\boldsymbol{v}(s, r)$ と表され，二次元流れに分類される．また，図 (a) のように円管の軸 s に関して回転対称の速度分布をもつ流れは，図3.3に示す二次元流れと区別するために，**軸対称流**（axisymmetrical flow）とよばれる場合が多い．

ところで，単位時間に円管内を流れる流体の体積，すなわち流量 Q は管路のどの断面においても等しいので，任意の s の位置における断面積を A とすると，図 (a) の速度分布から

$$Q = \int_A \boldsymbol{v}(r)dA \tag{3.1}$$

として求められる．一方，図 (b) のように各断面における流体の流れがただ一つの断面平均流速 V_m で代表されると仮定すると，流量 Q は

$$Q = V_\mathrm{m} \cdot A \tag{3.2}$$

と表される．管路内流れにおいて流量 Q はどの断面でも等しいので，式 (3.1) と

式 (3.2) より断面平均流速 V_m は

$$V_\mathrm{m} = \frac{Q}{A} = \frac{1}{A}\int_A \boldsymbol{v}(r)dA \tag{3.3}$$

として求められる．このように流体の断面平均流速 V_m を用いると，円管内の流れは半径方向の座標 r に無関係となり，流れ方向の座標 s のみに依存する一次元流れとみなすことができる．このように，円管内の流れを一次元流れとして取り扱うことによって流れ場の解析が簡潔になり，実際の工業上の問題を解決することが容易となる．

そのほか，**単相流**（single-phase flow）と**混相流**（multi-phase flow）とよばれる分類がある．単相流とは気相または液相のみの流れであり，通常の気体の流れや液体の流れに相当する．混相流とは気相，液相，固相のうち二つ以上の相を含む流れである（1.1 節参照）．これは，相の組み合わせが多岐にわたる実際の工業プラントなどで多くみられる．さらに，層流と乱流の分類があるが，これはきわめて重要であるので第 6 章で詳しく述べる．

3.3 流線と流管

流れの中に流れの経路を示す曲線が描けると，流れの様子を容易に把握することができる．この曲線には流線，流跡線，流脈線の 3 種類がある．それぞれの定義と特徴を以下に述べる．

3.3.1 流　線

図 3.5 のように流れの中に一つの曲線を考えて，その曲線上のすべての点における接線がそれぞれの同じ点における速度ベクトル $\boldsymbol{v}$ の向きに一致するとき，その曲線を**流線**（stream line）という．このように，流線は速度ベクトルと密接な関係があるため流れ場を理解するうえでもっとも重要な曲線といえる．次に，流線と速度ベクトルとの関係についてみてみよう．

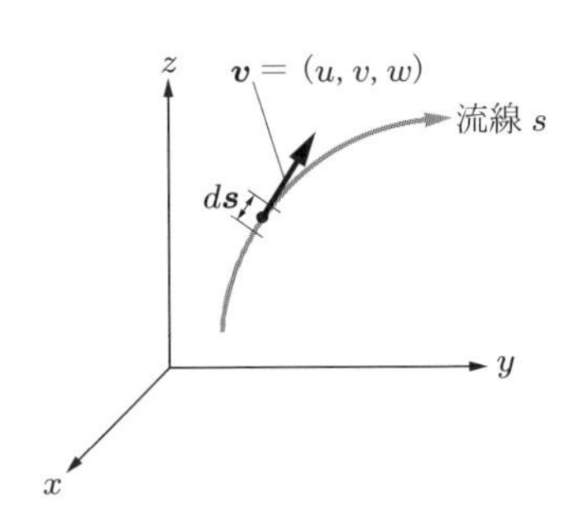

図 3.5 流線と速度ベクトル

流線上の速度ベクトルを $\boldsymbol{v} = (u, v, w)$ とすると，微小時間 dt の間に流体粒子が流線に沿って移動する長さは流線に沿う微小な線素ベクトル $d\boldsymbol{s} = (dx, dy, dz)$ に等しいので，次の関係が成り立つ．

$$d\boldsymbol{s} = \boldsymbol{v}dt \tag{3.4}$$

これを各成分で表すと

$$dx = udt, \quad dy = vdt, \quad dz = wdt \tag{3.5}$$

となるので，次のような流線の方程式が得られる．

$$\frac{dx}{u} = \frac{dy}{v} = \frac{dz}{w} \tag{3.6}$$

3.3.2 流跡線と流脈線

図3.6のように，流れの中の特定の流体粒子がある時間内に移動するときに描く道筋を**流跡線**（path line）という．流跡線は，単に流跡ともよばれる．流跡線の描く曲線は，同一の流体粒子が時間の経過とともに移動する軌跡であることに注意が必要である．実際には，流体粒子の代わりに流れとともに運動する微粒子をトレーサとして流れの中に混入し，その軌跡から流跡線を求めることが多い．

一方，**流脈線**（streak line）は，図3.7のように流れの中のある定点を次々に通過したすべての流体粒子が同一時刻に占める曲線を示す．したがって，流脈線は異なる流体粒子を連ねた曲線である．流脈線は単に流脈ともよばれる．実際には，細管などから水流中に流出させた色素や，気流中に流出させた煙が描く曲線を写真撮影することによって求められる．

なお，流れが時間的に変化しない定常流の場合には，流線，流跡線および流脈線は同一の曲線を描く．

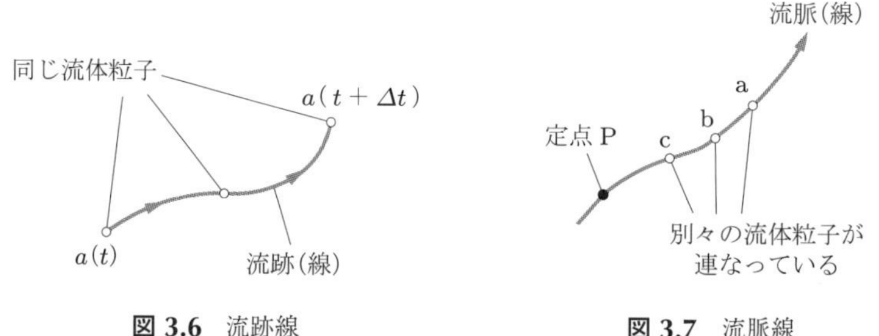

図3.6 流跡線　　**図3.7** 流脈線

3.3.3 流　管

流れの中に閉曲線を考え，その閉曲線上のすべての点についてそれらの点を通る

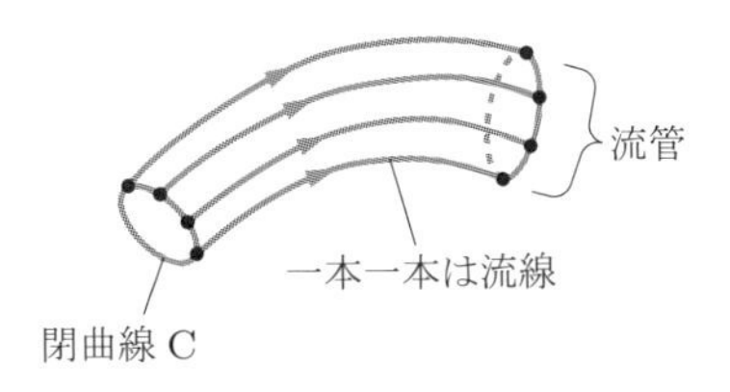

図 3.8 流管

流線を描くと，図 3.8 に示すように流線を壁とする一つの管ができる．これを**流管**（stream tube）という．流管の壁は流線であるので，流管を横切る流れは存在しない．

3.4 渦運動

流体の回転運動は**渦**（vortex）とよばれる．渦にはその回転中心に軸があり，明瞭な渦の軸はまっすぐであるが，その軸がゆがんでくると渦の形は崩れてくる．私たちのまわりにはさまざまな渦が存在している．有名な「鳴門の渦」は海にできる渦で，台風や竜巻は大気中で発生する渦の一つである．渦の中心で圧力は最小となる．そのためしばしば台風の強さの目安としてその中心圧力の値が利用される．また，竜巻の中心に向かって家屋の屋根などが空中に吸い上げられるのもそのためである．ただ，小さいスケールの渦はその存在が意識されないことのほうが多い．

しかし，いったん流れ場の中に渦が形成されると，その流れ場の挙動が渦により大きく左右されることがある．物体の背後に生じる渦は物体を振動させる力の原因となり，流れのはく離により生じる渦はエネルギー損失の要因となる．そのため，流れを産業に応用する場合に渦の挙動はきわめて重要となる．このような渦運動の基本的性質についてみてみよう．

図 3.9 は，渦中心の回転軸が紙面と垂直方向にある場合の渦の断面内の速度分布を示している．流体の円周方向の速度 v は回転軸上ではゼロで，軸から離れるにしたがって直線的に増加するので，剛体の回転運動と同様である．しかし，速度 v はある半径のところで最大となり，半径がそれより大きくなると逆に半径 r に反比例して次第に小さくなる．渦内の流体の回転運動は，遠心力と渦中心に向かう圧力差による向心力によって維持されている．渦内の速度 v が半径 r に比例して増加する剛体回転の渦領域は渦核，あるいは**強制渦**（forced vortex）とよばれる．一方，v が半径 r に反比例して減少する渦領域は**自由渦**（free vortex）とよばれる．なお，自然界の渦の速度分布は，図 3.9 のように強制渦と自由渦の速度分布を組み合わせて表すことができる．このような速度分布をもつ渦は，**ランキンの組み合わせ渦**（Rankine's compound vortex）とよばれる．

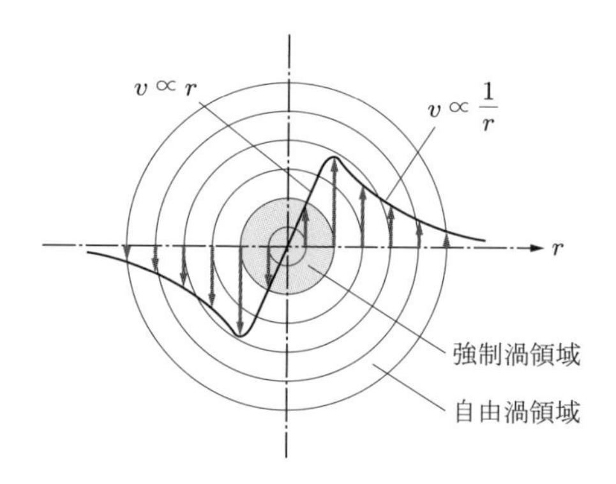

図 3.9 渦断面の速度分布

演習問題

3.1 第 11 章の図 11.2(b) にみられる筋状の曲線は，円柱の上流に置かれた細管から染料を注入した場合の流れの様子を示している．この曲線パターンは，流線，流脈線および流跡線のどれを表していると考えられるか．理由とともに説明せよ．

3.2 第 11 章の図 11.3，図 11.5(a) にみられる流れのパターンが，それぞれ流脈線および流跡線を表していることを，定義に従って説明せよ．

3.3 円管内の速度分布が図 3.4(a) のように軸対称であるとき，流量 Q と断面平均流速 V_{m} を算出せよ．なお，円管の半径は $R = 0.1\,\mathrm{m}$，速度分布 $v(r)$ は次式とする．

$$v(r) = 100(R^2 - r^2)\,[\mathrm{m/s}]$$

第4章 ベルヌーイの定理とその応用

これまでの章において，流体の性質，静止流体中の圧力の考え方，流体運動の表示法などについて学んできたが，本章以降は実際に流体が流れる状態を取り扱うこととする．本章では，まず流体粘性の効果を無視し，第 3 章で述べたように流線の方向に沿った曲線座標で表される一次元流れにエネルギー保存の法則を適用することによってベルヌーイの定理とよばれる式を導く．ベルヌーイの定理は，実用的で簡便な式であるため，質量保存の法則から導かれる連続の式とともに，本章以降で取り上げる円管路内の流れの解析に数多く利用され，流速や流量を測定する方法にも幅広く応用される非常に重要な基礎式である．

4.1 連続の式

もし，流体の粘性による摩擦がないと仮定すると，内径 d の円管断面内の流体の速度 V は円管断面内のすべての位置で等しく，第 3 章で述べた断面平均流速と等しくなる．円管内の流体の密度を ρ とすると，図 4.1 に示すように任意の断面 A（断面積 A）を通過した流体は，微小時間 Δt の間に $V \cdot \Delta t$ だけ進むので，その質量は $\rho A \cdot V \cdot \Delta t$ となる．したがって，断面 A を通過する単位時間あたりの流体の質量は，円管の位置に関係なく一定に保たれる．

$$\rho AV = \text{const.} \tag{4.1}$$

この ρAV を**質量流量**（mass flow rate）という．その単位は [kg/s] である．

さらに，円管内の流体の密度 ρ が変化しないとすると，単位時間あたりに流れる流

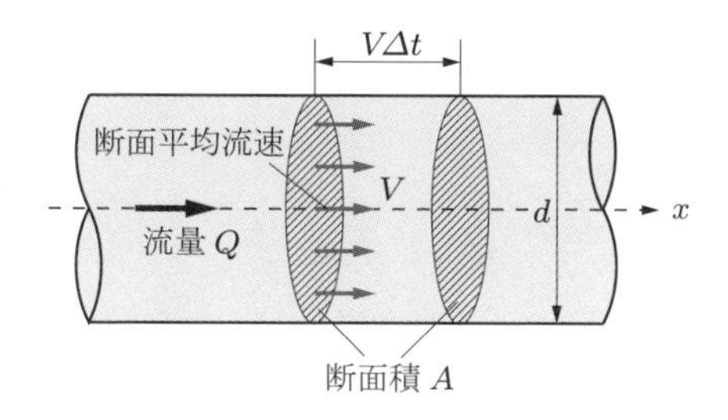

図 4.1 流体の体積と流量

体の体積 Q [m^3/s] もまた一定に保たれる.

$$Q = AV = \text{const.} \tag{4.2}$$

この Q を**体積流量** (volume flow rate), または単に**流量** (flow rate) という. 式 (4.1) と式 (4.2) を**連続の式** (continuity equation) という. なお, 第3章で述べたように, 実際の円管断面内の速度は中央部で大きく内壁面上でゼロとなるような速度分布をしているが, 断面平均流速 V は実際の速度分布を管断面で積分して得られる流量から求められる.

円管の断面寸法が図4.2のように流れ方向に変化する場合には, ある断面①（断面積 A_1）における速度を V_1 とすると断面①を通過する流量は $Q_1 = A_1 \cdot V_1$ となり, 断面②（断面積 A_2）における速度を V_2 とすると断面②を通過する流量は $Q_2 = A_2 \cdot V_2$ となる. 断面①と断面②との間で流体の管外への流出はないので, 断面①と断面②とを通過する流量は等しくなる.

$$Q_1 = Q_2 = Q = \text{const.}$$

すなわち, 管路の断面積が途中で変化しても流れ方向のすべての断面で流量は一定に保たれ, 式 (4.2) を書き換えた次のような連続の式が成り立つ.

$$Q = A_1V_1 = A_2V_2 = AV \tag{4.3}$$

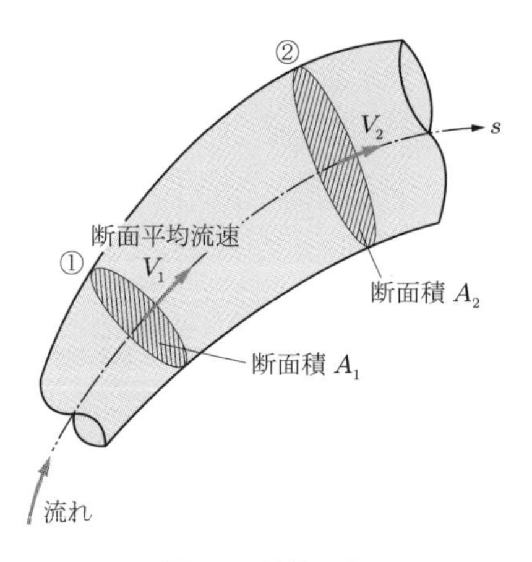

図4.2　連続の式

4.2 ベルヌーイの定理

物体のもつ運動エネルギーと位置エネルギーの和である力学的エネルギーが保存さ

れることはよく知られている．流体についても，粘性のない流れを仮定すると，管路内壁面での摩擦によるエネルギーの消耗が生じないので，管路を流れる流体の運動においても流体のもつエネルギーの総和は保存されることになる．図 4.3 のような管路の途中の断面①と断面②とその間の管路内壁面で囲まれた体積（検査体積とよぶ．5.1 節参照）内にある流体の運動について考えてみよう．ただし，管路内の流体の密度 ρ は一定とする．

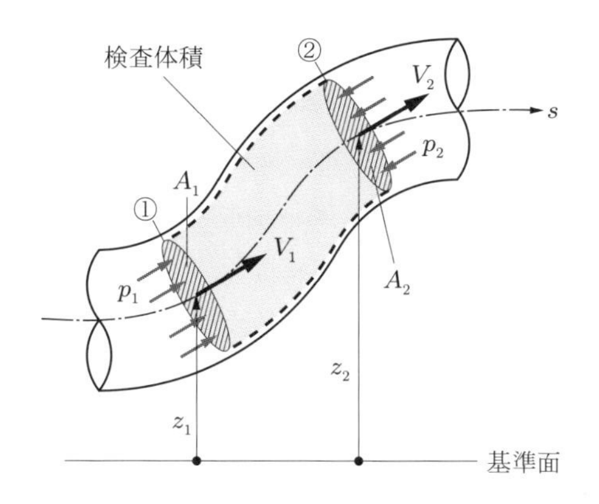

図 4.3 一次元流れとベルヌーイの定理

断面①における流速（流体の速度）を V_1，流量を Q とすると，微小時間 Δt の間に断面①から検査体積内に流入する運動エネルギーは

$$\frac{1}{2}(\rho Q \Delta t) \cdot {V_1}^2$$

である．同時に断面②から流出する運動エネルギーは，断面②における流速を V_2 とすると

$$\frac{1}{2}(\rho Q \Delta t) \cdot {V_2}^2$$

となる．また，断面①で流体がもつ位置エネルギーは，基準面から管断面の中心までの高さ z_1 を用いると

$$(\rho Q \Delta t) \cdot g \cdot z_1$$

であり，同様に断面②で流体がもつ位置エネルギーは

$$(\rho Q \Delta t) \cdot g \cdot z_2$$

となる．したがって，断面①から流入する流体のもつ力学的エネルギー E_1，および

断面②から流出する流体のもつ力学的エネルギー E_2 は，次式で与えられる．

$$\left.\begin{aligned} E_1 &= (\rho Q \Delta t) \cdot \left(\frac{{V_1}^2}{2} + g z_1 \right) \\ E_2 &= (\rho Q \Delta t) \cdot \left(\frac{{V_2}^2}{2} + g z_2 \right) \end{aligned}\right\} \tag{4.4}$$

さらに，流体の運動では圧力による力が作用する．微小時間 Δt の間に検査体積内にある流体は，断面①で圧力 p_1 による力に基づく仕事 W_1 を受ける．逆に断面②では，検査体積内にある流体はその外部の流体に対して圧力 p_2 による力に基づく仕事 W_2 を行う．

$$\left.\begin{aligned} W_1 &= p_1 A_1 (V_1 \Delta t) \\ W_2 &= p_2 A_2 (V_2 \Delta t) \end{aligned}\right\} \tag{4.5}$$

エネルギー保存の法則から，検査体積内にある流体の力学的エネルギーの増加（$E_2 - E_1$）は，検査体積内にある流体が圧力により外部から受けた仕事（$W_1 - W_2$）に等しいので

$$E_2 - E_1 = W_1 - W_2$$

と書ける．すなわち，流体運動におけるエネルギー保存則は

$$E_1 + W_1 = E_2 + W_2 \tag{4.6}$$

と表すことができる．式 (4.6) に式 (4.4) と式 (4.5) を代入すると，以下のようになる．

$$\begin{aligned} &\frac{1}{2}(\rho Q \Delta t){V_1}^2 + (\rho Q \Delta t) g z_1 + p_1 A_1 (V_1 \Delta t) \\ &\quad = \frac{1}{2}(\rho Q \Delta t){V_2}^2 + (\rho Q \Delta t) g z_2 + p_2 A_2 (V_2 \Delta t) \end{aligned} \tag{4.7}$$

式 (4.7) の各項はエネルギーの単位 [J] をもっている．しかし，管路内には同じ密度の流体が連続して流れているので，式 (4.6)，(4.7) のエネルギー保存則の式は流動する流体の単位体積あたりのエネルギー [J/m³]，単位質量あたりのエネルギー [J/kg]，あるいは単位重量あたりのエネルギー [J/N] のように種々の単位で表現することができる．

i) 式 (4.7) の両辺を流体の体積 $Q\Delta t$ で割ると

$$\frac{1}{2}\rho {V_1}^2 + \rho g z_1 + p_1 = \frac{1}{2}\rho {V_2}^2 + \rho g z_2 + p_2$$

となり，単位体積あたりのエネルギー [J/m³] の総和が保存されることがわかる．断面①と断面②の位置は任意に定めることができるので，一般的に以下のように表すことができる．

$$\frac{1}{2}\rho V^2 + p + \rho g z = \text{const.}\,[\text{Pa}] \tag{4.8}$$

各項の単位は当然 [J/m³] であるが，左辺第 2 項に合わせてパスカル [Pa]（=[N/m²]）で表すほうが自然である．なお，単位 [N/m²] の分子と分母に [m] を掛けると [J/m³] となるので，[J/m³] と [N/m²] とは同じであることがわかる．式 (4.8) の左辺の第 1 項は**動圧**（dynamic pressure），第 2 項は**静圧**（static pressure）とよばれる量である．動圧と静圧を合わせた圧力を**全圧**または**総圧**（total pressure）という．

ii) 式 (4.7) の両辺を流体の質量 $\rho Q \Delta t$ で割ると

$$\frac{1}{2}V^2 + \frac{p}{\rho} + gz = \text{const.}\,[\text{J/kg}] \tag{4.9}$$

となる．式 (4.9) は単位質量あたりのエネルギー [J/kg] の総和が保存されることを示している．左辺は左から運動エネルギー，圧力エネルギー，位置エネルギーを表している．

iii) 式 (4.7) の両辺を流体の重量 $\rho Q \Delta t \cdot g$ で割ると

$$\frac{V^2}{2g} + \frac{p}{\rho g} + z = \text{const.}\,[\text{m}] \tag{4.10}$$

となり，単位重量あたりのエネルギー [J/N] の総和が保存されることを示す．各項の単位は [J/N] であるが，[J] = [Nm] の関係から各項は高さの単位 [m] に等しいことがわかる．このとき，左辺の各項は左から**速度ヘッド**（velocity head），**圧力ヘッド**（pressure head），**位置ヘッド**（potential head）という．

以上の式 (4.8)〜(4.10) はいずれも**ベルヌーイの定理**（Bernoulli's theorem）を表しており，一次元流れに対して幅広く利用される重要な式である．

なお，粘性をもつ三次元流れは，ナビエ－ストークス（N－S）方程式とよばれる偏微分方程式により記述されるが，本書では取り扱わない．

4.3 ベルヌーイの定理の応用

定常な一次元流れに対してベルヌーイの定理を適用すると，未知の速度や圧力を算出することができる．その代表的な事例を紹介する．

4.3.1 タンクからの液体の噴出

図 4.4 のような十分に大きな容器内にある密度 ρ の液体が，ノズル状の小孔から噴出するときの速度を求めることを考えてみよう．タンク内の水面位置（断面①）からノズル出口位置（断面②）まで流れがつながっていると考えることができるので，断面①と断面②との間でベルヌーイの定理を適用すると

$$\frac{{V_1}^2}{2g}+\frac{p_1}{\rho g}+z_1=\frac{{V_2}^2}{2g}+\frac{p_2}{\rho g}+z_2 \tag{4.11}$$

となる．V_1，p_1，A_1 および V_2，p_2，A_2 は，それぞれ断面①および断面②における速度，圧力，断面積を示す．タンクの水面に作用する圧力は大気圧であり，ノズル出口の圧力も大気圧に近似できるので，$p_1=p_2=p_\mathrm{a}$（大気圧）とおくことができる．また，連続の式 $A_1V_1=A_2V_2$ より

$$V_1=\frac{A_2}{A_1}V_2 \tag{4.12}$$

となるので，タンクの断面積 A_1 がノズル出口の断面積 A_2 に比べてきわめて大きい（$A_1 \gg A_2$）とすると，タンク内の水面の降下速度 V_1 は無視できる．これらの条件を式 (4.11) に代入すると，ノズル出口の液体の噴出速度 V_2 は

$$V_2=\sqrt{2g(z_1-z_2)}=\sqrt{2gH} \tag{4.13}$$

として求められる．このように，水面から深さ H の位置にある微小なノズルから噴出する液体の速度は，自由落下する物体の速度に等しくなる．これを**トリチェリの定理** (Torricelli's theorem) という．

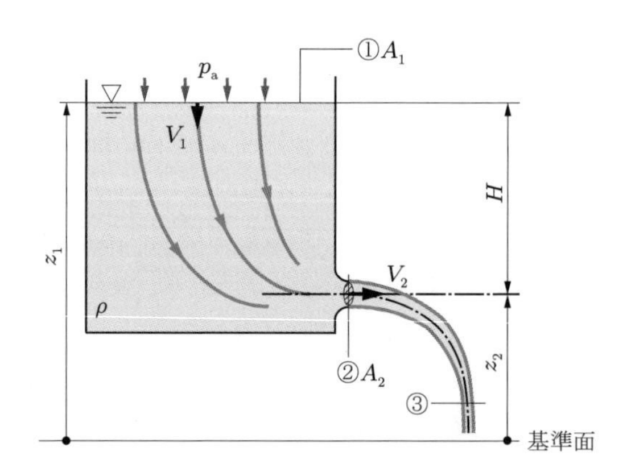

図 4.4 タンクからの液体の噴出

例題 4.1 図 4.4 のように，水面から $H = 1.5\,\mathrm{m}$ 下方のタンクの側面にある小さな円形ノズルから水が噴出している．なお，水面は十分大きく，ノズルの出口直径は $d_2 = 3.0\,\mathrm{cm}$，水の密度は $\rho = 1000\,\mathrm{kg/m^3}$ とする．

(1) ノズルから噴出する水の速度 V_2，およびノズルから $h = 50\,\mathrm{cm}$ 下方の位置における水の速度 V_3 を求めよ．

(2) ノズルから $50\,\mathrm{cm}$ 下方の位置における水棒の直径 d_3 を求めよ．

解 図 4.4 のようにノズルから噴出する水の速度 V_2 は，上述の式 (4.13) を用いると簡単に求めることができるが，ここではベルヌーイの定理に立ち返って V_2，V_3，d_3 を求めてみよう．

(1) タンク内の水面を断面①，ノズル出口断面を断面②，ノズルの $50\,\mathrm{cm}$ 下方の断面を断面③とする．これらの断面間では，以下のベルヌーイの式および連続の式が成り立つ．

$$\frac{{V_1}^2}{2g} + \frac{p_1}{\rho g} + z_1 = \frac{{V_2}^2}{2g} + \frac{p_2}{\rho g} + z_2 = \frac{{V_3}^2}{2g} + \frac{p_3}{\rho g} + z_3 \tag{4.14}$$

$$A_1 V_1 = A_2 V_2 = A_3 V_3 \tag{4.15}$$

断面①と断面②との間では，$V_1 \fallingdotseq 0$，$p_1 = p_2$ であるので

$$z_1 = \frac{{V_2}^2}{2g} + z_2$$

となり，速度 V_2 は次式で求められる．

$$V_2 = \sqrt{2g(z_1 - z_2)} = \sqrt{2 \times 9.8 \times 1.5} = 5.42 \fallingdotseq 5.4\,\mathrm{m/s}$$

一方，断面②と断面③との間のベルヌーイの式は

$$\frac{{V_2}^2}{2g} + z_2 = \frac{{V_3}^2}{2g} + z_3$$

となるので，速度 V_3 は次式で求められる．

$$V_3 = \sqrt{{V_2}^2 + 2g(z_2 - z_3)} = \sqrt{5.42^2 + 2 \times 9.8 \times 0.5} = 6.25 \fallingdotseq 6.3\,\mathrm{m/s}$$

(2) 断面②と断面③との間で連続の式は

$$\frac{\pi {d_2}^2}{4} V_2 = \frac{\pi {d_3}^2}{4} V_3$$

となるので，水棒の直径 d_3 は次のように求められる．

$$d_3 = d_2 \sqrt{\frac{V_2}{V_3}} = 0.03 \times \sqrt{\frac{5.42}{6.25}} = 0.0279\,\mathrm{m} \fallingdotseq 2.8\,\mathrm{cm}$$

■

例題 4.2 図 4.5 のように，断面積が A_1（直径 d_1）から A_2（直径 d_2）に滑らかに縮小する円管の中を，密度 ρ の流体が流れている．断面①および断面②における圧力を測定したところ，それぞれ p_1 および p_2 であった．上流側と下流側のそれぞれの円管内の速度 V_1，V_2 を求めよ．このとき，円管の直径比は $d_1/d_2 = 2.0$ とし，円管内壁と流体との摩擦は無視するものとする．

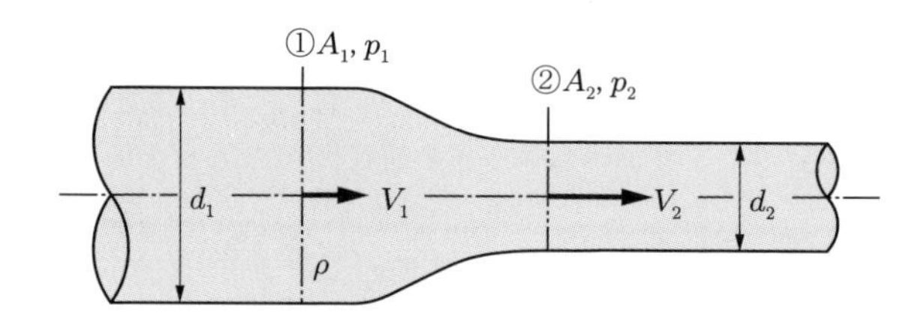

図 4.5 直径が変化する円管内の流れ

解 円管は水平であるので，断面①と断面②の間におけるベルヌーイの式および連続の式は次のようになる．

$$\frac{{V_1}^2}{2g} + \frac{p_1}{\rho g} = \frac{{V_2}^2}{2g} + \frac{p_2}{\rho g} \tag{4.16}$$

$$A_1 V_1 = A_2 V_2 \tag{4.17}$$

式 (4.17) に $d_1/d_2=2.0$ の条件を入れると

$$V_2 = \frac{A_1}{A_2} V_1 = \left(\frac{d_1}{d_2}\right)^2 V_1 = 4.0 V_1 \tag{4.18}$$

となる．これを式 (4.16) に代入すると

$$\frac{{V_1}^2}{2g} + \frac{p_1}{\rho g} = \frac{(4.0V_1)^2}{2g} + \frac{p_2}{\rho g}$$

となるので，V_1 は次式として求められる．

$$V_1 = \sqrt{\frac{2(p_1 - p_2)}{15\rho}}$$

次に，得られた V_1 の結果を式 (4.18) に代入することで，V_2 も求められる．

$$V_2 = 4.0V_1 = 4.0\sqrt{\frac{2(p_1 - p_2)}{15\rho}}$$ ■

4.3.2 ピトー管による流速の測定

ベルヌーイの定理に基づいて動圧を測定し，流速（流れの速度）を求める装置が**ピ**

トー管 (Pitot tube) である．ただ，ピトー管というとき，図 4.6(a) の全圧管のみを指す場合と，図 (c) のピトー静圧管を指す場合とがあるので，注意が必要である．また，図 (a) のような全圧管で速度を測定する際には，別途に図 (b) のような静圧管を用いるなどの方法により静圧を測定する必要がある．ピトー静圧管は，図 (c) のように全圧管と静圧管を組み合わせた構造をしているので，その先端を流れの向きに向けることで，全圧 p_{t} と静圧 p_{s} との差である動圧を測定することができる．

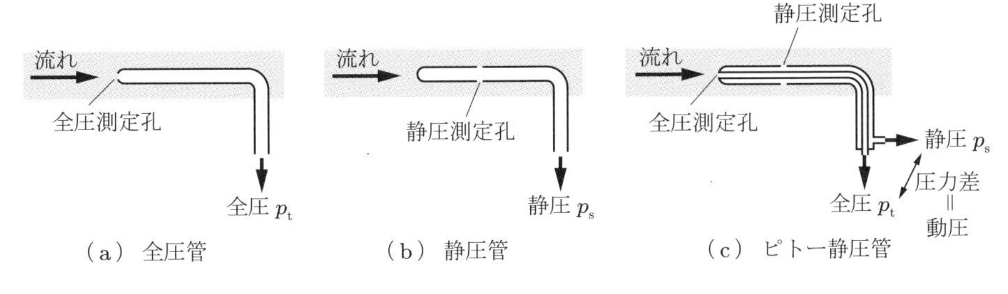

図 4.6 ピトー管の構成

ピトー静圧管による速度測定の原理を，図 4.7 に基づいて考えてみよう．速度を測定したい位置に⓪，ピトー静圧管の先端位置に①，静圧孔のある位置に②の添え字記号をつけ，ピトー静圧管の先端位置である**よどみ点** (stagnation point) を通る流線に沿ってベルヌーイの定理を適用する．このとき，流線上の局所速度を v，局所圧力を p，流体の密度を ρ とすると，ベルヌーイの式は

$$\frac{{V_0}^2}{2g}+\frac{P_0}{\rho g}=\frac{{v_1}^2}{2g}+\frac{p_1}{\rho g}=\frac{{v_2}^2}{2g}+\frac{p_2}{\rho g} \tag{4.19}$$

となる．ピトー静圧管先端のよどみ点は速度がゼロの点を指すので，$v_1=0$ である．また，静圧孔は上流の静圧と同じ値が得られる位置に開けられるので，$P_0=p_2$ となる．したがって，式 (4.19) は次のように書ける．

$$\frac{{V_0}^2}{2g}+\frac{p_2}{\rho g}=\frac{p_1}{\rho g}$$

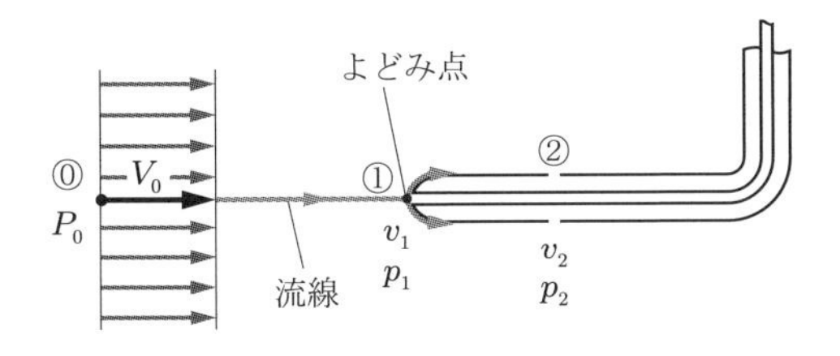

図 4.7 ピトー静圧管による速度測定

ここで，図 4.6(c) より $p_1 = p_\mathrm{t}$（全圧），$p_2 = p_\mathrm{s}$（静圧）に相当するので，速度 V_0 は，

$$V_0 = \sqrt{\frac{2(p_1 - p_2)}{\rho}} = \sqrt{\frac{2(p_\mathrm{t} - p_\mathrm{s})}{\rho}} \tag{4.20}$$

として求められる．すなわち，ピトー静圧管先端の全圧孔からの圧力 p_t と側面の静圧孔からの圧力 p_s との圧力差（動圧）により，上流の速度 V_0 を求めることができる．ただ，実際の流速測定では粘性摩擦や静圧孔位置が速度 V_0 に多少影響するので，式 (4.21) のように，ピトー管の速度係数として 1.0 に近い値 C_v（$C_\mathrm{v} \fallingdotseq 0.98$）を掛けて補正することが多い．なお，速度係数が $C_\mathrm{v} = 1.0$ となるように製作された市販のピトー静圧管を，標準型ピトー管という．

$$V_0 = C_\mathrm{v}\sqrt{\frac{2(p_\mathrm{t} - p_\mathrm{s})}{\rho}} \tag{4.21}$$

例題 4.3 図 4.7 のように標準型ピトー管を用いて気流の速度 V_0 を調べることとする．その際，全圧管と静圧管からの圧力を U 字管マノメータに導いて，その中に入っている水の水面高さの差 Δh を測定したところ，$\Delta h = 13.5\,\mathrm{mm}$ であった．気流の速度を算出せよ．なお，水と空気の温度は 20℃ とする．

解 標準型ピトー管を用いて測定される気流速度 V_0 は，空気の密度を ρ_a とすると

$$V_0 = \sqrt{\frac{2(p_\mathrm{t} - p_\mathrm{s})}{\rho_\mathrm{a}}}$$

として求められるので，これに全圧と静圧との圧力差（$p_\mathrm{t} - p_\mathrm{s}$）を代入すればよい．U 字管マノメータを用いる場合，圧力差（$p_\mathrm{t} - p_\mathrm{s}$）は次式から求められる．

$$p_\mathrm{t} - p_\mathrm{s} = (\rho_\mathrm{w} - \rho_\mathrm{a})g\Delta h$$

また，水と空気の温度が 20℃ であるので，水と空気の密度は $\rho_\mathrm{w} = 998.2\,\mathrm{kg/m^3}$，$\rho_\mathrm{a} = 1.204\,\mathrm{kg/m^3}$ である．したがって，気流速度 V_0 は次のように求められる．

$$V_0 = \sqrt{\frac{2(\rho_\mathrm{w} - \rho_\mathrm{a})g\Delta h}{\rho_\mathrm{a}}} = \sqrt{\frac{2 \times (998.2 - 1.204) \times 9.8 \times 13.5 \times 10^{-3}}{1.204}} \fallingdotseq 14.8\,\mathrm{m/s}$$

■

4.3.3 絞り流量計

さまざまな工業分野において，円管内を流れる流体の流量を簡便に測定する方法が望まれている．円管路の途中で管路の断面積が絞られると，その絞り部における流速は増加し，ベルヌーイの定理より圧力は低下する．そのため，この低下した圧力と上

流の圧力との圧力差を測定することにより流量を求める装置を総称して，絞り流量計という．以下に，絞り流量計の代表であるベンチュリ管，管オリフィスおよび管ノズルについてみてみよう．

(1) ベンチュリ管

図4.8のように円管内の流れをノズル部で絞り，断面積が小さいスロート部を介して，その下流のディフューザ部で緩やかに元の円管の寸法に戻す構造の管は**ベンチュリ管**（Venturi tube）とよばれ，円管路の途中に挟んでその流量を測定するために使用される．ベンチュリ管では，絞りによってスロート部とノズル部上流の入口部分との間に圧力差が生じるので，その大きさを測定することにより流量を求めることができる．ノズル部の上流の断面①における断面平均流速を V_1，圧力を p_1，断面積を A_1，スロート部の断面②における断面平均流速を V_2，圧力を p_2，断面積を A_2 とすると，流量 Q は連続の式

$$Q = A_1V_1 = A_2V_2 \tag{4.22}$$

から求められる．そのため，断面①における流速 V_1，もしくは断面②における流速 V_2 を知ることが必要である．

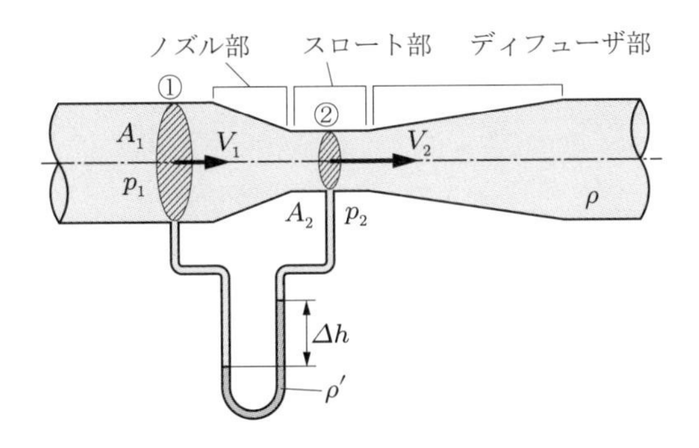

図4.8 ベンチュリ管による流量の測定

水平に設置されたベンチュリ管を流れる流体の密度を ρ とすると，断面①と断面②の間でベルヌーイの定理から次式が得られる．

$$V_2{}^2 - V_1{}^2 = \frac{2}{\rho}(p_1 - p_2) \tag{4.23}$$

式 (4.22) を $V_1 = (A_2/A_1)V_2$ と変形し，式 (4.23) に代入すると流速 V_2 が求められる．

$$V_2 = \frac{1}{\sqrt{1-(A_2/A_1)^2}}\sqrt{\frac{2}{\rho}(p_1 - p_2)} \tag{4.24}$$

実際のベンチュリ管では流体粘性が作用するため，本当の流速 V_2 は式 (4.24) で得られる値より少し小さくなる．そのため，実際に合わせた速度係数 C_v（≒ 0.98〜0.99）を掛けて用いられるので，流量 Q は次式から求められる．

$$Q = A_2 V_2 = \frac{C_v}{\sqrt{1-(A_2/A_1)^2}} A_2 \sqrt{\frac{2}{\rho}(p_1 - p_2)} \tag{4.25}$$

式 (4.25) は，流体の密度 ρ およびベンチュリ管の断面積が既知であれば，断面①と断面②との圧力差（$p_1 - p_2$）を示差マノメータなどにより測定することで流量 Q が求められることを示している．さらに，**流量係数**（flow coefficient）として α を

$$\alpha = \frac{C_v}{\sqrt{1-(A_2/A_1)^2}}$$

のように与えると，式 (4.25) は次式となる．

$$Q = \alpha A_2 \sqrt{\frac{2}{\rho}(p_1 - p_2)} \tag{4.26}$$

式 (4.26) は，管オリフィスおよび管ノズルなどの絞り流量計全般に利用される式である．

(2) 管オリフィス

管路に**オリフィス**（orifice）とよばれる，薄刃をもつ円形ドーナツ板を取り付けて流量を測定する装置が管オリフィスである．円管路内にオリフィスを取り付けると，その前後の圧力ヘッドと流れパターンは図 4.9 のようになる．オリフィスから管径 d だけさかのぼった上流の断面①から流管が縮小し始め，オリフィス通過後も縮流してオリフィスから $d/2$ だけ下流の断面②で流管の断面は最小となる．縮流断面②では速

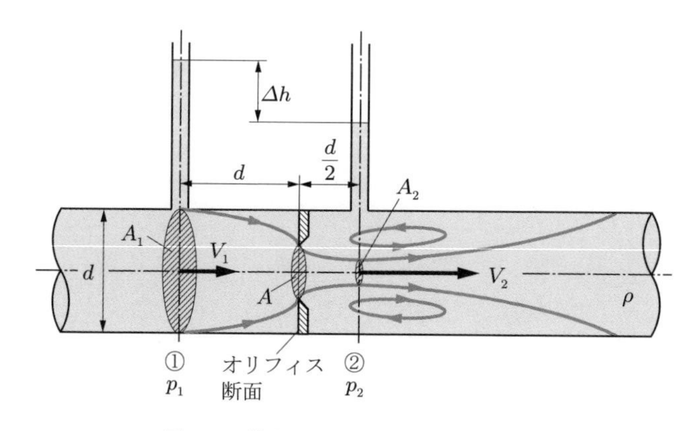

図 4.9 管オリフィスによる流量の測定

度が最大に達し，静圧が最小となる．このような断面①，②の間で圧力差を測定する方式を縮流タップという．流れの諸損失を無視し，円管路内を流れる流体の密度を ρ として断面①と断面②との間にベルヌーイの定理を適用すると次式となる．

$$\frac{{V_1}^2}{2g} + \frac{p_1}{\rho g} = \frac{{V_2}^2}{2g} + \frac{p_2}{\rho g} \tag{4.27}$$

一方，位置①における流速を V_1，断面積を A_1，位置②における流速を V_2，断面積を A_2，オリフィスの開口部断面積を A とし，さらに縮流係数 C_{c}（$= A_2/A$）を用いると，流量 Q は次の連続の式から求められる．

$$Q = A_1 V_1 = A_2 V_2 = C_{\mathrm{c}} A V_2 \tag{4.28}$$

したがって，式 (4.28) から求められる式 $V_1 = C_{\mathrm{c}} A V_2 / A_1$ を式 (4.27) へ代入すると，次式が得られる．

$$\frac{p_1 - p_2}{\rho g} = \frac{{V_2}^2}{2g} \left\{ 1 - \left(\frac{C_{\mathrm{c}} A}{A_1} \right)^2 \right\}$$

よって，縮流部の速度 V_2 は

$$V_2 = \frac{1}{\sqrt{1 - (C_{\mathrm{c}} A / A_1)^2}} \sqrt{\frac{2(p_1 - p_2)}{\rho}} \tag{4.29}$$

となる．しかし，断面②における実際の速度はこの理論速度よりわずかに小さくなる．そのため，ベンチュリ管の場合と同様に速度係数 C_{v} を導入して，実際の速度を $C_{\mathrm{v}} V_2$ と表すこととし，また縮流係数を用いて断面積 A_2 を $A_2 = C_{\mathrm{c}} A$ で表すと，流量 Q は次式で求められる．

$$Q = A_2 (C_{\mathrm{v}} V_2) = C_{\mathrm{c}} C_{\mathrm{v}} A V_2 = \frac{C_{\mathrm{c}} C_{\mathrm{v}} A}{\sqrt{1 - (C_{\mathrm{c}} A / A_1)^2}} \sqrt{\frac{2(p_1 - p_2)}{\rho}}$$

ここで，流量係数として $\alpha = C_{\mathrm{c}} C_{\mathrm{v}} / \sqrt{1 - {C_{\mathrm{c}}}^2 m^2}$，開口面積比として $m = A/A_1$ とおくと，ベンチュリ管による流量測定の式 (4.26) と同様の式

$$Q = \alpha A \sqrt{\frac{2(p_1 - p_2)}{\rho}} \tag{4.30}$$

が得られる．A はオリフィス部における最小断面積であり，ベンチュリ管のスロート部の断面積 A_2 に相当する．式 (4.30) は，管路の流量 Q がオリフィス前後の圧力差

$\Delta p = p_1 - p_2$ を測定することにより求められることを示す．流量係数 α の値は一般にレイノルズ数と開口面積比 m に依存するが，レイノルズ数が十分大きい領域では，表 4.1 に示すように m の値のみに依存して変化する．

図 4.10 は，JIS に規定される標準的なオリフィスの構造と圧力の取り出し方法を示している．差圧 Δp の取り出し位置は，図 4.9 の縮流タップ方式と異なり，オリフィスの直前と直後に設けられている．この方式をコーナータップという．コーナータップ方式のオリフィスは構造が簡単で，実際の円管路の中に設置するのにきわめて便利なので，工業分野でもっとも多く利用されている．しかし，管オリフィスはベンチュリ管や管ノズルと比べて圧力損失が大きいことが欠点である．なお，管オリフィスは管路の途中に設置されるだけでなく，管路の入口や出口に設置して流量を測定する場合にもしばしば利用される．その場合の標準型管オリフィスの流量係数も表 4.1 に併記している．

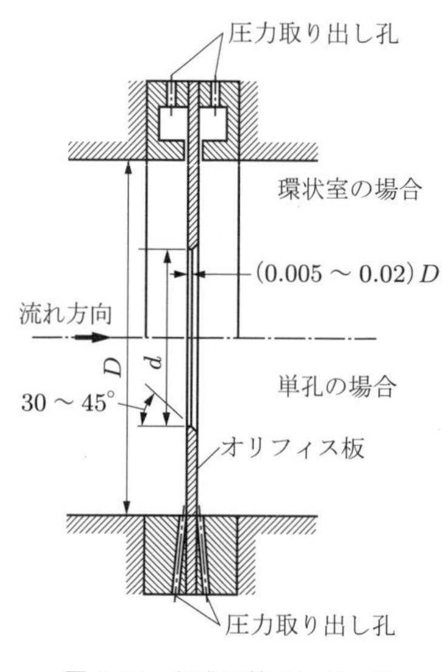

図 4.10　標準型管オリフィス

表 4.1　標準型管オリフィスの流量係数

開口面積比 m	**流量係数** α		
	管路の入口	**管路の内部**	**管路の出口**
0.05	0.60（一定）	0.598	0.598
0.10		0.602	0.602
0.15		0.608	0.608
0.20		0.615	0.615
0.25		0.624	0.624
0.30		0.634	0.636
0.35		0.646	0.651
0.40		0.661	0.666
0.45		0.677	0.682
0.50		0.696	0.701
0.55		0.717	0.724
0.60		0.742	0.751
0.65		0.770	0.784
0.70		0.804	0.820

(3) 管ノズル

図 4.11 のように，流路の断面積が流れ方向に滑らかに小さくなる管路要素を**ノズル**（nozzle）という．これを管路に設置したものを管ノズルといい，管オリフィスと同様に式 (4.30) に基づいて管路内流れの流量測定に利用することができる．ただし，ノズルではその出口端まで流れが滑らかに絞られるため，出口端の下流で縮流は生じない．そのため，ノズルはオリフィスより損失が小さく，流量係数の値は大きくなる．

表 4.2 標準型管ノズルの流量係数

開口面積比 m	流量係数 α		
	管路の入口	管路の途中	管路の出口
0.05		0.987	0.982
0.10		0.989	0.984
0.15		0.993	0.987
0.20		0.999	0.993
0.25		1.007	1.000
0.30	0.99（一定）	1.016	1.009
0.35		1.028	1.020
0.40		1.041	1.036
0.45		1.059	1.054
0.50		1.081	1.076
0.55		1.108	1.103
0.60		1.142	1.137
0.65		1.183	1.176

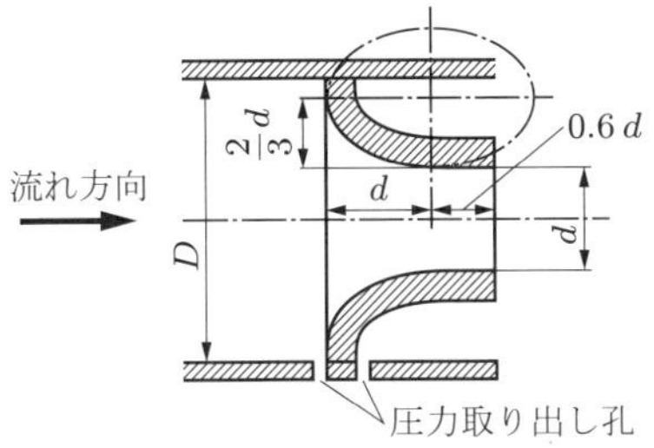

流れ方向 D $\frac{2}{3}d$ d $0.6\,d$ d 圧力取り出し孔

図 4.11 長円ノズル

管ノズルも，管オリフィスと同様に管路の入口や出口に設置して流量を測定する場合に利用される．その設置位置と開口面積比の違いにより，標準型管ノズルの流量係数は表 4.2 のようになる．

以上の 3 種の絞り流量計を比較すると，同じ開口面積比をもつ場合には管オリフィス，管ノズル，ベンチュリ管の順に圧力差 Δp が大きく，それにともなって圧力損失も大きくなる．一方，流量係数の値は，式 (4.26) および式 (4.30) からわかるように圧力差 Δp が大きい流量計ほど小さくなる．

例題 4.4 出口端の直径が $d = 30\,\mathrm{mm}$ である標準型管ノズルを，直径が $D = 60\,\mathrm{mm}$ の円管の途中に挟んで水の流量 Q を測定したい．ノズル前後の圧力を U 字管水銀マノメータにより調べたところ，液面の高さの差が $\Delta h = 380\,\mathrm{mm}$ であった．円管内の水流の流量 Q および断面平均流速 V を算出せよ．なお，水の密度は $\rho_\mathrm{w} = 1000\,\mathrm{kg/m^3}$，水銀の比重は 13.6 とする．

解 絞り流量計では式 (4.30) に基づいて流量が測定できるので，ノズルの出口端における断面積を A とすると，流量 Q は次式から求められる．

$$Q = \alpha A \sqrt{\frac{2\Delta p}{\rho_\mathrm{w}}} \tag{4.31}$$

式 (4.31) に，管ノズル流量係数 α，ノズル出口端の断面積 A，圧力差 Δp（$= p_1 - p_2$）の値を代入することにより，流量 Q を求めることができる．

〈圧力差 Δp について〉

水銀の比重は 13.6 であるのでその密度 ρ_{Hg} は $\rho_{\mathrm{Hg}} = 13.6\rho_{\mathrm{w}}$ となる．したがって，圧力差 Δp は，U 字管マノメータの液面高さの差 Δh を用いると次のように求められる．

$$\Delta p = (\rho_{\mathrm{Hg}} - \rho_{\mathrm{w}})g\Delta h = (13.6 - 1) \times 10^3 \times 9.8 \times 0.38 = 46922\,\mathrm{Pa}$$

〈流量係数 α について〉

ノズルの開口面積比 m は $m = (d/D)^2$ であるので

$$m = \left(\frac{d}{D}\right)^2 = \left(\frac{0.03}{0.06}\right)^2 = 0.25$$

となる．$m = 0.25$ のとき，流量係数 α は表 4.2 より $\alpha = 1.007$ である．

これらの値を式 (4.31) に代入すると，流量

$$Q = \alpha A\sqrt{\frac{2\Delta p}{\rho_{\mathrm{w}}}} = 1.007 \times \frac{3.14 \times 0.03^2}{4} \times \sqrt{\frac{2 \times 46922}{1000}} = 0.00689\,\mathrm{m^3/s}$$

が求められる．このように流量が小さい数値になる場合，$Q = 0.00689 = 6.89 \times 10^{-3}\,\mathrm{m^3/s}$，あるいは単位を変換して $Q = 6.89\,\mathrm{L/s}$ や $Q = 414\,\mathrm{L/min}$ と表すほうがわかりやすい．

断面平均流速 V は，連続の式から次のように求められる．

$$V = \frac{Q}{(\pi/4)D^2} = \frac{4 \times 0.00689}{\pi \times 0.06^2} \fallingdotseq 2.4\,\mathrm{m/s}$$

■

演習問題

4.1 図 4.12 のように，十分に大きいタンクの底面から，鉛直下方に取り付けた直径の異なる 2 本の円管を介して密度 $\rho = 1000\,\mathrm{kg/m^3}$ の水を下方に送るものとする．大きいほうの円管は内径が $d_1 = 5\,\mathrm{cm}$，長さが 50 cm，小さいほうの円管は内径が $d_2 = 2\mathrm{cm}$，長さが 20 cm である．以下の問いに答えよ．ただし，流体の粘性は無視し，タンク内の水面高さは 1.0 m に保たれているものとする．

(1) 内径が d_2 の円管の出口における流速 V_2 を求めよ．

(2) 内径が d_1 の円管内の流速 V_1 を求めよ．

(3) 円管の出口端より 0.4 m 下方における流速 V_L，水棒の直径 d_L，タンクから流出する水の流量 Q を求めよ．

4.2 図 4.13 のように，密度 $\rho = 1.2\,\mathrm{kg/m^3}$ の空気がノズルを介して斜め下方に流れている．大小の円管の直径はそれぞれ $d_1 = 100\,\mathrm{mm}$，$d_2 = 40\,\mathrm{mm}$ である．断面②において流速を測定したところ，$V_2 = 15\,\mathrm{m/s}$ であった．また，断面①と断面②の高さの差は $h = 3.0\,\mathrm{m}$ であった．管路の摩擦は無視できるものとして，断面①と断面②との圧力差 Δp および大きい円管内の断面平均流速 V_1 を求めよ．

4.3 図 4.14 のように，密度 $\rho = 1.2\,\mathrm{kg/m^3}$ の空気が管路内を流れている．断面①の直径は

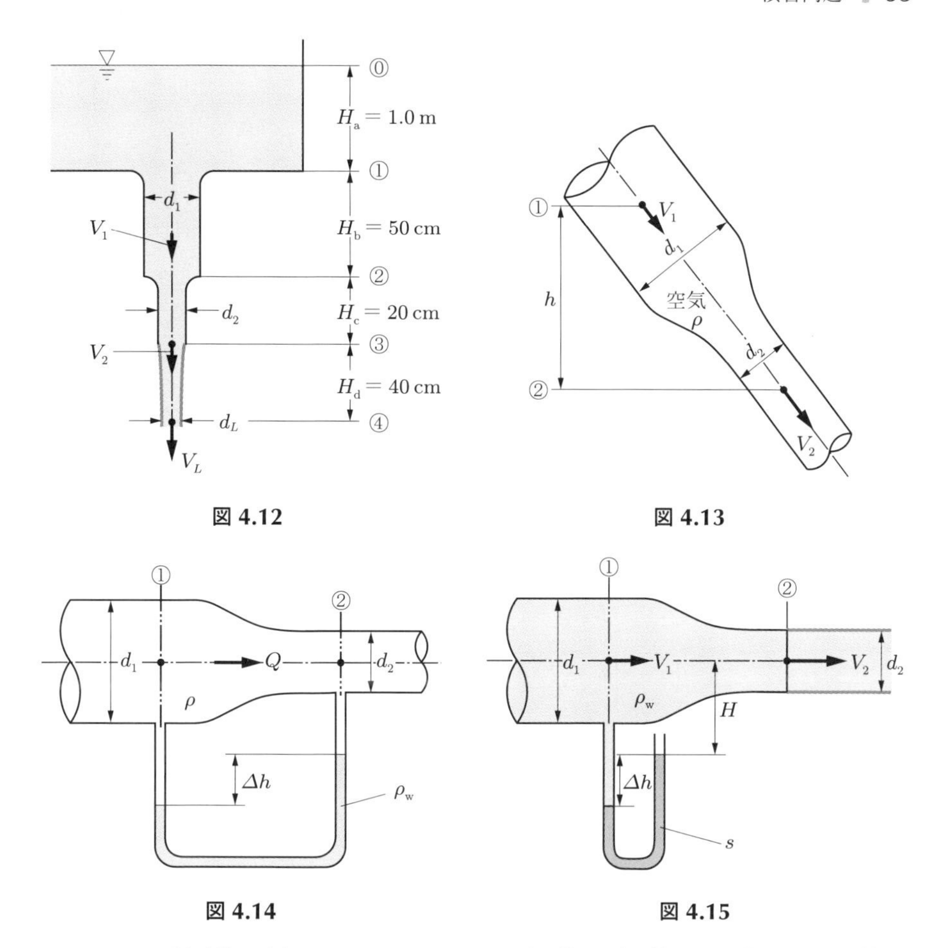

図 4.12

図 4.13

図 4.14

図 4.15

$d_1 = 60$ mm，断面②の直径は $d_2 = 20$ mm で，断面①と断面②との圧力差を U 字管マノメータで測定すると，水面高さの差は $\Delta h = 20.5$ mm であった．断面①における流速 V_1，断面②における流速 V_2，および管内を流れる空気の流量 Q を算出せよ．なお，水の密度は $\rho_w = 1000\,\mathrm{kg/m^3}$ とし，管路の摩擦は無視できるものとする．

4.4 図 4.15 のように水がノズルより大気中に流出している．断面①の直径は $d_1 = 40$ mm，断面②の直径は $d_2 = 20$ mm で，断面①と断面②との圧力差を水銀の入った U 字管マノメータで測定すると，$\Delta h = 12$ mm，$H = 100$ mm であった．以下の問いに答えよ．なお，水の密度は $\rho_w = 1000\,\mathrm{kg/m^3}$，空気の密度は $\rho_a = 1.2\,\mathrm{kg/m^3}$，水銀の比重は $s = 13.6$ とする．また，管路の摩擦は無視できるものとする．

(1) 断面①と断面②との圧力差（$p_1 - p_2$）[Pa] を，U 字管マノメータの測定値を用いて算出せよ．

(2) 断面①における速度 V_1 と断面②における速度 V_2 を算出せよ．

(3) ノズルから流出する流量 Q は毎分何リットルになるか．

4.5 例題 4.4 において，管ノズルを同じ開口面積比 m をもつ管オリフィスに取り替えて，同じ流量 Q を同様に U 字管水銀マノメータにより測定するものとする．このとき，オリフィス前後の液面の高さの差 Δh はどれほどになるか．

4.6 壁面近くの気流速度を，図 4.16 のように流れ方向に向けた全圧管 A と壁面に開けた静圧孔 B を利用して測定するものとする．U 字管マノメータに入っている水の液面差が $\Delta h = 20\,\mathrm{mm}$ のとき，空気の流れの速度 V はいくらになるか．水の密度は $\rho_\mathrm{w} = 1000\,\mathrm{kg/m^3}$，空気の密度は $\rho = 1.2\,\mathrm{kg/m^3}$ とする．

4.7 円管路中にあるノズルの上流断面①と下流断面②における水の流速を，図 4.17 のような方法で測定するものとする．円管の直径は $d_1 = 50\,\mathrm{mm}$，$d_2 = 20\,\mathrm{mm}$ である．U 字管マノメータに入っている水銀の液面差が $\Delta h = 150\,\mathrm{mm}$ のとき，断面①および断面②の流速はいくらになるか．ただし，水の密度は $\rho_\mathrm{w} = 1000\,\mathrm{kg/m^3}$，水銀の密度は $\rho_\mathrm{Hg} = 13.6 \times 10^3\,\mathrm{kg/m^3}$ とし，管路の摩擦は無視する．

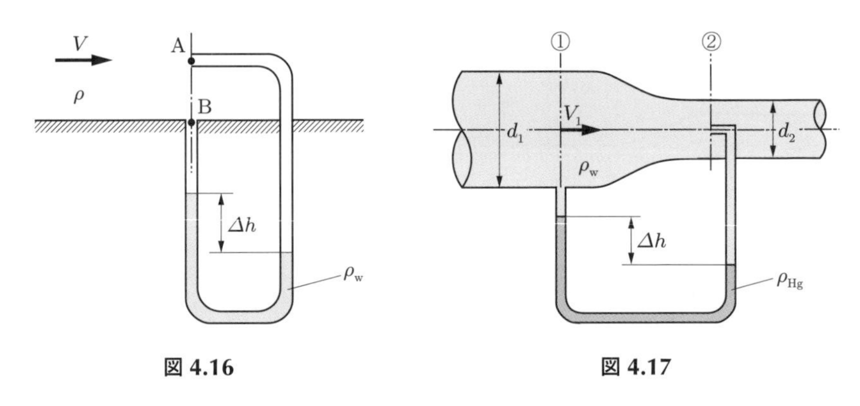

図 4.16　　　図 4.17

4.8 図 4.18 のように，円管路の出口近くにベンチュリ管を取り付けて油を吸引する気化器を製作する．液面からスロート部までの高さを $\Delta h = 200\,\mathrm{mm}$ とするとき，油を吸引するために円管に流す空気の流量は最低どれだけ必要か．そのとき，スロート部内の流速はいくらになるか．円管の直径は $d_2 = 100\,\mathrm{mm}$，ベンチュリ管スロート部の直径は $d_1 = 10\,\mathrm{mm}$ で，油の密度は $\rho_\mathrm{o} = 850\,\mathrm{kg/m^3}$，空気の密度は $\rho_\mathrm{a} = 1.2\,\mathrm{kg/m^3}$ とする．また，流体の粘性は無

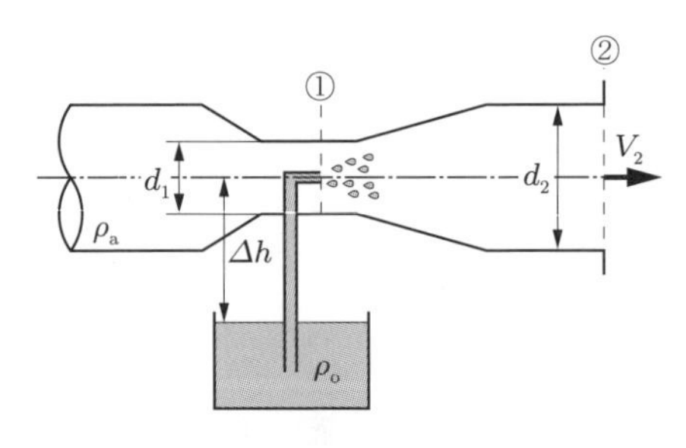

図 4.18

視できるものとする．

4.9　図 4.19 のように，大きなタンクの側面から直径 $d_{\mathrm{p}} = 50\,\mathrm{mm}$ の円管を介して円管先端のノズルから水を噴き上げる噴水を設計した．タンク内の水面変化および流体の粘性による損失は無視できるものとして，以下の問いに答えよ．ただし，各高さは $z_{\mathrm{w}} = 10\,\mathrm{m}$, $z_{\mathrm{e}} = 1\,\mathrm{m}$, $z_{\mathrm{n}} = 3\,\mathrm{m}$ であり，管直径は $d_{\mathrm{p}} = 50\,\mathrm{mm}$，ノズル先端の直径は $d_{\mathrm{n}} = 20\,\mathrm{mm}$ である．また，水の密度は $\rho_{\mathrm{w}} = 1000\,\mathrm{kg/m^3}$ とする．

(1) ノズル出口における流速 V_{n} を求めよ．

(2) 円管内の流速 V_{p} を求めよ．

(3) ノズル出口から水が噴き出す高さ H を求めよ．

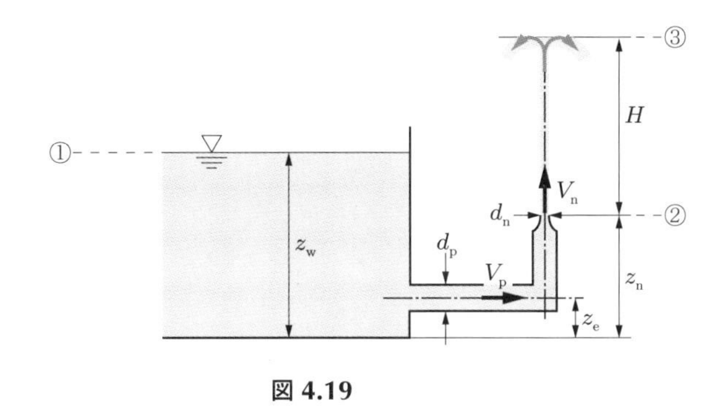

図 4.19

第5章 運動量の法則とその応用

流れの各点における圧力や速度が，ベルヌーイの定理を利用して求められることを前章で学んだ．この圧力や流速により，流れに隣接する壁面や流れに囲まれる物体に流体による力が作用する．流れの中に検査面とよばれる閉じた閉曲面を考えることにより，検査面内にある流体が受ける力，あるいは反対に流体が及ぼす力を，流体の運動量の変化と圧力により求めることができる．これを運動量の法則という．本章では，流れ場における運動量の法則を導き，これをさまざまな基本的流れ場へ適用する事例について学ぶ．さらに，ペルトン水車やプロペラ型風車などの流体機械の性能解析に運動量の法則が応用できることを示す．

5.1 運動量の法則

質量 m の物体に加速度 $\boldsymbol{\alpha}$ が生じるとその方向に物体が力 $\boldsymbol{F}$ を受けることは，運動の第 2 法則として知られている．これは，物体の速度を $\boldsymbol{v}$ とすると次のように表せる．なお，太字の $\boldsymbol{F}$, $\boldsymbol{M}$, $\boldsymbol{\alpha}$, $\boldsymbol{v}$, $\boldsymbol{k}$ はベクトル量を意味する．

$$\boldsymbol{F} = m\boldsymbol{\alpha} = \frac{d(m\boldsymbol{v})}{dt} \tag{5.1}$$

ここで，運動量 $m\boldsymbol{v}$ を $\boldsymbol{M}$ とおくと，

$$\boldsymbol{F} = \frac{d\boldsymbol{M}}{dt} \tag{5.2}$$

と書けるので，物体に作用する力は運動量の時間変化割合，あるいは単位時間あたりの運動量の変化に等しいことがわかる．この概念を流れ場に適用してみよう．

流れ場の運動量変化を考えるには，流れの中に着目する空間を定める必要がある．この空間の体積を**検査体積**（control volume)，これを囲む閉曲面を**検査面**（control surface）という．二次元の流れの中にある物体に作用する力を調べるため，その物体を囲むように検査面をとったものを図 5.1 に示す．検査面と物体表面との間の領域内にある流体に作用する力は次のように考えられる．

(i) $\boldsymbol{F}$：物体により検査面内の流体が受ける力

(ii) $\oint pds$：検査面上で外部からの圧力 p により受ける力

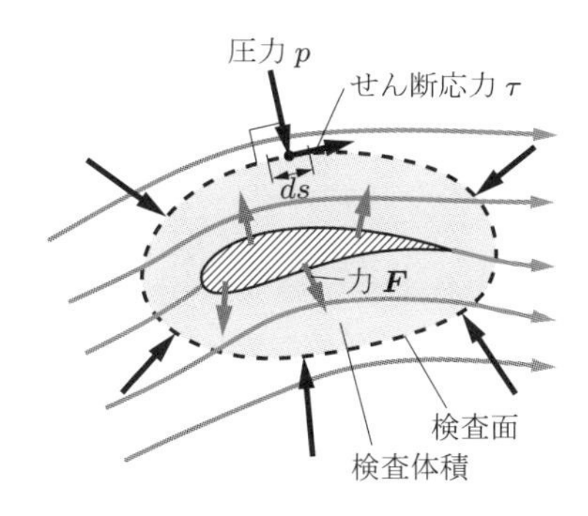

図 5.1　運動量の概念

(iii) $\oint \tau ds$：検査面上で流体間のせん断応力 τ により受ける力

(iv) $\boldsymbol{k}$：検査面内の流体の質量に作用する力（重力や遠心力に相当するので図中に描かれていない）

ここで，$\oint$ は検査面に沿う周回積分を表す．式 (5.2) により，検査面内にある流体の単位時間あたりの運動量の変化が (i)～(iv) の力の総和に等しいことになる．したがって，次式が得られる．ただし，図 5.1 における ds は x-y 平面において線素であるが，紙面と垂直方向の単位長さを含むので，実質的には面素と考えてよい．

$$\frac{d\boldsymbol{M}}{dt} = \boldsymbol{F} + \oint pds + \oint \tau ds + \boldsymbol{k} \tag{5.3}$$

これが，流れ場における**運動量の法則**（momentum theorem）である．検査面上におけるせん断応力による力および検査面内の流体の質量に作用する力は，比較的小さく無視できる場合が多い．このように，右辺の第 3 項および第 4 項が無視できるとき，式 (5.3) の運動量の法則は二次元の流れ場に対して x 方向と y 方向に分けて，

$$\frac{dM_x}{dt} = F_x + \oint p_x ds \tag{5.4a}$$

$$\frac{dM_y}{dt} = F_y + \oint p_y ds \tag{5.4b}$$

のように表せる．なお，p_x，p_y はそれぞれ x および y 方向に作用する圧力の成分である．式 (5.4) は，x 方向または y 方向のそれぞれについて，検査体積内の運動量の時間的変化が検査面内の流体が物体から受ける力と圧力による力の和に等しいことを示している．これは逆に，検査面内または検査面に接する物体に作用する力 (D_x, D_y) が $(-F_x, -F_y)$ として求められることを意味している．

次に，図 5.2 の場合を例として，式 (5.4a) の左辺の x 方向の運動量変化について

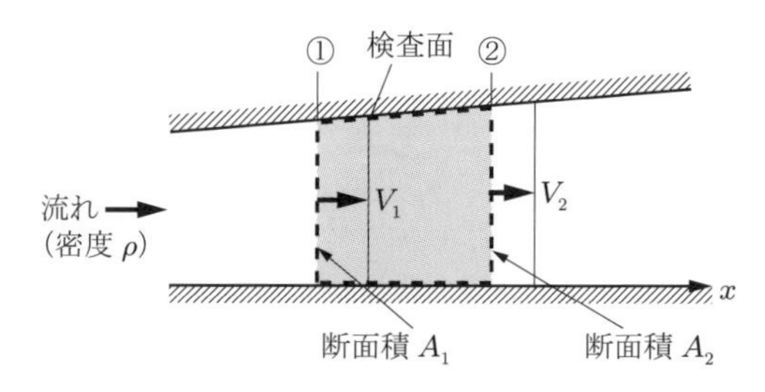

図 5.2　x 方向の運動量の変化

考えてみよう．図は，検査面の断面①から断面②へ向かって緩やかに広がる流路を，密度 ρ の流体が x 方向に流れる様子を示す．断面①および断面②における速度をそれぞれ V_1，V_2，面積を A_1，A_2 とすると，微小時間 Δt の間に断面①から検査体積内に流入する運動量 M_1 は

$$M_1 = \rho A_1 {V_1}^2 \Delta t \quad \text{または} \quad \rho Q V_1 \Delta t$$

となる．一方，同じ Δt の間に断面②から検査体積外へ流出する運動量 M_2 は

$$M_2 = \rho A_2 {V_2}^2 \Delta t \quad \text{または} \quad \rho Q V_2 \Delta t$$

なので，微小時間 Δt の間における検査面内の運動量の変化は近似的に

$$\frac{dM}{dt} = \frac{M_2 - M_1}{\Delta t} = \frac{\rho A_2 {V_2}^2 \Delta t - \rho A_1 {V_1}^2 \Delta t}{\Delta t} = \rho A_2 {V_2}^2 - \rho A_1 {V_1}^2$$

または

$$\frac{dM}{dt} = \rho Q V_2 - \rho Q V_1$$

となる．したがって，運動量の法則は，式 (5.4a) に対応させて表すと

$$\rho A_2 {V_2}^2 - \rho A_1 {V_1}^2 = F + \oint p ds \tag{5.5}$$

または，

$$\rho Q V_2 - \rho Q V_1 = F + \oint p ds \tag{5.6}$$

の形となる．なお，y 方向の運動量変化も考慮する必要がある場合には，式 (5.5) または式 (5.6) を x 方向および y 方向に分けて考えることで，検査面内の流体が受ける力 F_x および F_y を求めることができる．

5.2　運動量の法則の応用

5.2.1　曲がり管に作用する力

図 5.3 のような**曲がり管**に作用する力を，運動量の法則を利用して求めてみよう．このとき，運動量の法則は，式 (5.4) のように x 方向と y 方向に分けて表すことができる．曲がり管の断面積と流量は一定であるので，円管内を流れる断面平均流速 V も管路の軸に沿って一定である．式 (5.4) の左辺である単位時間あたりの運動量の変化は

$$\left.\begin{aligned} &(x\text{ 方向})\quad \frac{dM_x}{dt} = \rho QV - 0 \\ &(y\text{ 方向})\quad \frac{dM_y}{dt} = 0 - \rho QV \end{aligned}\right\} \tag{5.7}$$

となる．式 (5.4) の右辺第 2 項についても x および y 方向に分けて圧力に起因する力を表すと，次式のようになる．

$$\left.\begin{aligned} &(x\text{ 方向})\quad \int p_x ds = -p_2 A \\ &(y\text{ 方向})\quad \int p_y ds = p_1 A \end{aligned}\right\} \tag{5.8}$$

したがって，式 (5.7) および式 (5.8) を式 (5.4) に代入すると

$$\left.\begin{aligned} &(x\text{ 方向})\quad \rho QV - 0 = F_x + (-p_2 A) \\ &(y\text{ 方向})\quad 0 - \rho QV - F_y + p_1 A \end{aligned}\right\} \tag{5.9}$$

となり，検査面内にある流体が受ける力 (F_x, F_y) を求めることができる．反対に，曲がり管が流体から受ける力 (D_x, D_y) は (F_x, F_y) の反力であるので，(D_x, D_y)

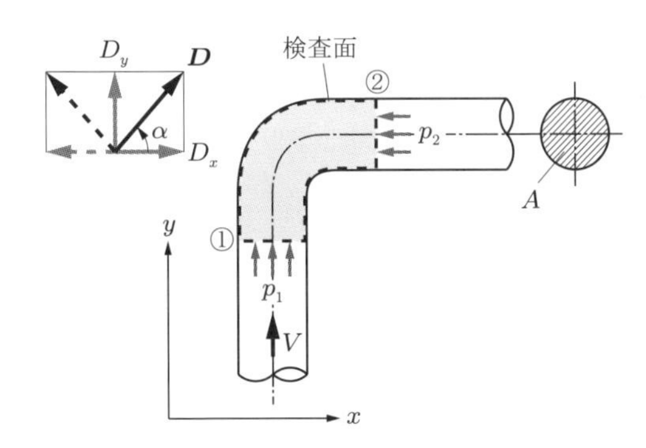

図 5.3　曲がり管

$=(-F_x, -F_y)$ の関係が成り立つ．したがって，曲がり管に作用する力 (D_x, D_y) は

$$\left.\begin{array}{ll}(x\text{ 方向}) & D_x = -F_x = -\rho QV - p_2 A \\ (y\text{ 方向}) & D_y = -F_y = \rho QV + p_1 A\end{array}\right\} \tag{5.10}$$

として求められる．D_x は負，D_y は正の値を示すと考えられるので，合力ベクトル $\boldsymbol{D}$ は図の左上へ向かって作用することがわかる．

例題 5.1　図 5.3 のような内径 $d = 50\,\mathrm{mm}$ の直角な曲がり管の中を，流量 $Q = 120\,\mathrm{L/min}$ の水が流れている．断面①と断面②との間の曲がり管に作用する，力 D の大きさと方向（角度 α）を求めよ．ただし，水の密度は $\rho = 1000\,\mathrm{kg/m^3}$，断面①における絶対圧力は $p = 200\,\mathrm{kPa}$ とする．また，断面①と断面②との高さの差および水の粘性は無視する．

解　流量 Q が

$$Q = \frac{120}{1000 \times 60} = 0.002\,\mathrm{m^3/s}$$

であるので，断面①，②における流速 V は等しく次のようになる．

$$V = \frac{Q}{(\pi/4)d^2} = \frac{0.002 \times 4}{\pi \times 0.05^2} = 1.02\,\mathrm{m/s}$$

また，断面①と断面②との間におけるベルヌーイの定理より，断面①と断面②の圧力は近似的にともに p であるので，曲がり管に作用する x，y 方向の力 D_x，D_y は運動量の法則 (5.6) より，

$$\begin{aligned}(x\text{ 方向})\quad D_x &= -F_x = -\rho Qv - pA \\ &= -1000 \times 0.002 \times 1.02 - 200 \times 10^3 \times \frac{\pi}{4}(0.05)^2 = -395\,\mathrm{N}\end{aligned}$$

$$\begin{aligned}(y\text{ 方向})\quad D_y &= -F_y = \rho Qv + pA \\ &= 1000 \times 0.002 \times 1.02 + 200 \times 10^3 \times \frac{\pi}{4}(0.05)^2 = 395\,\mathrm{N}\end{aligned}$$

となる．したがって，それらの合力の大きさ D およびその方向 α は，

$$D = \sqrt{{D_x}^2 + {D_y}^2} = \sqrt{(-395)^2 + (395)^2} \fallingdotseq 559\,\mathrm{N}$$

$$\alpha = \tan^{-1}\frac{D_y}{D_x} = \tan^{-1}\frac{395}{-395} = 135^\circ$$

と求められる．■

5.2.2 噴流による推進力

図 5.4 のように十分大きな容器内にある密度 ρ の液体が，断面積が A_2 の小さいノズルから速度 V_2 で噴出するとき，この容器に作用する力を求めてみよう．容器水面位置（断面①）における面積 A_1 がノズル出口位置（断面②）における面積 A_2 より十分大きい（$A_1 \gg A_2$）とすると，連続の式より $V_1 = (A_2/A_1)V_2$ となるので，水面の降下速度 V_1 は無視できるほど小さくなる．また，断面②における圧力は大気圧とみなせるが，これによる x 方向に作用する力は小さいと考えると，破線で示した検査面内の流体に対する運動量の法則は式 (5.5) の右辺第 2 項が無視できるので

$$\rho A_2 {V_2}^2 - 0 = F$$

と書ける．したがって，容器が受ける力 D は，容器内の流体が受ける力 F の反力

$$D = -\rho A_2 {V_2}^2 \tag{5.11}$$

として求められる．これは，容器が $-x$ 方向に $\rho A_2 {V_2}^2$ の推進力 D を受けることを意味する．また，この場合の速度 V_2 は式 (4.13) より $V_2 = \sqrt{2gH}$ であるので，推進力 D は

$$D = -2\rho g H A_2$$

と表される．

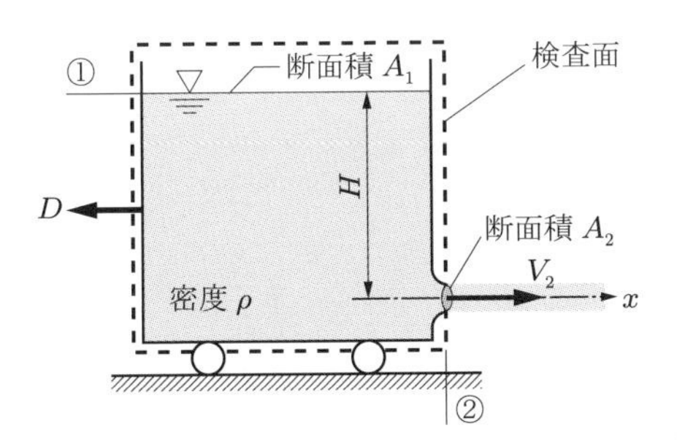

図 5.4 容器から流出する噴流

例題 5.2 図 5.4 のように台車に乗ったタンクに十分な量の水が入っている．このタンクの側面に，水面から深さ $H = 3\,\mathrm{m}$ の位置に直径 $d = 20\,\mathrm{mm}$ のノズルが取り付けられている．側面のノズルからの噴流の流出速度 V_2 を算出せよ．また，台車に乗ったタンクが動き出さないようにするには，どれほどの力で台車を支えればよいか．なお，流体の粘性および台車と地面との間の摩擦は無視する．水面の降下速度も無視できるほど小さいものとする．水の密度は $\rho = 1000\,\mathrm{kg/m^3}$ とする．

解　タンクの水面とノズル出口の間にベルヌーイの定理を適用すると，

$$H = \frac{{V_2}^2}{2g}$$

$$\therefore\ V_2 = \sqrt{2gH} = \sqrt{2 \times 9.8 \times 3} = 7.67\,\mathrm{m/s}$$

次に，図 5.4 に関連してタンクが受ける力 D は，式 (5.11) より

$$D = -\rho A_2 {V_2}^2 = -\rho\left(\frac{\pi}{4}d^2\right)2gH = -1000\frac{3.14}{4}(0.02)^2 \times 2 \times 9.8 \times 3 = -18.5\,\mathrm{N}$$

となるので，台車を支えるのに必要な力は 18.5 N となる．■

5.2.3 静止平板に衝突する噴流による力

図 5.5 のように，断面積が A の円形ノズルから速度 V で密度 ρ の**噴流**（jet）が噴出するとき，噴流に垂直に固定された平板が受ける力を求めてみよう．流体の粘性が無視できるものとすると，衝突した後の噴流と平板表面との間に摩擦が生じないので，噴流の速度の大きさは検査面の入口と出口で変化しない．したがって，噴流の速度 V は，$V = V_1 = V_2$ となる．また，平板に衝突する噴流は大気開放の状態であるので，検査面上の圧力はすべて大気圧であるとみなせる．したがって，大気圧は互いに打ち消しあうので，圧力が検査面内の流体に及ぼす力は考慮しなくてよい．x 軸方向について運動量の法則を適用すると，式 (5.5) より

$$0 - \rho AV^2 = F_x$$

の関係が成り立つ．したがって，平板が受ける力 D_x は次のように求められる．

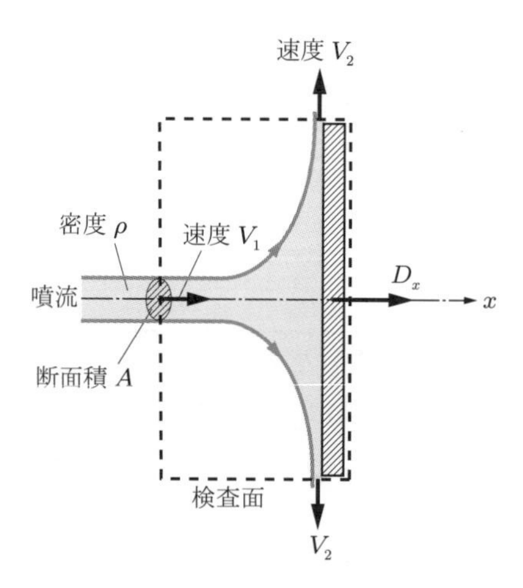

図 5.5　静止平板に衝突する噴流

$$D_x = -F_x = \rho A V^2$$

なお，衝突している噴流は x 軸に関して軸対称な流れとなって広がるので，x 軸に垂直な方向に力は作用しない．

5.2.4 移動する平板に衝突する噴流による力

図 5.6 のように，断面積が A の円管から速度 V で噴出した密度 ρ の噴流が，垂直に置かれた平板に衝突し，その結果平板が x 方向に速度 u で移動するときに平板が受ける力を求めてみよう．図のように平板とともに移動する検査面を考えて，これに運動量の法則を適用する．

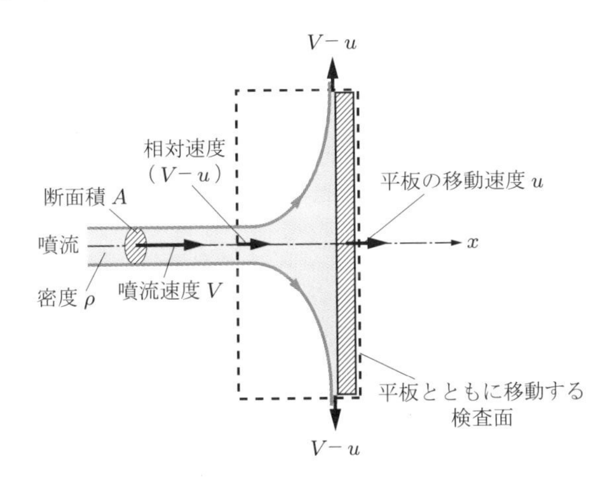

図 5.6 移動する平板に衝突する噴流

噴流が衝突している平板は速度 u で移動しているので，噴流が検査面内に流入する速度は相対速度（$V-u$）となる．また，検査面上の圧力はすべて大気圧で，互いに打ち消しあうので，圧力が平板に及ぼす力は考慮しなくてよい．したがって，検査面内に流入する相対流量を $A(V-u)$ とすると，x 軸方向における運動量の法則は

$$0 - \rho A(V-u)(V-u) = F_x$$

となる．したがって，平板が受ける力 D_x は次のように求められる．

$$D_x = -F_x = \rho A(V-u)^2 \tag{5.12}$$

このとき，噴流の衝突により力 D_x が作用して平板が速度 u で移動するので，単位時間あたりに平板になされる仕事は以下のように表すことができる．

$$L = D_x u = \rho A(V-u)^2 u \tag{5.13}$$

ここで，L は一般に動力とよばれ，その単位は [W] である．

5.2.5 湾曲板に沿う噴流

図 5.7 のように，断面積 A の噴流が速度 V で湾曲板に沿って水平に流入し，角度 θ で流出するときに湾曲板が受ける力を求めてみよう．流体の粘性が無視できるものとすると，流体と湾曲板との間に摩擦力が生じないので，検査面の入口①における流速と出口②における流速は等しく，噴流の断面積も変化しない．したがって，湾曲板から流出する速度も V とおける．また，流体の密度を ρ とすると，単位時間に検査面内に流入・流出する流体の質量はともに $\rho(AV) = \rho Q$ である．

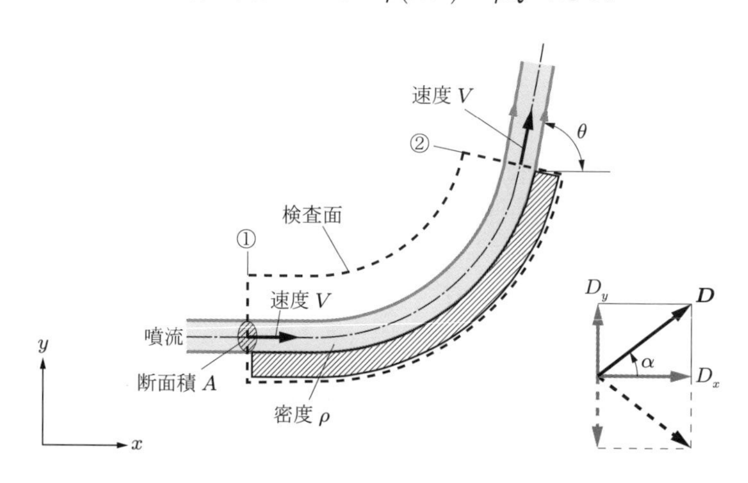

図 5.7 湾曲板に沿う噴流

運動量の法則より

$$\left.\begin{aligned} &(x\text{ 方向}) \quad \rho QV\cos\theta - \rho QV = F_x \\ &(y\text{ 方向}) \quad \rho QV\sin\theta - 0 = F_y \end{aligned}\right\} \tag{5.14}$$

が得られる．湾曲板が受ける力 (D_x, D_y) は，(F_x, F_y) の反力なので

$$\left.\begin{aligned} D_x &= -F_x = \rho QV(1-\cos\theta) \\ D_y &= -F_y = -\rho QV\sin\theta \end{aligned}\right\} \tag{5.15}$$

となる．また，合力 D の大きさと向きは次式のようになる．

$$\left.\begin{aligned} &\text{大きさ} \quad D = \sqrt{{D_x}^2 + {D_y}^2} \\ &\text{向き} \quad \alpha = \tan^{-1}\frac{D_y}{D_x} \end{aligned}\right\} \tag{5.16}$$

5.3 流体機械への応用

流体機械に運動量の法則を適用することにより，それらの性能を知ることができる．ペルトン水車とプロペラ型風車を例に，その性能について調べてみよう．

5.3.1 ペルトン水車

水力発電では，発電機の軸を回転させる軸動力を水車によって作り出している．図 5.8(a) はペルトン水車とよばれる水車で，高所の貯水池から導いた水をノズルから高速で噴出させ，次々に多数のバケットに衝突させて軸動力を発生させるタイプの水車である．図 (b) のように，ノズル出口の断面積を A，ノズルから噴出する水の速度を V，検査面から流出する水の角度を θ（$= \pi - \beta$），水の密度を ρ として，噴流がバケットに衝突するときの状態を三つに分けて考えてみよう．

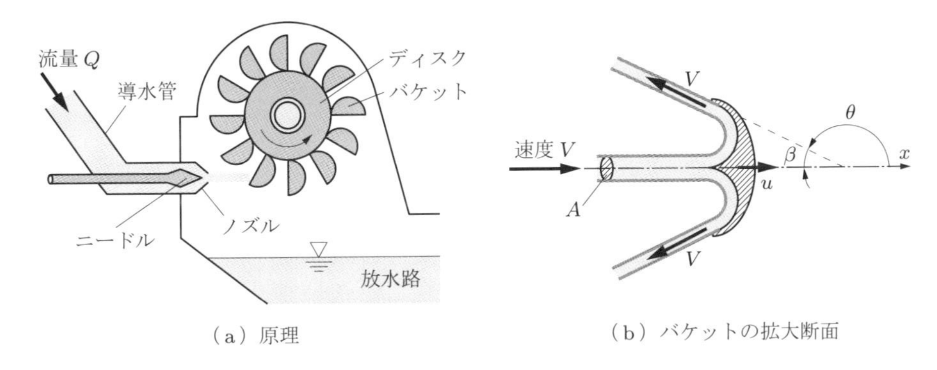

（a）原理　（b）バケットの拡大断面

図 5.8　ペルトン水車

(1) バケットが静止している場合

流量を Q（$= AV$），バケットが x 方向に受ける力を D とする．D は運動量の法則を適用すると，次式より求められる．

$$D = \rho QV - \rho QV\cos\theta = \rho QV(1-\cos\theta) = \rho QV(1+\cos\beta) \tag{5.17}$$

(2) バケットが速さ u で移動する場合

バケットの移動速度が u であるので，検査面から検査体積に流入する相対速度は $(V-u)$，相対流量は Q'（$=A(V-u)$）となる．このとき，x 方向にバケットが受ける力 D は，流体が受ける力 F の反力であるので，式 (5.6) の運動量の法則より

$$\rho Q'(V-u)\cos\theta - \rho Q'(V-u) = -D$$

と表される．したがって，バケットに作用する力 D は

$$D = \rho Q'(V-u) - \rho Q'(V-u)\cos\theta = \rho Q'(V-u)(1-\cos\theta) \tag{5.18}$$

または,

$$D = \rho A(V-u)^2(1+\cos\beta) \tag{5.19}$$

となる．これは，$\beta = 0$ のときバケットに作用する力が最大になることを示すが，実際にはバケットから流出した流れが次のバケットに当たらないように，β は $15°$ 程度に設計されている．

(3) 多数のバケットに衝突する場合

ペルトン水車の内部では，ノズルからの噴流が次々に新たなバケットに衝突するので，検査面から流入する流量を Q（$= AV$）とおくことができる．したがって，式 (5.18) の中の Q' を Q とおくと，

$$D = \rho Q(V-u)(1-\cos\theta) = \rho AV(V-u)(1+\cos\beta) \tag{5.20}$$

が得られる．

また，ペルトン水車のバケットが受ける動力 L [W] は

$$L = Du = \rho AVu\ (V-u)\ (1+\cos\beta) \tag{5.21}$$

となる．ノズルから噴出する噴流の単位時間あたりのエネルギー L_o[W] は

$$L_o = \frac{1}{2}\rho QV^2 = \frac{1}{2}\rho AV^3 \tag{5.22}$$

であるので，ペルトン水車の効率 η は，式 (5.21) および式 (5.22) より

$$\eta = \frac{L}{L_o} = 2\left(1-\frac{u}{V}\right)\frac{u}{V}(1+\cos\beta) \tag{5.23}$$

となる．これより，水車の効率 η が u/V に依存し，$u/V = 0.5$ のとき最大となることがわかる（演習問題 5.4 参照）．

5.3.2 プロペラ型風車

風力発電に利用される風車にはさまざまなタイプのものがあるが，ここでは効率が良く大型化が可能であるプロペラ型風車の性能について調べてみよう．図 5.9 は，断面①，②と翼形状のブレードの先端が回転して作る円周を通る流線（流管）を検査面にとり，上流から下流に至る流速および圧力の変化を示している．風車の上流で密度が ρ である気体の速度は，風車に近づくにつれ減速し，さらに風車の下流では流管の断面積が増加するにつれて次第に低下する．ここで，断面①における速度を V_1，風車位置における速度を V_w，断面②における速度を V_2 とする．また，上流で p_1 であっ

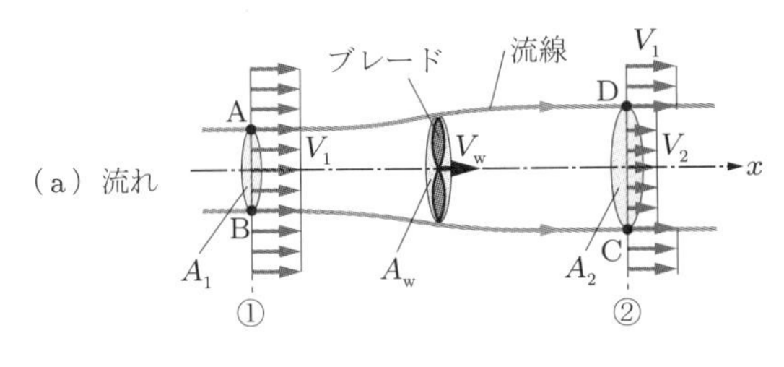

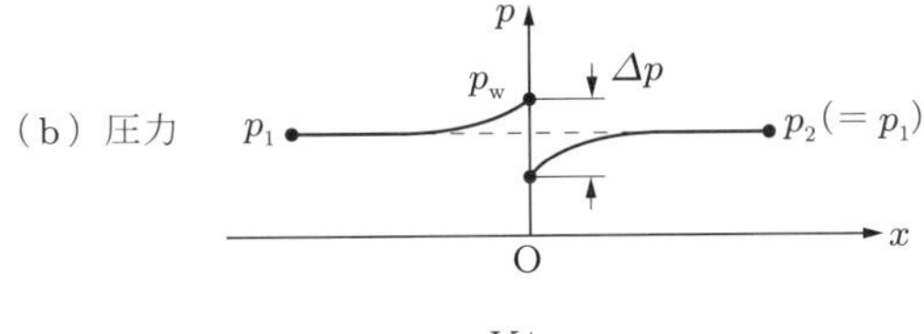

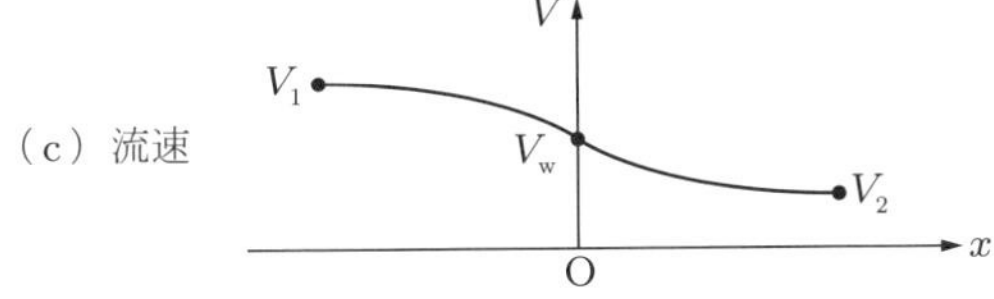

図 5.9 プロペラ型風車と運動量の法則

た圧力は風車の直前で増加して p_{w} となり，直後で Δp だけ急減少するが，風車の下流になるとその圧力 p_2 は再び上流の圧力 p_1 の値に戻っていく．

断面①と風車位置との間，および風車位置と断面②との間でベルヌーイの定理は

$$\frac{{V_1}^2}{2g} + \frac{p_1}{\rho g} = \frac{{V_{\mathrm{w}}}^2}{2g} + \frac{p_{\mathrm{w}}}{\rho g} \tag{5.24}$$

$$\frac{{V_{\mathrm{w}}}^2}{2g} + \frac{p_{\mathrm{w}} - \Delta p}{\rho g} = \frac{{V_2}^2}{2g} + \frac{p_1}{\rho g} \tag{5.25}$$

となる．式 (5.24) と式 (5.25) から Δp を求めると，次のようになる．

$$\Delta p = \frac{1}{2}\rho {V_1}^2 \left(1 - \frac{{V_2}^2}{{V_1}^2}\right) \tag{5.26}$$

したがって，ブレードの回転する面積を A_{w} とすると，風車が受ける力 D は

$$D = \Delta p A_{\mathrm{w}} = \frac{1}{2}\rho {V_1}^2 A_{\mathrm{w}} \left(1 - \frac{{V_2}^2}{{V_1}^2}\right) \tag{5.27}$$

となる．一方，流量は $Q = A_{\mathrm{w}} V_{\mathrm{w}}$ であるので，検査面内の流体について運動量の法則を適用すると，風車が受ける力 D は

$$D = \rho Q V_1 - \rho Q V_2 = \rho A_{\mathrm{w}} V_{\mathrm{w}} (V_1 - V_2) \tag{5.28}$$

となる．式 (5.27) と式 (5.28) は等しいので，これより V_w が得られる．

$$V_w = \frac{1}{2}(V_1 + V_2) \tag{5.29}$$

次に，風車によって吸収される単位時間あたりのエネルギー，すなわち風車が得た動力 L [W] についてみてみると

$$\begin{aligned} L &= \frac{1}{2}\rho Q{V_1}^2 - \frac{1}{2}\rho Q{V_2}^2 = \frac{1}{2}\rho{V_1}^2\left(1 - \frac{{V_2}^2}{{V_1}^2}\right)A_w V_w \\ &= \frac{1}{2}\rho{V_1}^2\left(1 - \frac{{V_2}^2}{{V_1}^2}\right)A_w \frac{1}{2}(V_1 + V_2) \\ &= \frac{1}{4}\rho A_w {V_1}^3\left(1 - \frac{V_2}{V_1}\right)\left(1 + \frac{V_2}{V_1}\right)^2 \end{aligned} \tag{5.30}$$

となる．一方，風車の回転断面積 A_w に一様流速度 V_1 が流入すると考えた場合に得られる動力 L_o は，

$$L_o = \frac{1}{2}\rho(A_w V_1){V_1}^2 \tag{5.31}$$

であるので，プロペラ型風車の理論効率 η_{th} は，式 (5.30) および式 (5.31) より

$$\eta_{th} = \frac{L}{L_o} = \frac{1}{2}\left(1 - \frac{V_2}{V_1}\right)\left(1 + \frac{V_2}{V_1}\right)^2 \tag{5.32}$$

と表される．式 (5.32) は，プロペラ型風車の理論効率 η_{th} が $V_2/V_1 = 1/3$ のとき最大となり，約 60% に達することを示している（演習問題 5.5 参照）．

5.3.3 角運動量の法則と遠心ポンプ

図 5.10 のように，点 O から距離 r の位置に旋回する流れがあるとき，運動量 mV の半径 r の位置での周方向成分と半径 r の積を**角運動量**（angular momentum），または運動量のモーメントという．運動の第 2 法則から，角運動量の時間的変化は周方向の力 F のモーメント T に等しいことがわかる．

$$\frac{d}{dt}(r \times mV) = r \times F = T \tag{5.33}$$

式 (5.33) を**角運動量の法則**（law of angular momentum）という．式 (5.33) 中の rF は力のモーメントで，T は回転力または**トルク**（torque）とよばれる．

図 5.10 のように検査体積をとり，角運動量についてみてみよう．流量 Q の流体（密度 ρ）が速度 V_1 で半径 r_1 の位置の検査面から流入し，速度 V_2 で半径 r_2 の位置

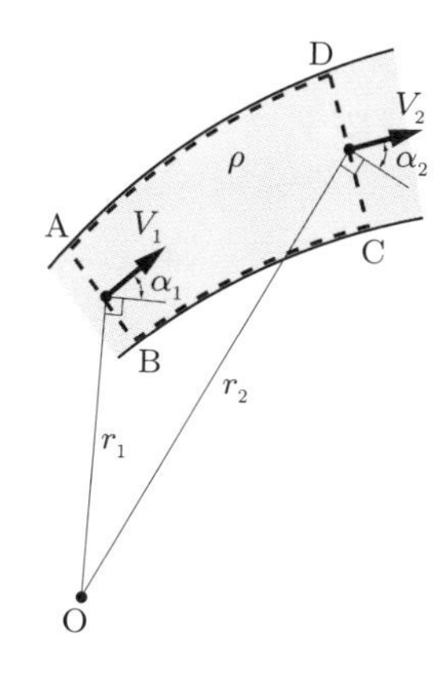

図 5.10 角運動量の法則

の検査面から流出している．それぞれの速度が円の接線となす角度を α_1，α_2 とすると，単位時間に検査面から流入する角運動量は $r_1(\rho Q)V_1\cos\alpha_1$，流出する角運動量は $r_2(\rho Q)V_2\cos\alpha_2$ となる．したがって，検査面内の流体に作用するトルク T は，式 (5.33) より

$$T = \rho Q(r_2V_2\cos\alpha_2 - r_1V_1\cos\alpha_1) \tag{5.34}$$

となる．

次に，液体を輸送するために工業的に幅広く利用されている遠心ポンプ内の羽根車に角運動量の法則を適用し，羽根車に与えるべきトルクの大きさを求めてみよう．遠心ポンプは，図 5.11 のように多数の羽根（曲面板）をもつ羽根車を回転させて，羽根間の液体を半径方向に押し出す方式の流体機械である．

遠心ポンプ内の流体は半径 r_1 の位置から速度 w_1 で羽根車に流入し，羽根形状に沿って流れて半径 r_2 の位置から速度 w_2 で流出するが，そのとき同時に羽根車も角速度 ω で回転しているので，羽根車はその入口と出口で周方向に速度 u_1 と u_2 をもっ

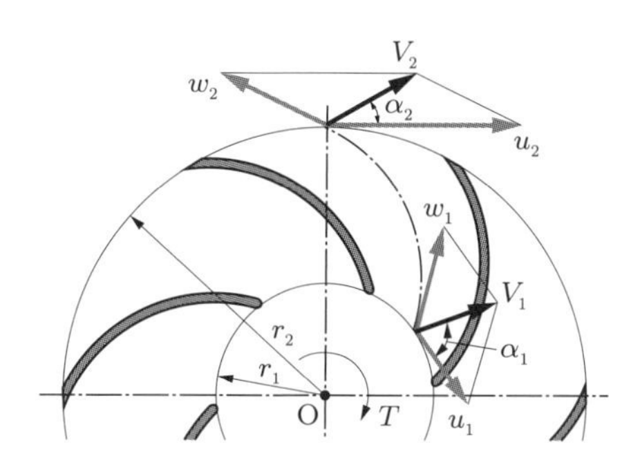

図 5.11 遠心ポンプ羽根車内の流れ

ている．したがって，これらをベクトル的に合成した速度が，羽根車の入口と出口における絶対速度 V_1，V_2 となる．V_1，V_2 が u_1，u_2 となす角度をそれぞれ α_1，α_2 とすると，密度 ρ の流体が流量 Q で羽根車内を流れるときに羽根車の内部にある流体が受けるトルク T は，式 (5.34) と同じ式で求められる．

$$T = \rho Q(r_2 V_2 \cos\alpha_2 - r_1 V_1 \cos\alpha_1)$$

これは逆に，羽根車を回転させるのに必要なトルクということもできる．

また，この羽根車を回転させるのに必要な動力は $T\omega$ として求められる．$u_1 = r_1\omega$，$u_2 = r_2\omega$ なので，羽根車に与えるべき動力は

$$T\omega = \rho Q(u_2 V_2 \cos\alpha_2 - u_1 V_1 \cos\alpha_1) \tag{5.35}$$

として求められる．

演習問題

5.1　図 5.12 の断面図のように，頂角 60° の円錐体に直径 $d = 100\,\mathrm{mm}$ の円形ノズルから $15\,\mathrm{m^3/min}$ の水噴流が衝突している．水の密度は $\rho = 1000\,\mathrm{kg/m^3}$ とする．円錐体と水との間の摩擦はないものとして，以下の問いに答えよ．

(1) 円錐体が静止しているとき，円錐体が噴流から受ける力 D [N] を求めよ．

(2) 円錐体が x 方向に $u = 4.0\,\mathrm{m/s}$ で移動しているとき，円錐体が受ける力 D_u [N] を求めよ．

(3) (2) のように速度 $u = 4.0\,\mathrm{m/s}$ で円錐体を移動させるのに要した動力 L_u [W] を求めよ．

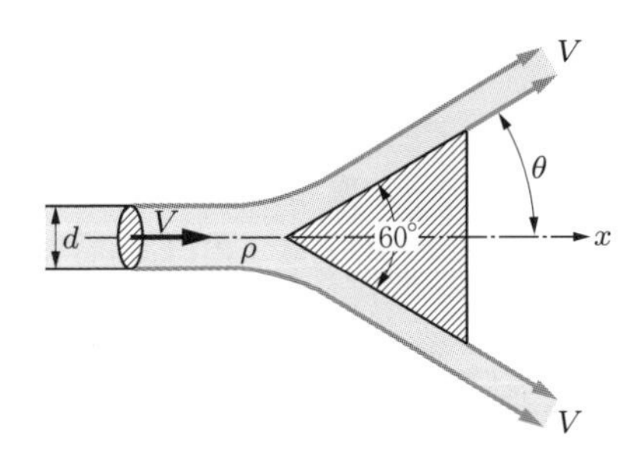

図 5.12

5.2　図 5.7 のように，断面積が A（直径 $d = 5\,\mathrm{cm}$）の円形の水噴流が速度 $V = 15\,\mathrm{m/s}$ で湾曲板に沿って流れ，角度 $\theta = 60°$ だけ曲げられて流出するものとする．以下の問いに答えよ．水の密度は $\rho = 1000\,\mathrm{kg/m^3}$，噴流と湾曲板との間の摩擦はないものとする．

(1) 湾曲板が静止している場合，湾曲板に作用する力の大きさ D，およびその D の作用する方向（角度 α）を求めよ．

(2) 湾曲板が x 方向に $u = 7\,\mathrm{m/s}$ で移動する場合，湾曲板に作用する x 方向の力の大きさ D_x を求めよ．また，湾曲板を x 方向に移動させるのに要する動力 L_x を求めよ．

5.3 図 5.13 のように，十分大きいタンクから内径 $d_2 = 100\,\mathrm{mm}$，長さ $l_\mathrm{p} = 60\,\mathrm{m}$ の円管を用いて水を導き，管路先端に取り付けた内径 $d_3 = 50\,\mathrm{mm}$，長さ $l_\mathrm{n} = 80\,\mathrm{mm}$ のノズルから噴き出すものとする．破線で囲まれたノズル部に作用する力 D [N] を求めよ．ただし，大気圧は 101.3 kPa，水の密度は $\rho = 1000\,\mathrm{kg/m^3}$ とし，流体の粘性は無視する．また，$z_\mathrm{w} = 15\,\mathrm{m}$，$z_\mathrm{c} = 3\,\mathrm{m}$ である．

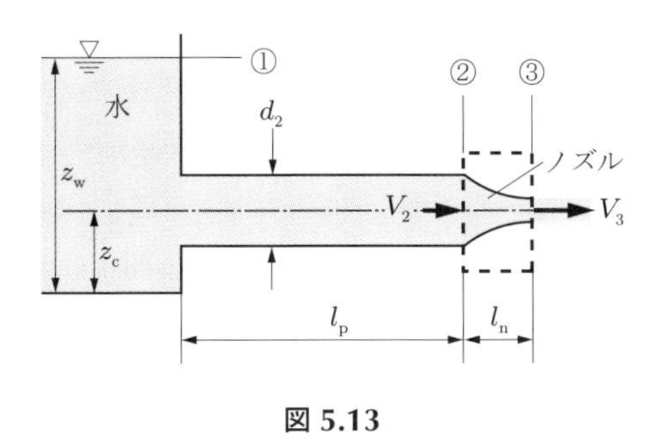

図 5.13

5.4 式 (5.23) より，ペルトン水車の効率 η は次のようになる．

$$\eta = 2\left(1 - \frac{u}{V}\right)\frac{u}{V}(1 + \cos\beta)$$

バケットに衝突する噴流の速度 V とバケットの移動速度 u との関係が $u/V = 0.5$ のとき効率 η が最大となることを示せ．また，そのときの効率 η_max を求めよ．ただし，バケットから流出する噴流の角度は $\beta = 15°$ とする．

5.5 式 (5.32) より，プロペラ型風車の理論効率 η は次のようになる．

$$\eta = \frac{1}{2}\left(1 - \frac{V_2}{V_1}\right)\left(1 + \frac{V_2}{V_1}\right)^2$$

速度比 $V_2/V_1 = 1/3$ のとき，プロペラ型風車の理論効率が最大となることを示せ．また，そのときの効率 η_max を算出せよ．

第6章 管内の流れ

第4章および第5章では，円管内を流れる流体が粘性をもたない場合を仮定して解析を進めた．しかし，実際の流れでは流体が粘性をもつため，円管内壁面と流体との間に摩擦が生じて壁面上での流速はゼロに拘束され，円管路の上流と下流との間でエネルギーの損失が生じる．したがって，粘性をもつ実際の流れではベルヌーイの定理が厳密には成り立たない．このエネルギー損失は，圧力損失または圧力損失ヘッドとよばれることが多い．本章では，実際の円管内の流れにおける層流と乱流の流れ状態の違い，それぞれの場合における管摩擦係数や円管内の速度分布の違い，および管摩擦係数を用いて圧力損失が評価できることなどを学ぶ．

6.1 層流と乱流

流体の流れには**層流**（laminar flow）と**乱流**（turbulent flow）の二つの状態がある．層流は流体が層をなして整然と流れる状態であり，乱流は時空間的に不規則に速度が変動しながら流れる状態である．たとえば，図 6.1 に示すように静かな室内で線香をたくと，最初は層状の煙が鉛直上方にまっすぐに上昇するのが鮮明に観察できる．しかし，さらに上昇すると煙は緩やかに揺らぎ始め，その後ついには煙は不規則に周囲の空気と混合して拡散する．この最初に煙が層状に上昇する流れの状態が層流であり，煙が混合拡散しながら上昇する流れの状態が乱流である．なお，煙が混合拡散する前に揺らぎを示す流れの状態は，層流から乱流への遷移過程である．このような層流と乱流の二つの流れ状態があることを最初に実証したのは，レイノルズ（Reynolds）である．

図 6.2 は，水槽中に横たえられた円管の内部へノズルを介して滑らかに水流を導入し，その中に上流から染料を流して流れの状態を観察したレイノルズの実験（図 11.2(a) 参照）を示している．管内の流速 V が小さいとき，円管内の染料は図 (a) のようにあたかも静止したまっすぐな線状に見える．このような流れの状態が層流である．さらに流速 V が大きくなると，染料は図 (b) のように円管に入ってしばらくは真直ぐに流れるが，下流に進むと波打ち始め，ついには管全体にわたって不規則に乱れて拡散し，周囲の水と混合しながら流れる．この波打ちを生じる流れの状態が遷移，乱れた流れの状態が乱流である．このような層流から乱流への流れ状態の変

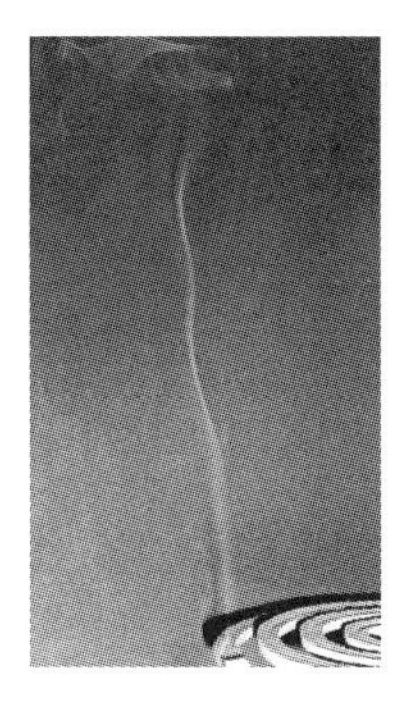

図 6.1 線香の煙

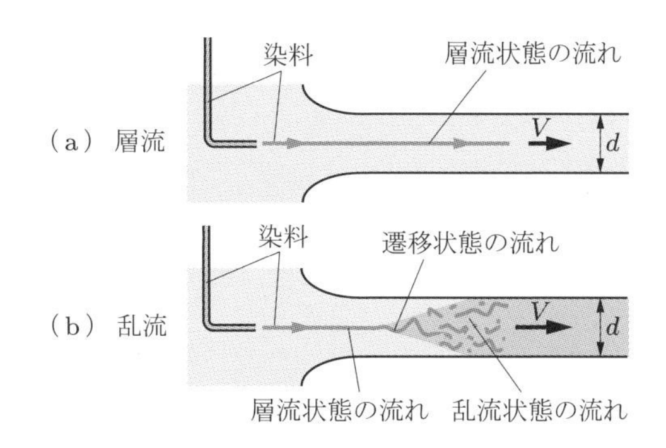

図 6.2 レイノルズの実験

化は，流速 V の違いだけでなく円管の内径 d と流体の動粘度 ν にも依存して生じ，これらを用いた次式のような無次元数 Re によって一律に表すことができる．

$$Re = \frac{Vd}{\nu} \tag{6.1}$$

これを**レイノルズ数**（Reynolds number）という．流れが層流となるか，乱流となるかの境界のレイノルズ数を，**臨界レイノルズ数**（critical Reynolds number）Re_c という．

実際の円管内を流体が流れるとき円管表面の摩擦に抗するため，円管内の圧力はつねに上流位置のほうが下流位置より高くなる．たとえば，図 6.3 のように円管に立てられた細いガラス管の液面は，長さ l の区間に生じた Δp の圧力低下に相当するだけのヘッド差 Δh を示す．この Δp を圧力損失，Δh を圧力損失ヘッドという．それらは円管内の流速に依存して変化するが，同じ区間長さに対してその変化量は流れが層流と乱流の場合とで大きく異なる．流速が小さく流れが層流のとき，圧力損失は流速 V に比例して直線的に変化する．しかし，流速が点 B を超えると流れは遷移して点 C で乱流の場合の圧力損失を示す．乱流の場合，圧力損失は流速の 1.75〜2 乗に比例して変化する．これとは逆に，乱流になった円管内流れの状態点 D から次第に流速を減少させると，流れは点 E に達するまで乱流の状態を維持し，さらに流速が減少すると流れは遷移して点 A で層流の状態に戻る．

なお，流れが層流から乱流に遷移する点 B の速度は，円管入口の流れに含まれるわずかな乱れが小さい場合ほど点 A の速度より大きくなる．一方，乱流から層流に戻るときの速度（点 A）は，レイノルズ数が約 2300 となるときの速度（臨界速度）として定まるので，図 6.3 のようなヒステリシス（履歴効果）を生じる．円管内流れの場合，点 A の低臨界速度に対応するレイノルズ数を臨界レイノルズ数 Re_c として，約 2300 が与えられている．

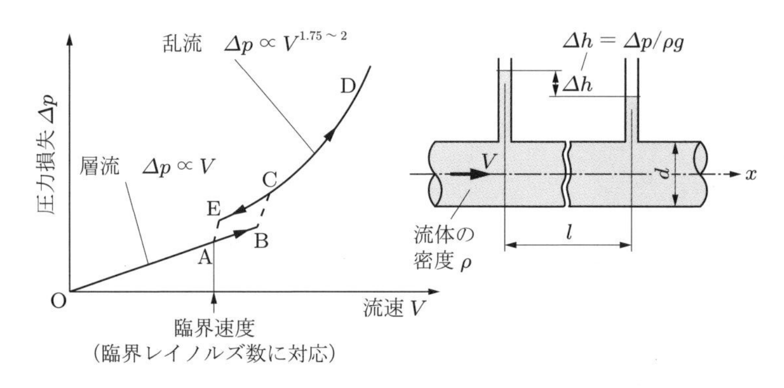

図 6.3 管路の圧力損失と流速

例題 6.1 直径 d が 10 mm のまっすぐな円管内を，20°C の流体が 10 L/min 流れている．流体が水または空気の場合，それぞれ円管内の流れは層流と乱流のどちらになるか．

解 水と空気のそれぞれの場合についてレイノルズ数 $Re = Vd/\nu$ を算出し，臨界レイノルズ数 $Re_c = 2300$ と比較することで，層流になるか乱流になるかを判定することができる．20°C における水の動粘度は表 1.1 より $\nu_w = 1.004 \times 10^{-6}\,\mathrm{m^2/s}$，空気の動粘度は表 1.2 より $\nu_a = 1.513 \times 10^{-5}\,\mathrm{m^2/s}$ である．また，断面平均流速 V [m/s] は，流量 Q を基本単位 [m³/s] に換算し，次の連続の式より求める．

$$V = \frac{Q}{(\pi/4)d^2} = \frac{10 \times 10^{-3} \times (1/60)}{(3.14/4)(0.01)^2} = 2.122\,\mathrm{m/s}$$

水の場合，レイノルズ数が

$$Re = \frac{Vd}{\nu} = \frac{2.122 \times 0.01}{1.004 \times 10^{-6}} \fallingdotseq 2.11 \times 10^4 > 2300$$

となるので，流れは乱流である．

空気の場合，レイノルズ数が

$$Re = \frac{Vd}{\nu} = \frac{2.122 \times 0.01}{1.513 \times 10^{-5}} \fallingdotseq 1400 < 2300$$

となるので，流れは層流である． ■

6.2 助走区間の流れ

図 6.4 に示すように円管内流では粘性摩擦のため内壁面上の速度がゼロとなり，内壁面上に**境界層**（boundary layer）とよばれる低速の流れ領域が形成される．図のように円管入口にノズルなどを設けて滑らかに円管内に流体を導入すると，円管入口付

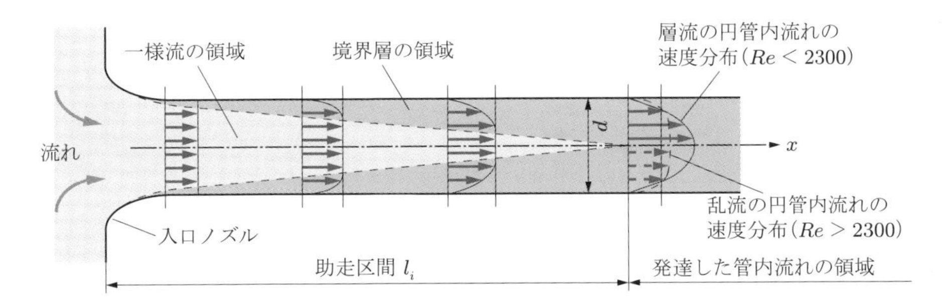

図 6.4 円管路における助走区間の流れ

近ではきわめて薄い境界層が下流に行くにつれ徐々に厚くなり，下流になるとついには境界層は円管中央部で合流し，その後十分発達した管内流れとなる．このように，円管路入口から発達した管内流れが始まるまでの区間を**助走区間**（entrance region）という．

$Re < 2300$ の場合，壁面上に形成された境界層が助走区間において層流境界層のまま成長して合流し，十分発達した層流の円管内流れを形成する．$Re > 2300$ の場合，助走区間において層流境界層が乱流境界層に遷移した後に境界層が合流し，十分発達した乱流の円管内流れを形成する．一方，助走区間内で境界層に囲まれた円管の中心軸側では速度が一定の一様流の領域になっている．助走区間距離 l_{i} については管直径を d として，およそ以下のように評価できる．

$$\text{層流の円管内流れの場合}\quad \frac{l_{\mathrm{i}}}{d} \fallingdotseq 0.06Re$$

$$\text{乱流の円管内流れの場合}\quad \frac{l_{\mathrm{i}}}{d} \fallingdotseq 25\sim40$$

6.3 層流の円管内流れ

前節の助走区間の流れについての話はいったん終了し，本節以降は十分に発達した円管内流れの特性について話を進めることにする．層流の円管内流れの速度分布を求めるため，図 6.5 のような半径 r，長さ Δx の円筒形の流体要素部分に作用する力について考えてみよう．円筒要素に作用する応力は，円筒要素の上流・下流面に作用する圧力 p と円筒要素側面に作用する流体粘性によるせん断応力（摩擦応力）τ である．圧力とせん断応力による力は釣り合うので，次のように表すことができる．

$$p(\pi r^2) - \left\{p + \left(\frac{dp}{dx}\right)\Delta x\right\}(\pi r^2) - \tau(2\pi r)\Delta x = 0 \tag{6.2}$$

式 (6.2) から τ を求めると

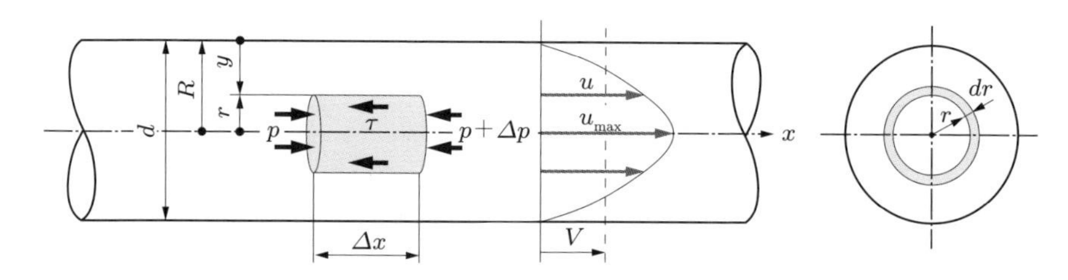

図 6.5　流体の円筒要素に作用する力

$$\tau = -\left(\frac{dp}{dx}\right)\frac{r}{2} \tag{6.3}$$

となる．

ところで，流れが層流の場合のせん断応力は，1.3 節で述べた粘性法則から一般的に

$$\tau = \mu\frac{du}{dy} \tag{6.4}$$

と表される．したがって，層流の円管内流れに対しても式 (6.4) を用いることができるが，速度の勾配の符号に注意を要する．円管の内径を R，壁面からの距離を y とすると，円筒要素の半径 r は $r = R - y$ であるので，層流のせん断応力 τ は

$$\tau = \mu\frac{du}{dy} = -\mu\frac{du}{dr}$$

と表される．したがって，これを式 (6.3) に代入すると

$$\frac{du}{dr} = \frac{1}{2\mu}\left(\frac{dp}{dx}\right)r$$

という微分方程式が得られる．両辺を積分すると

$$u = \frac{1}{4\mu}\left(\frac{dp}{dx}\right)r^2 + C \tag{6.5}$$

が成り立つ．積分定数 C は，円管内の速度分布を考慮して $r = R$ のとき $u = 0$ となる境界条件を与えると，次のようになる．

$$C = -\frac{1}{4\mu}\left(\frac{dp}{dx}\right)R^2$$

これを式 (6.5) に代入すると，層流の円管内流れの速度分布として

$$u = \frac{1}{4\mu}\left(-\frac{dp}{dx}\right)(R^2 - r^2) \tag{6.6}$$

が求められる．円管内流れの圧力勾配はつねに $(dp/dx) < 0$ であるので，式 (6.6) において $(-dp/dx) > 0$ となる．したがって，層流の速度分布の形は上に凸の二次曲線（回転放物面）であることがわかる．円管中心の最大速度 $u_{\max}$ は，式 (6.6) に $r = 0$ を代入すると次式のように表される．

$$u_{\max} = \frac{1}{4\mu}\left(-\frac{dp}{dx}\right)R^2 \tag{6.7}$$

一方，速度分布の式 (6.6) から流量 Q と断面平均流速 V を求めることができる．図の半径 r と $r + dr$ との間の環状領域の面積 $2\pi r dr$ を通過する流体の流量は $2\pi r dr \cdot u$ であるので，円管内の流量 Q は次式から求められる．

$$Q = \int_0^R (2\pi r dr)u = \frac{\pi}{2\mu}\left(-\frac{dp}{dx}\right)\int_0^R (R^2 - r^2)r dr = \frac{\pi R^4}{8\mu}\left(-\frac{dp}{dx}\right) \tag{6.8}$$

円管の断面積を A とおくと，断面平均流速 V は $V = Q/A$ より

$$V = \frac{Q}{A} = \frac{Q}{\pi R^2} = \frac{R^2}{8\mu}\left(-\frac{dp}{dx}\right) \tag{6.9}$$

となる．式 (6.9) と式 (6.7) を比較すると，次のような関係が成り立つ．

$$V = \frac{1}{2}u_{\max} \tag{6.10}$$

すなわち，層流の円管内流れの最大速度は断面平均流速の 2 倍となる．

図 6.3 中の右図のように円管の長さが l の区間における圧力の降下量を Δp とすると，$-dp/dx = \Delta p/l$ であるので，式 (6.8) で示した流量 Q は次式で表される．

$$Q = \frac{\pi R^4}{8\mu}\frac{\Delta p}{l} = \frac{\pi d^4}{128\mu}\frac{\Delta p}{l} \tag{6.11}$$

したがって，断面平均流速 V は次式となる．

$$V = \frac{R^2}{8\mu}\frac{\Delta p}{l} = \frac{d^2}{32\mu}\frac{\Delta p}{l} \tag{6.12}$$

これより Δp は次式から求めることができる．

$$\Delta p = \frac{8\mu l}{R^2}V = \frac{32\mu l}{d^2}V \tag{6.13}$$

式 (6.13) は，区間 l における圧力降下 Δp が断面平均流速 V に比例することを示している．この断面平均流速 V と圧力降下 Δp との関係を，**ハーゲン - ポアズイユ**

の法則（Hagen-Poiseuille law）という．また，層流の円管内流れを**ポアズイユ流れ**（Poiseuille flow）とよぶ．

6.4 乱流の円管内流れ

6.4.1 乱流のせん断応力

流れが乱流の場合，速度は不規則に変動するので，円管内流れの x 方向および y 方向の時間平均速度をそれぞれ $\bar{u}, \bar{v}$ とすると，x および y 方向の瞬時速度は

$$x\text{ 方向}：\bar{u} + u'(t) \qquad y\text{ 方向}：\bar{v} + v'(t)$$

のように時間の関数として表される．$u'(t)$ は瞬時速度から時間平均速度 $\bar{u}$ を，$v'(t)$ は $\bar{v}$ を差し引いた不規則な速度の変動を示す．ただし，円管内乱流の場合，y 方向の時間平均速度 $\bar{v}$ は 0 とみなせる．この不規則な変動は，図 6.6 のように高速と低速の間の速度の層をまたがって運動する乱流渦の挙動と関連して発生し，これによって流体の層と層との間に**レイノルズせん断応力**（Reynolds shear stress），または単に**レイノルズ応力**とよばれる乱流特有のせん断応力が生じる．レイノルズ応力は $-\rho\overline{u'v'}$ と書けるので，流れが乱流の場合のせん断応力 τ は一般に次式で表される．

$$\tau = \mu\frac{d\bar{u}}{dy} + (-\rho\overline{u'v'}) \tag{6.14}$$

式 (6.14) の右辺第 1 項は流体の粘性に起因するせん断応力で，第 2 項は上述した乱流渦挙動に起因するレイノルズせん断応力である．

レイノルズ応力を平均速度分布に関連づける方法として，種々の乱流モデルが提案されている．その一つに，**プラントルによる混合距離理論**（Prandtl's mixing length theory）がある．プラントルは壁面からの距離 y に比例する混合距離 l を導入して，レイノルズ応力と速度勾配とを次のように関連づけている．

$$-\rho\overline{u'v'} = \rho l^2 \left|\frac{d\bar{u}}{dy}\right| \frac{d\bar{u}}{dy} \tag{6.15}$$

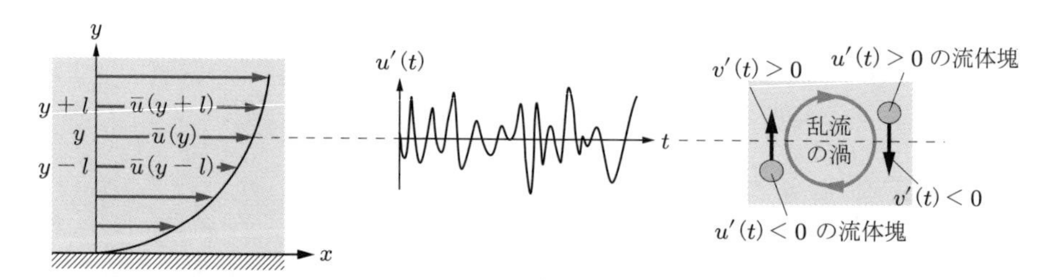

図 6.6 レイノルズせん断応力の発生

ここで，$|\ |$ は絶対値記号，混合距離 l は壁面の近くでは

$$l = \kappa y \tag{6.16}$$

という式で与えられる．また，κ はカルマン定数とよばれ，その値は約 0.4 である．

6.4.2 乱流の速度分布

乱流のせん断応力は，式 (6.14) のように粘性せん断応力とレイノルズせん断応力とからなるが，壁面にきわめて近く，粘性がきわめて強い領域ではレイノルズ応力は無視でき，粘性せん断応力が支配的になる．この領域は**粘性底層**（viscous sublayer）とよばれる．粘性底層における粘性せん断応力 τ が壁面せん断応力 τ_{w} に等しいと仮定すると，

$$\tau_{\mathrm{w}} = \mu \frac{d\bar{u}}{dy} \tag{6.17}$$

と書ける．また，粘性底層では速度 $\bar{u}$ は壁面からの距離 y に比例するので，速度勾配は

$$\frac{d\bar{u}}{dy} = \frac{\bar{u}}{y} \tag{6.18}$$

となる．したがって，式 (6.17) および式 (6.18) から次の関係が得られる．

$$\frac{\tau_{\mathrm{w}}}{\rho} = \nu \frac{\bar{u}}{y} \tag{6.19}$$

ここで，$\sqrt{\tau_{\mathrm{w}}/\rho}$ は速度の次元をもつので，**摩擦速度**（friction velocity）という概念を導入し $u_* = \sqrt{\tau_{\mathrm{w}}/\rho}$ とおくと，式 (6.19) から速度分布を表す式 (6.20) が得られる．

$$\frac{\bar{u}}{u_*} = \frac{u_* y}{\nu} \tag{6.20}$$

一方，粘性底層を超える領域では流れが乱れてくるため，次第にレイノルズ応力が支配的になる．壁面に近い領域であればレイノルズ応力 $-\rho\overline{u'v'}$ が壁面せん断応力 τ_{w} に等しいと仮定し，混合距離理論が成立するとすると，式 (6.15) と式 (6.16) より

$$\tau_{\mathrm{w}} = \rho(\kappa y)^2 \left(\frac{d\bar{u}}{dy}\right)^2$$

と書ける．これに摩擦速度 u_*（$= \sqrt{\tau_{\mathrm{w}}/\rho}$）を導入し，式を変形すると

$$\frac{d\bar{u}}{dy} = \frac{u_*}{\kappa y} \tag{6.21}$$

となる．式 (6.21) の両辺を y で積分すると

$$\frac{\bar{u}}{u_*} = \frac{1}{\kappa}\ln y + C \tag{6.22}$$

となる．実験結果と合致するように C を定めると

$$\frac{\bar{u}}{u_*} = 2.5\ln\frac{u_* y}{\nu} + 5.5 = 5.75\log\frac{u_* y}{\nu} + 5.5 \tag{6.23}$$

が得られる．式 (6.23) は**対数法則**（logarithmic law）とよばれ，図 6.7 の直線で示されている．およそ $u_* y/\nu > 50$ の領域で，実験結果とよく一致する．また，$u_* y/\nu < 5$ の領域で実験結果は式 (6.20) とよく一致する．およそ $5 < u_* y/\nu < 50$ の領域は，粘性底層の領域から対数法則が成り立つ領域への遷移段階を示す．

対数法則のほかに円管内乱流の速度分布を与える式として，次の **1/7 乗法則**（one-seventh power law）が知られている．

$$\frac{\bar{u}}{\bar{u}_{\max}} = \left(\frac{y}{R}\right)^{1/7} \tag{6.24}$$

ここで，$\bar{u}_{\max}$ は円管中心における最大速度（時間平均値），R は円管の半径である．1/7 乗法則は，管壁面から管中心までの範囲の速度分布を単純な指数関数で連続的に表現できる点で優れているが，速度勾配 $d\bar{u}/dy$ が管壁面で無限大となる点や，管中心

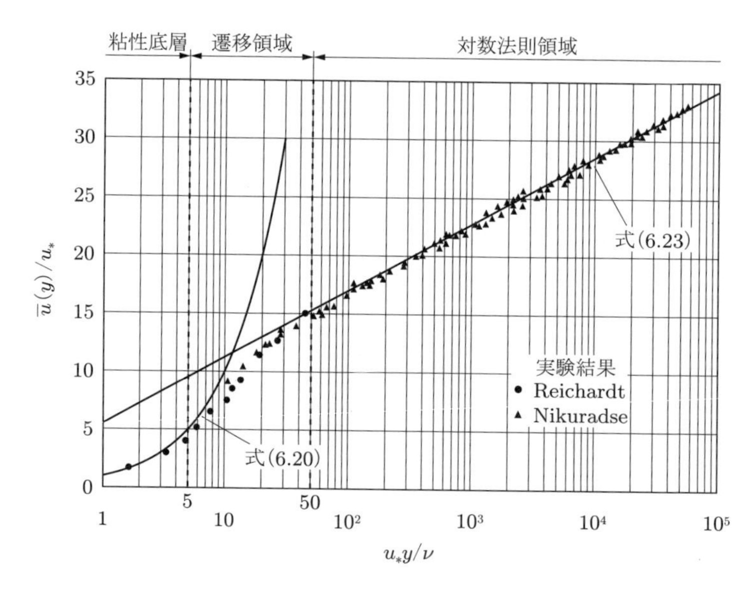

図 6.7　円管内乱流の速度分布

で 0 にならない点で実際の流れと異なる．

発達した層流および乱流の円管内流れの速度分布の比較を，図 6.8 に示す．断面平均流速 V に対して，層流の場合の管中心の最大流速 $\bar{u}_{\max}$ は 2 倍，乱流の場合の最大流速は約 1.25 倍となる．また乱流の速度分布は，層流の速度分布と比べて管中心付近で平坦であり，管壁面付近での速度勾配がきわめて大きいという特徴がある．

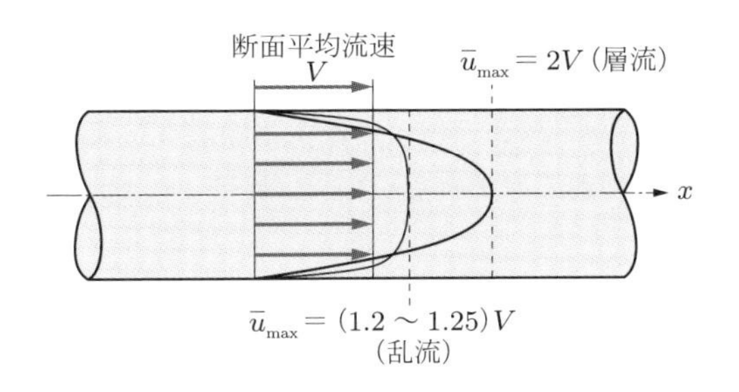

図 6.8 層流と乱流の速度分布の比較

6.4.3 壁面粗さ

ここでは，円管の壁面が滑らかでない場合について簡潔に述べる．層流の円管内流れの場合は壁面の粗さは流れ場に影響しないが，乱流の場合には粗さの大きさが粘性底層内に収まるかどうかにより速度分布に与える影響が異なり，圧力損失が増大する原因ともなる．壁面粗さの大きさを壁面からの平均の高さである，平均粗さ k で表すと，壁面粗さに関するレイノルズ数，すなわち粗さレイノルズ数

$$R_* = \frac{u_* k}{\nu} \tag{6.25}$$

が定義できる．この式の形は，図 6.7 の横軸における壁面からの距離 y が k と置き換わったものである．したがって，以下に示す R_* による粗さの影響の分類も，図 6.7 を参照するとわかりやすい．

(i) $R_* < 5$：平均粗さが粘性底層の中に埋没している状態で，流れ場に変化は生じず，対数法則の式 (6.23) が成立する．このときの管壁面は「流体力学的に滑らか」といえる．

(ii) $5 < R_* < 70$：平均粗さ k が粘性底層を超えて遷移領域に達している状態を示し，流れ場は粗さの影響を受ける．R_* の上限値は図 6.7 の遷移領域より少し大きい 70 とされている．

(iii) $R_* > 70$：平均粗さ k が遷移領域を超えて対数法則の領域にまで達する状態で，管壁面は「完全に粗い」（完全粗面）という．対数速度分布は平均粗さ k に依存する形で表される．

6.5 摩擦による圧力損失

円管内を密度 ρ の液体が流れるとき，区間 l を隔てて円管に小孔を開けてガラス管などを立てると，図 6.9 のように下流側のガラス管の水面は必ず上流側の水面高さより Δh だけ低くなる．水面高さは小孔を開けたそれぞれの円管位置における断面平均圧力（または管中心の圧力）に対応している．したがって，この状況は区間 l の間に Δp だけ下流方向に圧力が降下したことを示す．この圧力降下 Δp は，上流位置から下流位置に至る間に，流体の流れが管壁面との間に作用する摩擦に抗しながら流れるために消費された圧力損失である．もし，第 4 章のように流体に粘性がないと仮定すれば，流体と管壁面との間の摩擦もないので，区間 l における圧力降下 Δp は生じない．

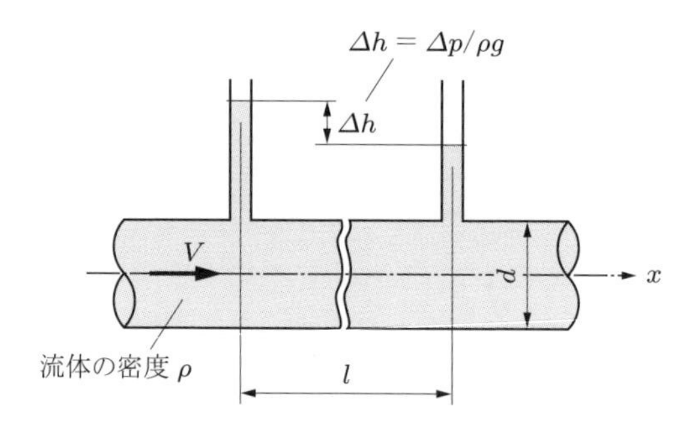

図 6.9　圧力損失ヘッド

マノメータの液面の高さの差 Δh は圧力損失ヘッドとよばれる．流体の密度を ρ とすると，Δh と Δp との関係は次式となる．

$$\Delta h = \frac{\Delta p}{\rho g} \tag{6.26}$$

第 4 章で述べたベルヌーイの定理では流体粘性が考慮されていないが，実際の円管路では流体粘性による圧力損失が生じる．したがって，断面①から断面②に至る間に失われる圧力損失ヘッドを考慮することによって，次式のようにベルヌーイの定理を拡張することができる．

$$\frac{{V_1}^2}{2g} + \frac{p_1}{\rho g} + z_1 = \frac{{V_2}^2}{2g} + \frac{p_2}{\rho g} + z_2 + \Delta h \tag{6.27}$$

圧力損失ヘッド Δh（$= \Delta p/\rho g$）の大きさは，以下の**ダルシー - ワイスバッハの式**（Darcy-Weisbach equation）で与えられる．

$$\Delta h = \lambda \frac{l}{d} \frac{V^2}{2g} \tag{6.28}$$

上式の λ は**管摩擦係数**（pipe friction factor）とよばれる無次元数で，一般にレイノルズ数と壁面粗さに依存して変化する．

ニクラゼ（Nikuradse）は，円管内壁に種々の大きさの砂粒を貼り付けて円管直径に対する砂粒の平均粗さである**相対粗さ**（relative roughness）k/d を変化させ，広範囲のレイノルズ数に対して管摩擦係数 λ を求める実験を行った．その結果を図 6.10 に示す．レイノルズ数が小さい層流の場合の管摩擦係数が壁面粗さに関係なくレイノルズ数のみに依存して一つの直線で表されること，および粗い壁面の管摩擦係数がレイノルズ数の大きい領域では各相対粗さごとに一定となることなどが明瞭に示されている．以下に，円管内流れが層流の場合と乱流の場合の管摩擦係数について考えてみよう．

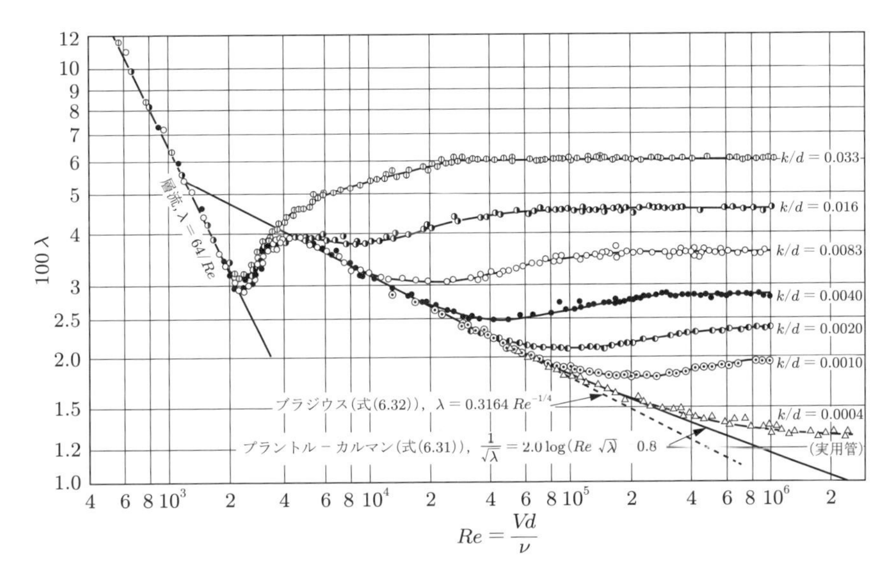

図 6.10　管摩擦係数に関するニクラゼの実験
（日本機械学会編，「技術資料 管路・ダクトの流体抵抗」より転載）

6.5.1 ▌層流の管摩擦係数

層流の円管内流れでは，式 (6.13) のハーゲン－ポアズイユの法則が成り立つ．

$$\Delta p = \frac{32\mu l}{d^2} V$$

これを変形すると

$$\frac{\Delta p}{\rho g} = \frac{64}{Re} \frac{l}{d} \frac{V^2}{2g} \tag{6.29}$$

となる．これを式 (6.28) と比較すると以下の関係が得られる．

$$\lambda = \frac{64}{Re} \tag{6.30}$$

図より，式 (6.30) が層流の円管内流れの管摩擦係数 λ とよく一致することがわかる．これは，λ が Re にのみに依存し，壁面粗さに無関係であることを示している．

6.5.2 乱流の管摩擦係数

滑らかな表面をもつ円管内乱流の管摩擦係数 λ は，広範囲のレイノルズ数（$3 \times 10^3 < Re < 3 \times 10^6$）に対して次の半理論式により求められることが知られている．

$$\frac{1}{\sqrt{\lambda}} = 2.0 \log_{10}(Re\sqrt{\lambda}) - 0.8 \tag{6.31}$$

式 (6.31) は，プラントル－カルマンの式とよばれるが，式の形から Re に対して λ を求めるのが容易でないという問題がある．一方，レイノルズ数の範囲を区切ると，管摩擦係数 λ を容易に求めることができる次の実験式がある．

$$\text{ブラジウスの式：}\lambda = 0.3164Re^{-0.25} \quad (3 \times 10^3 < Re < 10^5) \tag{6.32}$$

$$\text{ニクラゼの式：}\lambda = 0.0032 + 0.221Re^{-0.237} \quad (10^5 < Re < 3 \times 10^6) \tag{6.33}$$

粗い表面をもつ円管内乱流では，平均粗さ k が遷移領域にある場合と対数法則の領域にある場合とに分けて λ を考える必要がある．粗さが遷移領域の外に出ている完全粗面（粗さレイノルズ数：$R_* > 70$）の場合，

$$\frac{1}{\sqrt{\lambda}} = 1.14 - 2\log\left(\frac{k}{d}\right) \tag{6.34}$$

から λ を求めることができる．この場合，λ は相対粗さ k/d のみに依存し，レイノルズ数には関係しない．粗さが遷移領域の中にある粗面（$5 < R_* < 70$）の場合に対しては，次のコールブルックの式がある．λ はレイノルズ数と相対粗さの両方に依存する．

$$\frac{1}{\sqrt{\lambda}} = -2\log_{10}\left(\frac{k/d}{3.71} + \frac{2.51}{Re\sqrt{\lambda}}\right) \tag{6.35}$$

以上のように，λ に関する多くの式があるが，実用的にはこれらの式に基づいて作成された**ムーディ線図**（Moody diagram，図 6.11）を利用して λ を求めるのが有効である．これを用いると，レイノルズ数 Re と相対粗さ k/d から容易に λ を求めることができる．また，表 6.1 に実際によく用いられる各種の円管材質の平均粗さ k を示

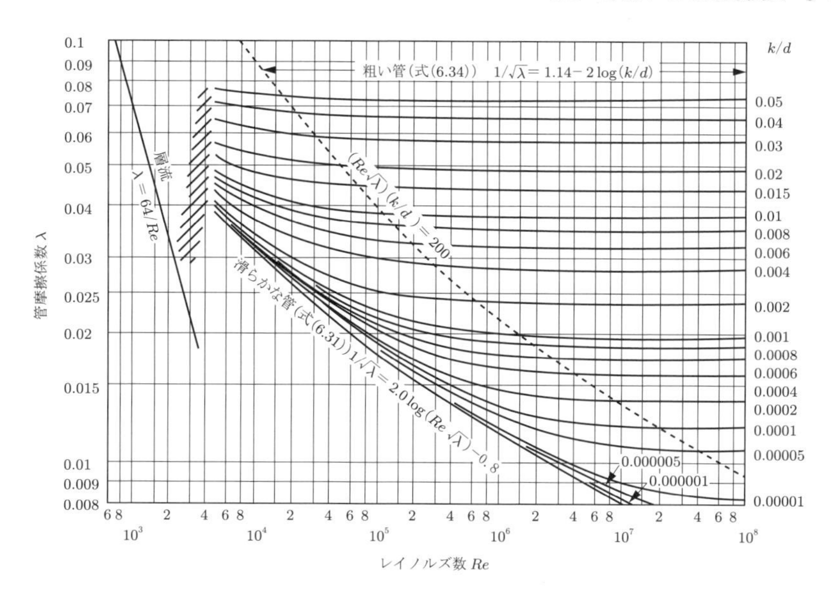

図 6.11 ムーディ線図（日本機械学会編,「機械工学便覧 流体工学」より転載）

表 6.1 各種材質からなる円管表面の平均粗さ

円管の種類	平均粗さ k [mm]
リベット継ぎ鋼管	0.9～9.0
コンクリート管	0.3～3.0
鋳鉄管	0.26
木管	0.18～0.92
亜鉛引き鉄管	0.15
アスファルト塗り鋳鉄管	0.12
市販鋼管	0.045
引抜き管	0.0015

す．表 6.1 は，種々の材質からなる円管における表面の相対粗さ k/d を推定するのに利用することができる．

例題 6.2 直径 d が 100 mm のまっすぐな鋳鉄製の円管を用いて，水温 20℃ の水を 300 L/min 輸送する．管の長さ 100 m あたりの損失ヘッド Δh を算出せよ．

解 流量 Q が 300 L/min なので，基本単位 [m^3/s] に換算してから断面平均流速 V [m/s] を計算すると，

$$V = \frac{Q}{(\pi/4)d^2} = \frac{300 \times 10^{-3} \times (1/60)}{(3.14/4)(0.1)^2} = 0.637\,\mathrm{m/s}$$

となる．20℃ の水の動粘度は表 1.1 より $\nu = 1.004 \times 10^{-6}\,\mathrm{m^2/s}$ なので，レイノルズ数は

$$Re = \frac{Vd}{\nu} = \frac{0.637 \times 0.1}{1.004 \times 10^{-6}} = 6.34 \times 10^4$$

となり，流れは乱流である．

一方，表 6.1 から鋳鉄管の平均粗さは $k = 0.26\,\mathrm{mm}$ なので，相対粗さ k/d は

$$\frac{k}{d} = \frac{0.26}{100} = 0.0026$$

となる．ムーディ線図における $Re = 6.34 \times 10^4$ と $k/d = 0.0026$ の交点から，$\lambda = 0.028$ と読み取ることができる．したがって，ダルシー - ワイスバッハの式 (6.28) から損失ヘッド Δh は

$$\Delta h = \lambda \frac{l}{d}\frac{V^2}{2g} = 0.028 \times \frac{100}{0.1} \times \frac{0.637^2}{2 \times 9.8} = 0.58\,\mathrm{m}$$

となる． ■

6.6 非円形断面管の圧力損失

断面が円形でなく，正方形や長方形の断面形状をもつ管（ダクトとよばれる）もまた，工業的にしばしば用いられている．このような円形でない管の摩擦による圧力損失について考えてみよう．図 6.12 に示すような長方形断面の管において，管表面に作用する壁面せん断応力 τ_w による摩擦力は，管の上流側と下流側との圧力差 Δp $(= p_1 - p_2)$ による力と釣り合うので，管断面の 4 辺からなる周長さを w $(= 2a + 2b)$ とすると次式が成り立つ．

$$\Delta p A = \tau_w w l \tag{6.36}$$

周長さ w は流れている流体に接しているため，**ぬれ縁長さ**（wetted perimeter）とよばれる．摩擦係数を C_f とおくと $\tau_w = C_f (1/2) \rho V^2$ とおけるので，式 (6.36) は

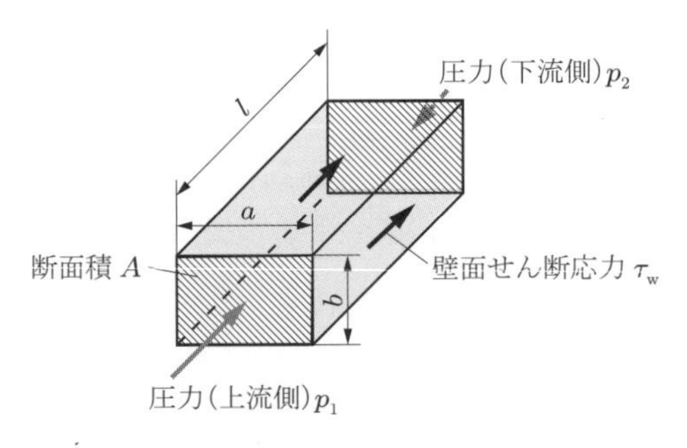

図 6.12 非円形管の圧力損失

$$\Delta p = \frac{w}{A} l \left(C_{\rm f} \frac{1}{2} \rho V^2 \right) \tag{6.37}$$

となる．管の断面積とぬれ縁長さの比

$$m = \frac{A}{w} \tag{6.38}$$

は流体平均深さという．流体平均深さ m を用いて式 (6.37) を書き換えると，圧力損失ヘッド Δh（$= \Delta p/\rho g$）は以下となる．

$$\Delta h = \frac{\Delta p}{\rho g} = C_{\rm f} \frac{l}{m} \left(\frac{V^2}{2g} \right) \tag{6.39}$$

式 (6.39) を円管の場合に適用して，圧力損失ヘッドを求めてみよう．円管の場合の流体平均深さ m は，

$$m = \frac{A}{w} = \frac{(\pi/4)d^2}{\pi d} = \frac{d}{4} \tag{6.40}$$

となる．これを式 (6.39) に代入すると次式となる．

$$\Delta h = 4C_{\rm f} \frac{l}{d} \left(\frac{V^2}{2g} \right) \tag{6.41}$$

式 (6.41) を円管の圧力損失ヘッドの式 (6.28) と比較すると，$C_{\rm f}$ が $\lambda/4$ に相当することがわかる．したがって，$C_{\rm f} = \lambda/4$ を式 (6.39) に代入すると，非円形断面管の圧力損失ヘッドは管摩擦係数 λ と流体平均深さ m を用いて

$$\Delta h = \lambda \frac{l}{4m} \left(\frac{V^2}{2g} \right) \tag{6.42}$$

と表される．ここで，$4m$ は円管の直径に相当するので，これを**等価直径**（equivalent diameter）とよぶ．レイノルズ数 Re も $4m$ を用いて

$$Re = \frac{V(4m)}{\nu} \tag{6.43}$$

のように与えられる．なお，式 (6.42) は，縦横の寸法 a と b が著しく異なる長方形断面の管には適用できない．

例題 6.3 図 6.13 のように，十分大きな水槽の側面につながったまっすぐで滑らかな表面の円管路の末端から水温 20 ℃ の水を噴出させる．円管は直径が $d = 40\,\mathrm{mm}$，長さが $l = 100\,\mathrm{m}$ である．$z = 3\,\mathrm{m}$ とするとき，円管の末端における流速 V を求めよ．ただし，円管路の入口部における損失は無視できるものとする．

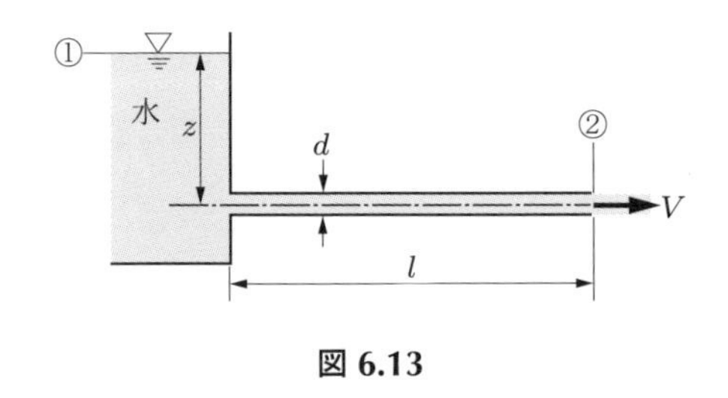

図 6.13

解 管摩擦係数が未知の場合，まず適当な仮の管摩擦係数 λ を与えて円管内の流速 V を求めてみる．次に，求めた流速 V に基づいてレイノルズ数を算出し，ムーディ線図またはブラジウスの式などを利用して λ を見積もり，これが仮の管摩擦係数 λ と一致しなければ，初期の λ の値を修正して再度同様の操作を繰り返す．このようにして，最終的に求める流速 V に達することができる．

本例題の場合，滑らかな円管が用いられているので経験的に $\lambda = 0.02$ を与えてみる．水槽の水面と円管の末端との間にベルヌーイの定理 (6.27) を適用すると，

$$z = \frac{V^2}{2g} + \lambda \frac{l}{d} \frac{V^2}{2g} \tag{6.44}$$

となる．これより円管末端における仮の流速 V は

$$V = \sqrt{\frac{2gz}{1 + \lambda(l/d)}} = \sqrt{\frac{2 \times 9.8 \times 3}{1 + 0.02 \times 100/(40 \times 10^{-3})}} = 1.074\,\mathrm{m/s}$$

と計算される．ここで，初期値 $\lambda = 0.02$ が妥当であったかどうかを検証してみよう．20℃における水の動粘度は $\nu = 1.004 \times 10^{-6}\,\mathrm{m^2/s}$，仮の速度が $V = 1.074\,\mathrm{m/s}$ であるので，レイノルズ数 Re は次のようになる．

$$Re = \frac{Vd}{\nu} = \frac{1.074 \times 40 \times 10^{-3}}{1.004 \times 10^{-6}} = 4.28 \times 10^4$$

$Re = 4.28 \times 10^4$ のときの管摩擦係数を，ブラジウスの式 (6.32) から計算すると $\lambda = 0.022$ となり，管摩擦係数の初期値（$\lambda = 0.02$）とかなり近いことがわかる．

念のために，$\lambda = 0.022$ を用いてもう一度式 (6.44) より速度 V を計算してみると

$$V = \sqrt{\frac{2gz}{1 + \lambda(l/d)}} = \sqrt{\frac{2 \times 9.8 \times 3}{1 + 0.022 \times 100/(40 \times 10^{-3})}} = 1.05\,\mathrm{m/s}$$

となり，またレイノルズ数は

$$Re = 4.18 \times 10^4$$

となる．このとき，管摩擦係数はブラジウスの式から $\lambda = 0.022$ と見積もられ，2回目に与えた管摩擦係数の値と一致する．したがって，求める円管末端における流速は $V = 1.05\,\mathrm{m/s}$

であることがわかる． ■

例題 6.3 では円管の管摩擦係数 λ が未知であったため，このような繰り返し計算を行って円管末端の流速を求める必要があったが，煩雑な繰り返し計算を避けるため，滑らかな円管に対しては通常 $\lambda = 0.02$〜0.03 の値があらかじめ問題文の中で与えられることが多い．しかし，現実の課題における λ の値は未知であるので，これに対処するための方法として例題の中で紹介している．

演習問題

6.1 直径が $d = 60\,\mathrm{mm}$ の内壁が滑らかでまっすぐな円管を用いて，流量 $Q = 30\,\mathrm{L/min}$ の水を輸送するものとする．この円管路途中の長さが $l = 20\,\mathrm{m}$ の区間における，圧力損失ヘッド Δh を求めよ．なお，水の動粘度は $\nu = 1.0 \times 10^{-6}\,\mathrm{m^2/s}$ とする．

6.2 一辺 a が $100\,\mathrm{mm}$ のまっすぐな鋳鉄製の正方形断面管を用いて，水温 20℃ の水を $300\,\mathrm{L/min}$ 輸送する．管の長さ $100\,\mathrm{m}$ あたりの損失ヘッド Δh を算出せよ．

6.3 図 6.13 のように，十分大きいタンクの側面から内径 $d = 45\,\mathrm{mm}$ の市販の鋼管（平均粗さ $k = 0.045\,\mathrm{mm}$）を用いて，長さ $l = 100\,\mathrm{m}$ 先の円管出口で流速 $V_2 = 1.0\,\mathrm{m/s}$ の水流を作りたい．水温を 20℃ とするとき，タンクの水面高さ z がいくらであればよいか．ただし，円管路の入口部における損失は無視できるものとする．

6.4 内径 $d = 100\,\mathrm{mm}$ の塩化ビニル製の円管と鋳鉄製の円管がある．これら 2 種の円管を用いて，断面平均流速 $V = 2.0\,\mathrm{m/s}$ で水を輸送する場合，それぞれの管路における長さ $l = 100\,\mathrm{m}$ あたりの損失ヘッドを求めよ．ただし，塩化ビニル管の粗さは無視でき，鋳鉄管の平均粗さは $k = 0.26\,\mathrm{mm}$ とする．また，水の動粘度は $\nu = 1.0 \times 10^{-6}\,\mathrm{m^2/s}$ とし，管摩擦係数 λ はムーディ線図から読み取るものとする．

6.5 図 4.19 と同じ管路系において水を噴き上げる場合で，管摩擦を考慮するものとする．管路の全長は $l = 150\,\mathrm{m}$ で，その直径は $d_\mathrm{p} = 50\,\mathrm{mm}$，ノズル出口の直径は $d_\mathrm{n} = 20\,\mathrm{mm}$ である．また，$z_\mathrm{w} = 10\,\mathrm{m}$，$z_\mathrm{e} = 1\,\mathrm{m}$，$z_\mathrm{n} = 3\,\mathrm{m}$ である．タンク内の水面変化は無視でき，流体の粘性は管摩擦のみに作用するものとして，ノズル出口の流速 V_n，管路内の流速 V_p および水が噴き出す高さ H を求めよ．ただし，管摩擦係数は $\lambda = 0.02$ とする．

第7章 管路系の圧力損失

第6章において，まっすぐな実際の円管内の流れでは流体の粘性摩擦による圧力損失が生じることを学んだ．しかし，実際の管路は単純な直管ではなく，途中で管の直径が大きく変化したり，急激に曲げられたりする．さらに，管路の途中には流れの整流装置，流量計，流量調節弁などの管路要素が組み込まれる．このように，さまざまな管路要素をもつ管路を管路系とよぶ．管路系では，管路要素による圧力損失が粘性摩擦による圧力損失に加わることになる．本章では，種々の管路要素に対する流れの状態について説明した後，それにともない生じる圧力損失について述べる．本章の終わりでは，管路系全体の圧力損失を正しく見積もる方法について学ぶ．その方法は，たとえば複雑な管路系からなる各種プラントの設計などにおいて必須の知識である．

7.1 ベルヌーイの定理の拡張

前章6.5節において，実際の円管路では流体粘性による摩擦があるため圧力損失が生じることを述べた．さらに，実際に流体を輸送する管路では，途中で管直径が変わったり，管が曲がったり，流量調節弁などが取り付けられている．その各部の形状に起因してさまざまなはく離流や二次流れが形成される．そのためによる圧力損失が生じる．図7.1に示すように，断面①から断面②に至る間に失われる圧力損失ヘッドは，摩擦による圧力損失ヘッド h_f と形状に起因する圧力損失ヘッド h_s に分けて考えることができるので，式(4.10)や式(6.27)で表したベルヌーイの定理を式(7.1)の形に拡張することができる．

$$\frac{{V_1}^2}{2g} + \frac{p_1}{\rho g} + z_1 = \frac{{V_2}^2}{2g} + \frac{p_2}{\rho g} + z_2 + h_\mathrm{f} + h_\mathrm{s} \tag{7.1}$$

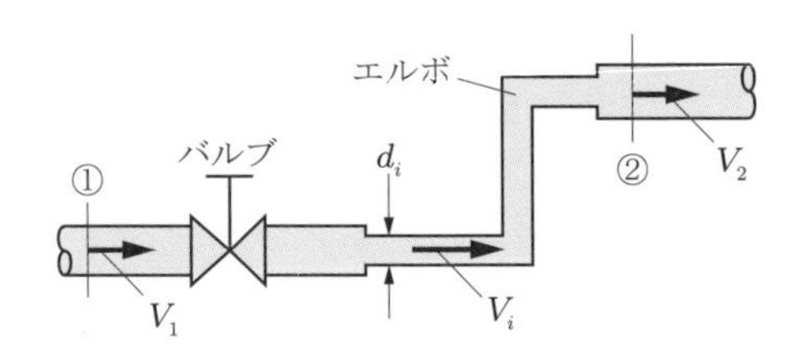

図7.1 管路系と管路要素

管路系の摩擦損失ヘッド h_{f} は，各々の直管部 i における摩擦損失ヘッドがダルシー－ワイスバッハの式で与えられるので，それらを合計して

$$h_{\mathrm{f}} = \sum_i \lambda_i \frac{l_i}{d_i} \frac{V_i^2}{2g} \tag{7.2}$$

で与えられる．ここで，各直管部ごとに直径 d，長さ l，断面平均流速 V および管摩擦係数 λ も異なるので，添え字 i をつけている．

図 7.1 にみられるように実際の管路系は，直管に加えて，弁（バルブ），曲がり管（エルボ），急縮小管，急拡大管のような種々の管路要素から成り立っている．一般に，それらすべての管路要素による圧力損失ヘッド h_{s} は，各管路要素に関係する速度ヘッド（$V_i^2/2g$）に**損失係数**（loss coefficient）ζ_i を掛けて

$$h_{\mathrm{s}} = \sum_i \zeta_i \frac{V_i^2}{2g} \tag{7.3}$$

で与えられる．なお，各損失係数 ζ_i は各管路要素ごとに異なる値をもっている．次節で，個々の管路要素における損失係数と流れの状態について述べる．

7.2　管路要素の損失係数

7.2.1　入口損失

図 7.2 のように大きな容器などから管路に流体が流入するとき，管路入口に生じる損失を**入口損失**（entrance loss）という．入口損失ヘッド Δh は管路入口に続く円管内の断面平均流速 V を用いて

$$\Delta h = \zeta \frac{V^2}{2g} \tag{7.4}$$

で表される．

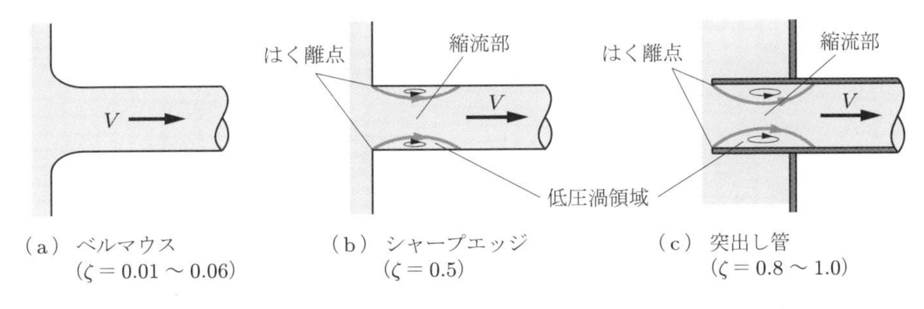

（a）ベルマウス（$\zeta = 0.01 \sim 0.06$）　（b）シャープエッジ（$\zeta = 0.5$）　（c）突出し管（$\zeta = 0.8 \sim 1.0$）

図 7.2　管路入口の損失係数

ところで，損失係数 ζ は図のように管路入口部の形状によって異なる．図 (a) は，管路入口部を丸みをもたせたベルマウス形状にすることで，流れを滑らかに絞って管内に導くことができるようにした場合である．この場合の損失係数はほかの入口損失に比べてもっとも小さい．このように，管路入口部においてわずかなはく離や縮流も生じないような絞り形状にした場合の損失係数は，無視できるほど小さくなる．図 (b) は，容器の側面に直角に円管を取り付けた場合で，流れが先端の角部からはく離して低圧のはく離渦領域を形成する．そのため，管路入口付近の流路の断面積が実質的に縮小する．これを縮流という．この場合の損失係数は約 0.5 となる．図 (c) は，円管をそのまま容器の内部に突き出した場合で，容器内の流体が大きく回り込んで円管に入るため，はく離渦領域は図 (b) の場合より大きくなり，損失係数は約 1.0 となる．

7.2.2 出口損失

図 7.3(a) のように管路末端から大きい容器に流体が流出する場合，管路末端から流出する速度エネルギーが流体粘性のため周囲流体と混合して消費されるので，最終的には管路末端における流速は減速してゼロとなる．この過程で生じる圧力損失を**出口損失**（exit loss）という．この圧力損失ヘッドを Δh とすると，管路末端の断面①とそれより下流の断面②の間における，ベルヌーイの定理は式 (7.1) より

$$\frac{{V_1}^2}{2g} + \frac{p_1}{\rho g} + z_1 = \frac{{V_2}^2}{2g} + \frac{p_2}{\rho g} + z_2 + \Delta h \tag{7.5}$$

と書ける．流れ場の状態から $p_1 = p_2$，$z_1 = z_2$，$V_2 = 0$ であるので

$$\Delta h = \frac{{V_1}^2}{2g} \tag{7.6}$$

となる．この場合の損失ヘッドは，管路末端の速度ヘッドに等しくなる．そのため，損失係数は $\zeta = 1.0$ である．損失ヘッド Δh を低減するには，図 (b) に示すように管路末端の流路を徐々に広げて出口流速を小さくすればよいことがわかる．

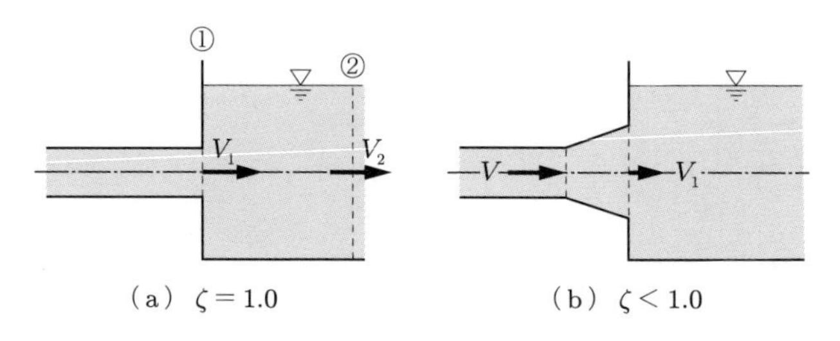

（a）$\zeta = 1.0$　　（b）$\zeta < 1.0$

図 7.3　管路出口の損失係数

例題 7.1 図 6.13 と同様に，十分大きい水槽の側面につながった滑らかでまっすぐな円管を通じてその末端から水温 20 ℃ の水を噴出させる．円管は直径が $d = 40\,\mathrm{mm}$，長さが $l = 100\,\mathrm{m}$ である．$z = 3\,\mathrm{m}$ とするとき，円管内の断面平均流速 V を求めよ．なお，円管の管摩擦係数を $\lambda = 0.022$，円管入口の損失係数を $\zeta = 0.5$ とする．

解 水槽の水面位置①と円管末端の断面②との間で拡張されたベルヌーイの定理は，式 (7.5) より次式となる．

$$\frac{{V_1}^2}{2g} + \frac{p_1}{\rho g} + z_1 = \frac{{V_2}^2}{2g} + \frac{p_2}{\rho g} + z_2 + \Delta h$$

ここで，水面の降下速度は $V_1 = 0$，断面①と断面②における圧力は大気開放状態であるので $p_1 = p_2$ となる．また，損失ヘッド Δh は摩擦損失と円管入口における損失であるので

$$\Delta h = \lambda \frac{l}{d} \frac{{V_2}^2}{2g} + \zeta \frac{{V_2}^2}{2g}$$

となる．これを上のベルヌーイの式に代入すると

$$z_1 = \frac{{V_2}^2}{2g} + z_2 + \lambda \frac{l}{d} \frac{{V_2}^2}{2g} + \zeta \frac{{V_2}^2}{2g}$$

となり，流速 V_2 は管断面平均流速 V に等しいので次のように整理できる．

$$z_1 - z_2 = \frac{V^2}{2g}\left(1 + \lambda \frac{l}{d} + \zeta\right)$$

この式に，$\lambda = 0.022$，$\zeta = 0.5$，$z = z_1 - z_2 = 3\,\mathrm{m}$，$l = 100\,\mathrm{m}$，$d = 0.04\,\mathrm{m}$ を代入すると

$$3 = \frac{V^2}{2g}\left(1 + 0.022\frac{100}{0.04} + 0.5\right)$$

となり，管内の断面平均流速は $V \fallingdotseq 1.02\,\mathrm{m/s}$ と求められる． ■

7.2.3 急拡大管

図 7.4 のように，上流側の小さい断面積の管が大きい断面積の管につながる管路要素を急拡大管という．急拡大管では流れが上流の小さいほうの管の出口端ではく離して，急拡大部に低圧のはく離渦領域が形成される．損失係数は低圧のはく離渦領域で生じるので，破線のような検査面を設定し，これに運動量の法則を適用してみよう．小さいほうの管の流速を V_1，断面積を A_1，大きいほうの管の流速を V_2，断面積を A_2，流体の密度を ρ とすると，単位時間に検査面内に流入する流体の運動量は $\rho {V_1}^2 A_1$，流出する運動量は $\rho {V_2}^2 A_2$ となる．また，はく離渦領域に囲まれた上流の管の出口端の圧力 p_1 は，急拡大管の拡大部の表面圧力である p_f に近似的に等しいの

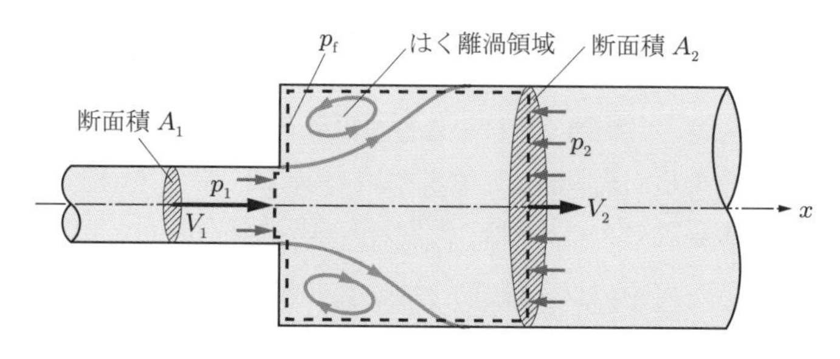

図 7.4　急拡大管

で，運動量の法則より次式が成り立つ．

$$\rho {V_2}^2 A_2 - \rho {V_1}^2 A_1 = (p_1 - p_2) A_2 \tag{7.7}$$

急拡大管の損失ヘッドを Δh とおくと，検査面の上流側と下流側の間で拡張されたベルヌーイの式は次式となる．

$$\frac{{V_1}^2}{2g} + \frac{p_1}{\rho g} = \frac{{V_2}^2}{2g} + \frac{p_2}{\rho g} + \Delta h \tag{7.8}$$

式 (7.7) を連続の式 $V_1 A_1 = V_2 A_2$ で変形した後，式 (7.8) に代入すると

$$\Delta h = \frac{(V_1 - V_2)^2}{2g} \tag{7.9}$$

が得られる．これを変形すると

$$\Delta h = \frac{\{V_1(1 - V_2/V_1)\}^2}{2g} = \left(1 - \frac{A_1}{A_2}\right)^2 \frac{{V_1}^2}{2g} = \zeta \frac{{V_1}^2}{2g} \tag{7.10}$$

と表されるので，急拡大管の損失係数 ζ は次式で与えられる．

$$\zeta = \left(1 - \frac{A_1}{A_2}\right)^2$$

7.2.4 急縮小管

図 7.5 のように，流体が断面積が A_1 である直径の大きな管から断面積が A_2 である直径の小さな管へ流れるとき，この管路要素を急縮小管という．流れは，急縮小部の前方ではく離して圧力の高いはく離渦領域を形成し，その後，直径の小さい管の入口端ではく離して低圧のはく離渦領域を形成する．そのため，下流の管の有効な流路断面積はいったん A_c にまで縮小した後に管の断面積 A_2 にまで広がる．この縮流部における縮流係数は $C_c = A_c/A_2$ である．急縮小部の上流で流路の断面積が減少し，

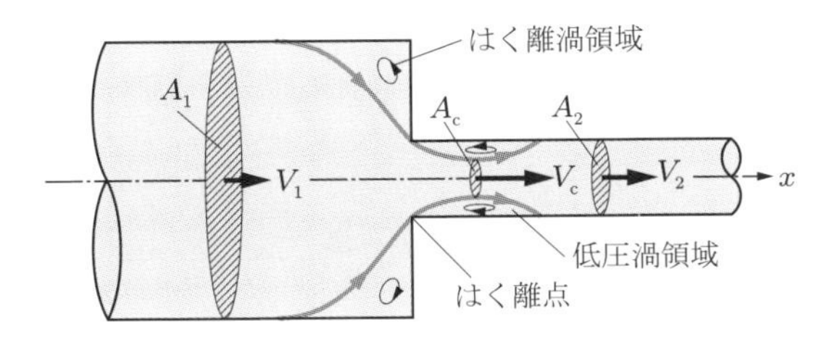

図 7.5 急縮小管

流速が加速する領域では流動損失はほとんど生じないので，急縮小管における損失ははく離点下流の低圧渦領域で生じる．流路断面積が A_c である縮流部における流速を V_c として，流路断面積が A_c から A_2 にまで増加する領域に対して急拡大管における損失ヘッドの結果を適用すると

$$\Delta h = \frac{(V_c - V_2)^2}{2g} = \left(\frac{V_c}{V_2} - 1\right)^2 \frac{{V_2}^2}{2g} \tag{7.11}$$

と書ける．連続の式 $A_cV_c = A_2V_2$ および縮流係数 $C_c = A_c/A_2$ を用いると，式 (7.11) は

$$\Delta h = \left(\frac{A_2}{A_c} - 1\right)^2 \frac{{V_2}^2}{2g} = \left(\frac{1}{C_c} - 1\right)^2 \frac{{V_2}^2}{2g} = \zeta \frac{{V_2}^2}{2g} \tag{7.12}$$

と変形できるので，急縮小管の損失係数は次式とすることができる．

$$\zeta = \left(\frac{A_2}{A_c} - 1\right)^2 = \left(\frac{1}{C_c} - 1\right)^2$$

なお，C_c の値は A_2/A_1=0.1 のとき約 0.6 となる．

7.2.5 広がり管

図 7.6 のように管の断面積を緩やかに広げ，管内の流速を低下させることにより流体の運動エネルギーを圧力エネルギーに変換させる管路要素を，広がり管または**ディフューザ**（diffuser）という．

ディフューザでは，上流の断面積が下流で拡大する点が急拡大管と類似するので，その圧力損失は急拡大管の場合と同様に $(V_1 - V_2)^2$ に比例すると考えられる．ただ，ディフューザの断面積は緩やかに増加するので，一般に損失係数は急拡大管の場合より小さくなると推定される．したがって，ディフューザの損失ヘッド Δh は，式 (7.9) の急拡大管の損失ヘッドに ξ を掛けて次式のように表される．

$$\Delta h = \xi \frac{(V_1 - V_2)^2}{2g} \tag{7.13}$$

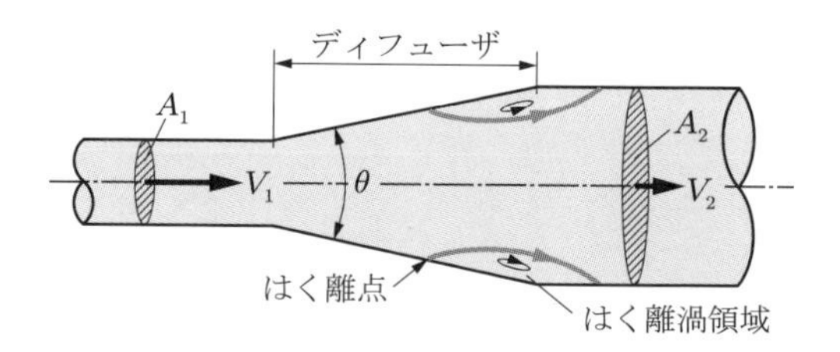

図 7.6　ディフューザ

これを式 (7.10) と同様の形で表すと，損失ヘッドは次式となる．

$$\Delta h = \xi\frac{(V_1 - V_2)^2}{2g} = \xi\left(1 - \frac{A_1}{A_2}\right)^2\frac{{V_1}^2}{2g} = \zeta\frac{{V_1}^2}{2g} \tag{7.14}$$

すなわち，ディフューザの損失係数 ζ は，式 (7.10) の急拡大管の損失係数に ξ を掛けた式

$$\zeta = \xi\left(1 - \frac{A_1}{A_2}\right)^2 \tag{7.15}$$

で与えられる．したがって，ξ は，管路の断面積比 A_1/A_2 ごとに異なる急拡大管の損失係数に対するある種の修正係数とみなせる．ξ の値は図 7.7 のように広がり角 θ に大きく依存して変化する．図より $\theta = 180°$ のとき $\xi = 1$ となるので，式 (7.15) は急拡大管の損失係数と一致する．

ディフューザの損失は，ディフューザの内壁に生じる摩擦と広がり流路の途中に生じるはく離に起因する．広がり角 θ が小さくはく離が生じない場合には，下流に向かって流路が広がるため流速が減少するので，壁面摩擦は上流の円管部分より減少す

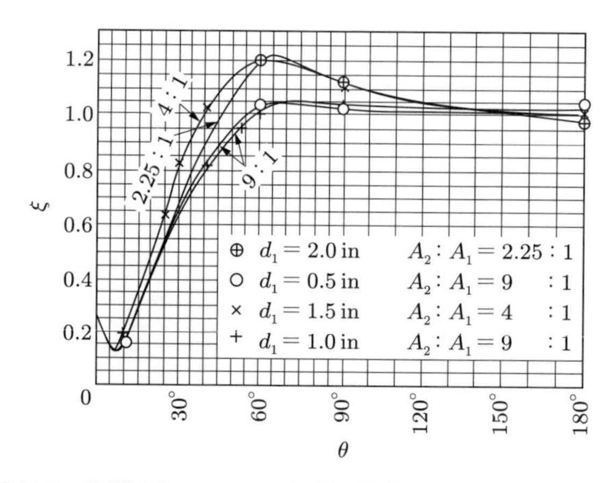

図 7.7　円形断面ディフューザの修正係数 ξ
（日本機械学会編，「機械工学便覧 流体工学」より転載）

る．そのため，広がり角 θ がある臨界値のとき ξ は最小となる．しかし，θ が臨界値より大きくなるとディフューザの内部ではく離が生じ，θ の増加とともにはく離渦領域が増大して損失が急激に大きくなる．これは，当初ディフューザの下流部分に生じたはく離が，θ の増加とともに次第に上流に拡大するためである．図 7.7 より円形断面のディフューザでは約 $\theta = 6°$ のとき $\xi = 0.135$ の最小値となる．また，長方形断面のディフューザでは約 $\theta = 11°$ のとき $\xi = 0.175$ の最小値をとる．

流体がディフューザ内を通過する際に減少して失った速度エネルギーに対して，増加した圧力エネルギーの比 η を圧力回復率といい，次式で定義される．

$$\eta = \frac{p_2 - p_1}{(1/2)\rho\,({V_1}^2 - {V_2}^2)} \tag{7.16}$$

もし，ディフューザの内部で損失が生じなければ，減少した速度エネルギーはすべて圧力エネルギーに変換されるので，η は 100% となる．このことは，圧力回復率 η が損失の大きさに依存することを示している．ディフューザの出入口におけるベルヌーイの式 (7.8) の中の圧力損失ヘッド Δh に，式 (7.14) を代入すると次式となる．

$$p_2 - p_1 = \frac{1}{2}\rho\,({V_1}^2 - {V_2}^2) - \xi\left(1 - \frac{A_1}{A_2}\right)^2\left(\frac{1}{2}\rho {V_1}^2\right)$$

これを式 (7.16) に代入することにより，ξ と圧力回復率 η との関係式が得られる．

$$\eta = 1 - \xi\frac{1 - (A_1/A_2)}{1 + (A_1/A_2)} \tag{7.17}$$

例題 7.2 出入口の直径比が $d_2/d_1 = 3$ で，広がり角が $\theta = 20°$ である円形断面ディフューザがある．このディフューザの圧力回復率 η を求めよ．

解 図 7.7 より $\theta = 20°$ のとき $\xi = 0.43$ と読み取れるので，式 (7.17) より

$$\eta = 1 - \xi\frac{1 - (d_1/d_2)^2}{1 + (d_1/d_2)^2} = 1 - 0.43 \times \frac{1 - (1/3)^2}{1 + (1/3)^2} = 0.656$$

となる．圧力回復率は 65.6% である． ■

7.2.6 細まり管

図 7.8 のように管の断面積が緩やか縮小し，流速を増加させることにより管内流体の圧力エネルギーを運動エネルギーに変換させる管路要素を，細まり管または**ノズル** (nozzle) という．ノズルは第 4 章で述べた流量計測だけでなく，管路系で幅広く利用されている．ノズルの損失ヘッド Δh は

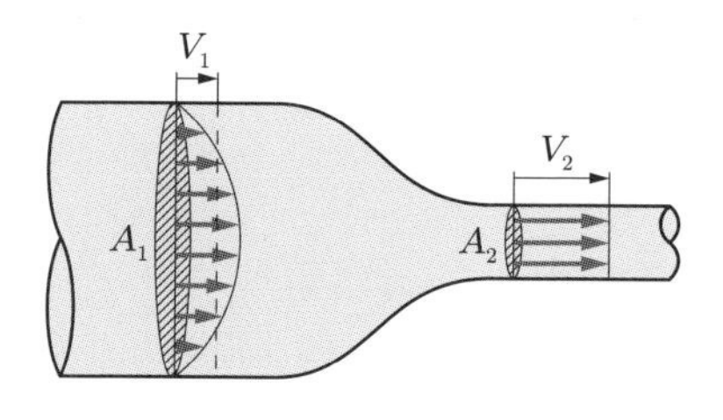

図 7.8　ノズル

$$\Delta h = \zeta \frac{{V_2}^2}{2g} \tag{7.18}$$

と表される．ノズル内部で流体は内壁面に沿って流れるので，ノズルの損失は流体と壁面との摩擦によって生じる．したがって，その損失係数 ζ は他の管路要素に比べてきわめて小さく，絞り面積比 A_2/A_1 および絞り形状によって異なるが，$\zeta = 0.04$ 程度である．ノズル内部では，ノズル出口に向かって流速が増加するとともに壁面上の境界層は薄い層流境界層となり，管中央部の流れの速度分布の一様化が進行する．このため，ノズルは上流の非一様な流れ場を整流する場合にも利用することができる．

7.2.7 曲がり管

曲がり管には図 7.9 に示すように，**ベンド**（bend）とよばれる大きな曲率半径をもって緩やかに曲がる管と，**エルボ**（elbow）とよばれる小さな曲率半径で急角度に曲がる管とがある．曲がり角 θ が等しい場合の損失はベンドのほうが一般的に小さいが，はく離渦領域の形成など内部流れパターンは類似しているので，以下はベンドについて述べる．

図 7.9 のように，流体が曲がり管に沿って流れるとき曲がり部の流体には遠心力が作用し，そのため曲がり部の外側の壁面で圧力が上昇し，内側の壁面の圧力は低下する．したがって，流れは，外側の壁面では圧力の上昇域のすぐ上流ではく離し，内側

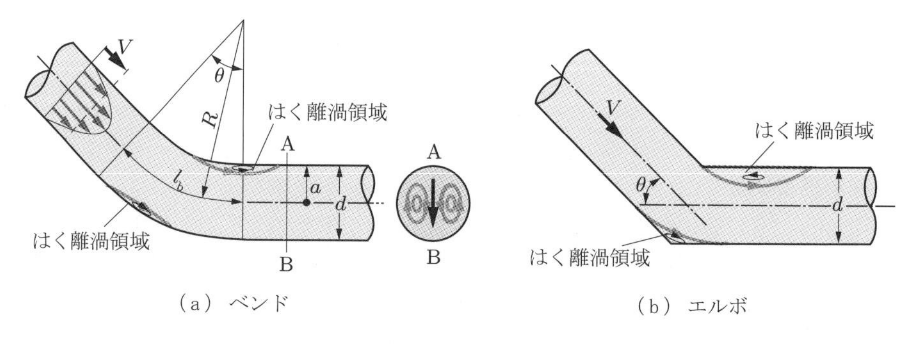

図 7.9　曲がり管の内部の流れ

の壁面では圧力の低下域ではく離し，二つのはく離渦領域を形成する．さらに管の中心近くの流体の流速は大きいので，管壁近くの流体に比べて遠心力が大きく作用する．このため，中心付近の流体は図 (a) の断面 AB において外側に向かって流れを生じる．これを**二次流れ**（secondary flow）という．したがって，曲がり管の圧力損失ヘッド Δh は，曲がり管の長さ l_b の区間に作用する摩擦による損失に，はく離および二次流れによる損失が加わるので，

$$\Delta h = \left(\lambda \frac{l_b}{d} + \zeta\right)\frac{V^2}{2g} = \zeta_b \frac{V^2}{2g} \tag{7.19}$$

と表される．損失係数 ζ_b は，管の断面形状および曲がりの角度と曲率半径などによって異なるので，実験的に定められる．

ベンドの損失係数 ζ_b は，円管内の断面平均流速を V，円管の内径を d，内半径を a，曲率半径を R，曲がり角を $\theta\,[^\circ]$，レイノルズ数を $Re = Vd/\nu$ とすると，次の実験式

$$\left.\begin{aligned}
\zeta_b &= 0.00276\alpha\theta Re^{-0.2}\left(\frac{R}{a}\right)^{0.9} \quad \left(6 < Re\left(\frac{a}{R}\right)^2 < 91\right)\\
\zeta_b &= 0.00241\alpha\theta Re^{-0.17}\left(\frac{R}{a}\right)^{0.84} \quad \left(Re\left(\frac{a}{R}\right)^2 > 91\right)
\end{aligned}\right\} \tag{7.20}$$

で与えられる．なお，式 (7.20) 中の α は曲がり角 θ に対して次式となる．

$$\left.\begin{aligned}
\alpha &= 1 + 14.2\left(\frac{R}{a}\right)^{-1.47} \quad (\theta = 45^\circ)\\
\alpha &= 0.95 + 17.2\left(\frac{R}{a}\right)^{-1.96} \quad \left(\theta = 90^\circ,\ \left(\frac{R}{a}\right) < 19.7\right)\\
\alpha &= 1 \quad \left(\theta = 90^\circ,\ \left(\frac{R}{a}\right) > 19.7\right)\\
\alpha &= 1 + 116\left(\frac{R}{a}\right)^{-4.52} \quad (\theta = 180^\circ)
\end{aligned}\right\} \tag{7.21}$$

なお，エルボの損失係数については次の実験式がある．

$$\zeta_b = 0.946\sin^2\left(\frac{\theta}{2}\right) + 2.047\sin^4\left(\frac{\theta}{2}\right) \tag{7.22}$$

例題 7.3 長さが 10 m，直径が $d = 60$ mm のまっすぐな 2 本の円管が，図 7.9(b) のように急角度に曲がるエルボにより直角（$\theta = 90^\circ$）につながれた円管路がある．

これに 30 L/min の水を流すとき，この円管路の損失ヘッド Δh を求めよ．ただし，円管の管摩擦係数は $\lambda = 0.03$ とする．

解 まず，$\theta = 90°$ のエルボの損失係数 ζ_b を式 (7.22) より見積もると

$$\zeta_b = 0.946 \sin^2\left(\frac{90°}{2}\right) + 2.047 \sin^4\left(\frac{90°}{2}\right) \fallingdotseq 0.98$$

となる．次に，流量を $Q\,[\mathrm{m^3/s}]$ とすると，円管内の断面平均流速 V は，

$$V = \frac{Q}{(\pi/4)d^2} = \frac{(30/60) \times 10^{-3}}{(\pi/4) \times 0.06^2} = 0.1769\,\mathrm{m/s}$$

と求められる．したがって，円管路の損失ヘッド Δh は，円管の摩擦損失ヘッドとエルボの損失ヘッドの和として次式から得られる．

$$\Delta h = \lambda \frac{l}{d}\frac{V^2}{2g} + \zeta_b \frac{V^2}{2g} = 0.03 \times \frac{20}{0.06} \times \frac{0.1769^2}{2 \times 9.8} + 0.98 \times \frac{0.1769^2}{2 \times 9.8}$$

$$= 0.0175\,\mathrm{m} = 17.5\,\mathrm{mm}$$

この例題の場合，エルボによる損失が摩擦損失の約 10% に相当することがわかる． ■

7.2.8 弁

弁（valve）は，その内部の抵抗体による損失を変化させて，管路の流量を調節するために使用される．代表的な弁として**仕切弁**（gate valve），**玉形弁**（globe valve），**蝶形弁**（butterfly valve）および**ボール弁**（ball valve, cock）とよばれるものがある．それらの構造の概略を図 7.10 に示している．弁の損失ヘッドもまた式 (7.3) で定義される．ただし，その損失係数 ζ は，個々の実際の弁構造が多様であるため，系統的には表されていない．

各種の弁の中で仕切弁は，弁体とよばれる平板で流路を狭める単純な構造で，弁開度を全開にしたときの損失係数がきわめて小さい．また，全閉にしたときに流量を完全にゼロ（損失係数が無限大）に遮断することができるので，種々の工業分野で多用

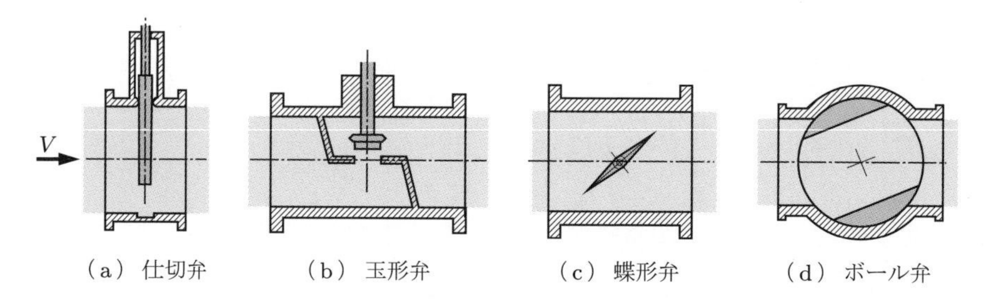

（a） 仕切弁　（b） 玉形弁　（c） 蝶形弁　（d） ボール弁

図 7.10 各種の弁の構造

されている．弁体を単純な平板とした場合の各種仕切弁モデルの弁開度 l/d に対する損失係数 ζ は，表 7.1 のようになる．図 7.11 は，3 種の仕切弁モデルおよび市販の凸型仕切弁の損失係数 ζ を，円管の断面積に対する仕切弁の開口部の面積の比である開口面積比 m に対して示したものである．仕切弁モデルに対する損失係数は，仕切弁の形状によらず 1 本の曲線で表される．ただし，市販の凸型仕切弁の損失係数は，弁開度が大きくなるにつれ弁体のガイド溝などの影響が顕著になり，仕切弁モデルの曲線より大きい値をとるようになる．

表 7.1 仕切弁の弁開度 l/d と損失係数 ζ

l/d	0.2	0.3	0.4	0.5	0.6	0.7	0.8
凸型	38.07	—	4.07	—	0.84	—	0.04
平型	—	24.83	10.03	4.05	1.61	0.69	0.19
凹型	—	—	17.40	—	3.68	—	0.53

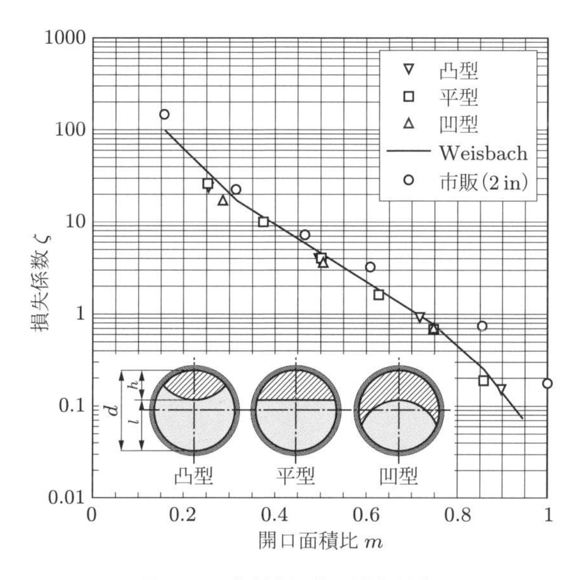

図 7.11 各種仕切弁の損失係数 ζ

7.2.9 その他の管路要素

以上に述べた管路要素のほかに，管路内の流量を測定するための管オリフィス，管ノズルおよびベンチュリ管においても圧力損失が生じる．これらの絞り流量計の損失係数 ζ は，絞り部の開口面積比 m $(=(d_o/d)^2$；d_o は開口部の直径，d は円管直径) に依存し，m が小さい場合ほど大きく，同じ m であれば管オリフィス，管ノズルおよびベンチュリ管の順に大きくなる．

流量計に流入する流れが軸対称な管内流れとなっていない場合，流量計による測定値に誤差を生じることがある．そのため，流量計の上流には十分な長さのまっすぐな円管部分が必要とされている．この長さを短縮するため，あるいは不均一な流れを均一に整流するため，しばしば整流装置が用いられる．整流装置には主に**金網**（woven screen），**多孔板**（porous plate）および蜂の巣状の流路をもつ**ハニカム**（honeycomb）などがある．金網の損失係数 ζ は，一般に開口面積比 m $(= (1 - d_w/l)^2$；d_w は金網の素線径，l は素線間のピッチ）とレイノルズ数 Re $(= V \cdot d_w/\nu$；V は管断面平均流速）によって変化するが，図 7.12 に示すように，レイノルズ数 Re がおよそ 800 以上になると m のみに依存する一つの曲線の式

$$\zeta = \frac{0.85(1 - m)}{m^2} \tag{7.23}$$

で表される．

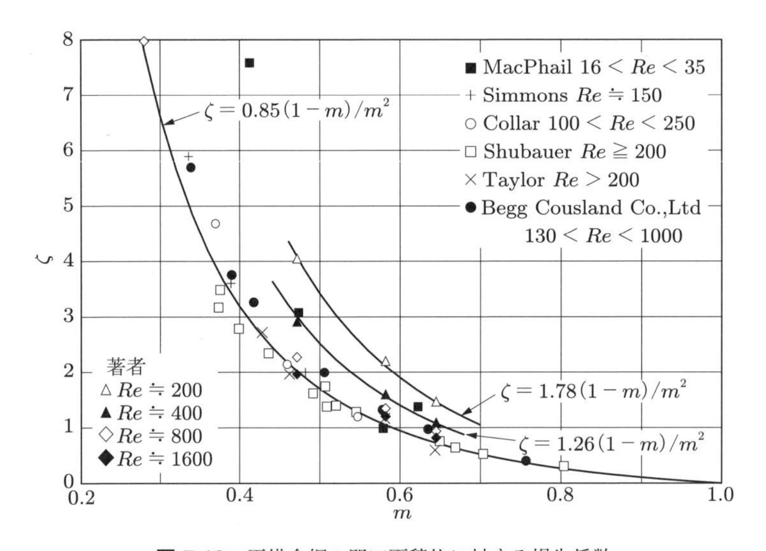

図 7.12　平織金網の開口面積比に対する損失係数

図 7.13 および図 7.14 のように管路の途中で流れが分岐したり，合流したりする場合も多く存在する．分岐管では分岐前の流速 V_1 が，合流管では合流後の流速 V_3 がもっとも大きいので，これまでの管路要素の場合と同様に大きいほうの速度を基準にとって圧力損失ヘッドを求める．

図 7.13 に示す分岐管の場合，管①から管②までの間の損失係数を ζ_{12} とするとその損失ヘッド Δh_{12} は式 (7.24a) で，管①から管③までの間の損失係数を ζ_{13} とするとその損失ヘッド Δh_{13} は式 (7.24b) で表される．

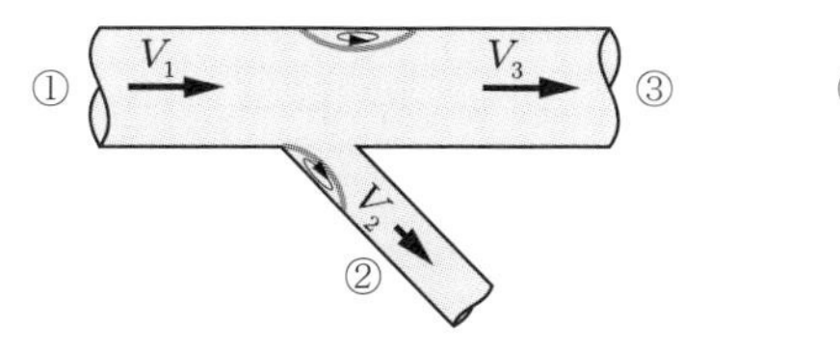

図 7.13 分岐管

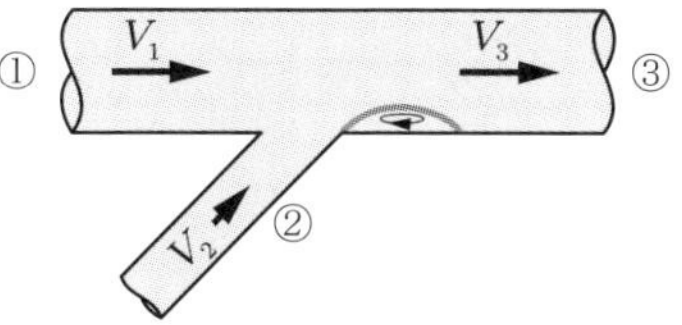

図 7.14 合流管

$$\Delta h_{12} = \zeta_{12}\frac{{V_1}^2}{2g} \tag{7.24a}$$

$$\Delta h_{13} = \zeta_{13}\frac{{V_1}^2}{2g} \tag{7.24b}$$

一方，図 7.14 に示す合流管の場合，管①から管③までの間の損失係数を ζ_{13} とするとその損失ヘッド Δh_{13} は式 (7.25a) で，管②から管③までの間の損失係数を ζ_{23} とするとその損失ヘッド Δh_{23} は式 (7.25b) で表される．

$$\Delta h_{13} = \zeta_{13}\frac{{V_3}^2}{2g} \tag{7.25a}$$

$$\Delta h_{23} = \zeta_{23}\frac{{V_3}^2}{2g} \tag{7.25b}$$

例題 7.4 長さが $l = 20\,\mathrm{m}$，直径が $d = 60\,\mathrm{mm}$ のまっすぐな円管を用いて水を輸送する．円管路の途中には上流から順に流量調整用の凸型仕切弁，整流のための平織金網（開口面積比 $m = 0.5$），流量測定のためのオリフィスが設置されている．仕切弁の弁開度を 0.4 に保った状態でオリフィスにより流量 Q を測定したところ，$Q = 30\,\mathrm{L/min}$ であった．この円管路全体の損失ヘッド Δh を求めよ．ただし，円管の管摩擦係数を $\lambda = 0.03$，オリフィスの損失係数を $\zeta_0 = 4.0$ とする．

解 この円管の内径とその中を流れる水の流量が例題 7.3 と同じであるので，円管内の断面平均流速は $V = 0.1769\,\mathrm{m/s}$ であることがわかる．次に，管路要素である仕切弁および金網の損失係数をそれぞれ ζ_v，ζ_s として，それらの損失係数を求めることにする．

〈仕切弁〉弁開度が 0.4 であるので，表 7.1 より $\zeta_\mathrm{v} = 4.07$ であることがわかる．

〈金網〉開口面積比が $m = 0.5$ であるので，式 (7.23) により見積もることができる．

$$\zeta_\mathrm{s} = \frac{0.85(1-m)}{m^2} = \frac{0.85 \times (1-0.5)}{0.5^2} = 1.7$$

〈オリフィス〉$\zeta_\mathrm{o} \fallingdotseq 4.0$ である．

したがって，円管路全体の損失ヘッド Δh は円管の摩擦損失ヘッドと各管路要素の損失ヘッドの和であるので，次式から求められる．

$$\Delta h = \lambda \frac{l}{d}\frac{V^2}{2g} + (\zeta_{\mathrm{v}} + \zeta_{\mathrm{s}} + \zeta_{\mathrm{o}})\frac{V^2}{2g}$$

$$= \left\{\left(0.03 \times \frac{20}{0.06}\right) + (4.07 + 1.7 + 4.0)\right\} \times \frac{0.1769^2}{2 \times 9.8} \fallingdotseq 0.0316\,\mathrm{m}$$

この場合，損失ヘッド 31.6 mm のうち，約 1/2 が管路要素に起因することがわかる． ■

7.3 管路系の総損失

7.1 節でも述べたように，実際の管路ではさまざまな管路要素が組み合わされている．それらの管路要素による損失と摩擦による損失が生じるため，管路内の圧力や速度はその入口から出口に向かって次々に変化する．

図 7.15 は，上流にある水槽から下流にある水槽に向かって水が流れる管路の例を示している．管路の途中にマノメータを立てると，その断面における静圧に相当する圧力ヘッドの分だけ水面が上昇する．すなわち，図中の実線は静圧の変化過程を示している．図において，水槽①および水槽②の水面および管路途中の 3 箇所の間に拡張されたベルヌーイの式 (7.1) を適用すると，

$$z_1 = \underbrace{\frac{V^2}{2g} + \underbrace{\frac{p}{\rho g} + z}_{\text{水力勾配線}}}_{\text{エネルギー勾配線}} + h_l = z_2 + h_{l2} \tag{7.26}$$

と表される．基準面からの管路の高さを z とすると，図中の実線は圧力ヘッド $(p/\rho g)$ と位置ヘッド z の和を表し，**水力勾配線**（hydraulic grade line）とよばれる．また，速度ヘッド $(V^2/2g)$ は，管末のディフューザまでは管断面積に変化がなく断面平均

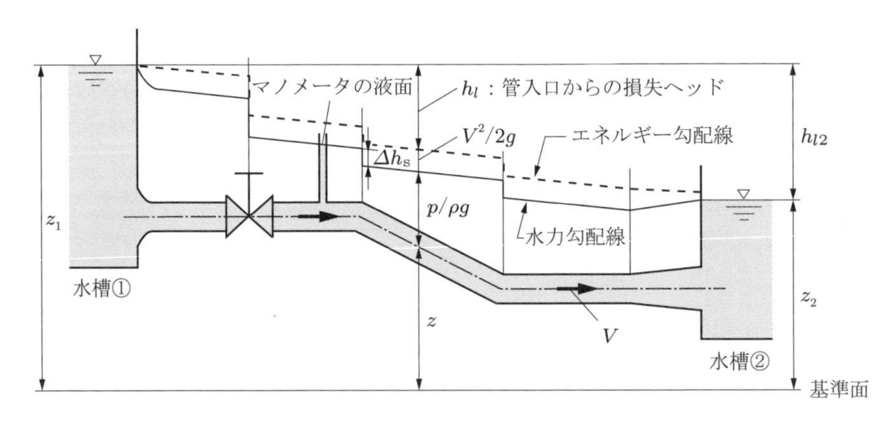

図 7.15　管路の圧力ヘッドと損失ヘッドの変化

流速 V が一定であるので，水力勾配線と平行な破線で描かれている．この破線は**エネルギー勾配線**（energy grade line）とよばれる．式 (7.26) 中の h_l は，管入口から任意の位置までの摩擦損失ヘッドと管路要素による損失ヘッドの和である．水槽①と水槽②との間では，ベルヌーイの定理は

$$z_1 - z_2 = h_{l2} \tag{7.27}$$

となる．式 (7.27) は，管路の総損失ヘッド h_{l2} が水槽①と水槽②との水面高さの差（$z_1 - z_2$）として現れることを意味する．また，総損失ヘッド h_{l2} は，管路の各部 i における摩擦損失ヘッド $(\Delta h_\mathrm{f})_i$ と管路要素の損失ヘッド $(\Delta h_\mathrm{s})_i$ との総和であるので，次式のように表される．

$$h_{l2} = \sum_i (\Delta h_\mathrm{f})_i + \sum_i (\Delta h_\mathrm{s})_i = \sum_i \lambda_i \frac{l_i}{d_i}\frac{V_i^2}{2g} + \sum_i \zeta_i \frac{V_i^2}{2g} \tag{7.28}$$

演習問題

7.1 図 6.13 のように，十分大きな水槽の側面につながったまっすぐで滑らかな表面の円管路の末端から，水温 20 ℃ の水を噴出させる．円管は直径が $d = 40\,\mathrm{mm}$，長さが $l = 100\,\mathrm{m}$ である．$z = 3\,\mathrm{m}$ とするとき，円管の末端における流速 V を求めよ．ただし，管路の管摩擦係数は $\lambda = 0.022$，管路入口部における損失係数は $\zeta_\mathrm{e} = 0.5$ とする．

7.2 図 4.19 と同じ管路系において水を噴き上げるものとする．管路の全長は $l = 150\,\mathrm{m}$ で，その直径は $d_\mathrm{p} = 50\,\mathrm{mm}$，ノズル出口の直径は $d_\mathrm{n} = 20\,\mathrm{mm}$ である．また，$z_\mathrm{w} = 10\,\mathrm{m}$，$z_\mathrm{e} = 1\,\mathrm{m}$，$z_\mathrm{n} = 3\,\mathrm{m}$ である．水の密度は $\rho = 1000\,\mathrm{kg/m^3}$，タンク内の水面変化は無視できるものとして，ノズル出口の流速 V_n，管路内の流速 V_p および水の噴き出す高さ H を求めよ．ただし，管路の管摩擦係数は $\lambda = 0.02$，損失係数は管路入口部を $\zeta_1 = 0.5$，曲がり部を $\zeta_2 = 1.0$，ノズル部を $\zeta_3 = 0.05$ とする．

なお，本問題は演習問題 4.9 および演習問題 6.5 と同じ流れ場を対象としているが，流体の粘性効果の取り扱い方が異なっている．演習問題 4.9 では粘性効果をすべて無視し，演習問題 6.5 では粘性効果を管摩擦のみに限定している．本問題では粘性による摩擦損失と管路要素による形状損失の両方を考慮しているので，より現実的な結果を得ることができる．

7.3 図 7.16 のように，大きいタンクから内径 $d = 60\,\mathrm{mm}$，全長 $l = 120\,\mathrm{m}$ の管路を用いて管路先端にある内径 $d_\mathrm{n} = 20\,\mathrm{mm}$ のノズルから水を噴き上げるものとする．水の密度が $\rho = 1000\,\mathrm{kg/m^3}$，各位置が $z_\mathrm{w} = 10\,\mathrm{m}$，$z_\mathrm{c} = 2\,\mathrm{m}$，$z_\mathrm{p} = 3\,\mathrm{m}$ であるとき，管路内の水の速度 V，ノズル出口の噴流の速度 V_n および上昇高さ z_n を求めよ．ただし，管路の管摩擦係数は $\lambda = 0.02$，損失係数は管路入口部を $\zeta_1 = 1.0$，各曲がり部を $\zeta_2 = 0.5$，ノズル部を $\zeta_3 = 0.05$，弁を $\zeta_4 = 2.0$ とする．

7.4 図 7.16 に示したタンクを密閉し，図 7.17 のように加圧空気槽をもつタンクに改造し，

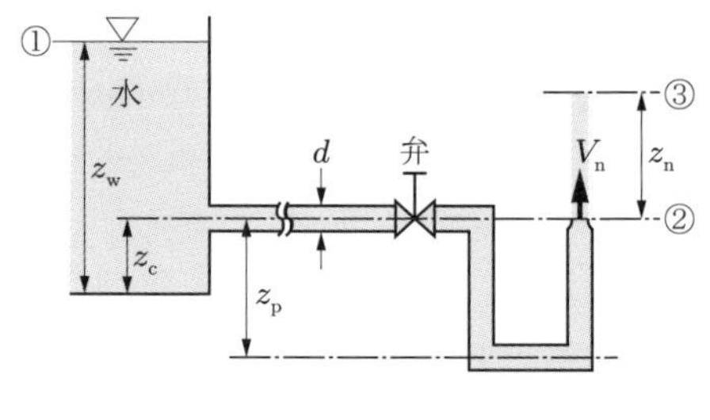

図 7.16

その空気槽をブロワにより常時 100 kPa のゲージ圧力に加圧している．管路の全長と内径，ノズル先端の内径，各 z の位置，および管路の管摩擦係数と損失係数はすべて前問 7.3 の場合と同じであるとき，管路内の水の速度 V，ノズル出口の噴流の速度 V_n および上昇高さ z_n を求めよ．

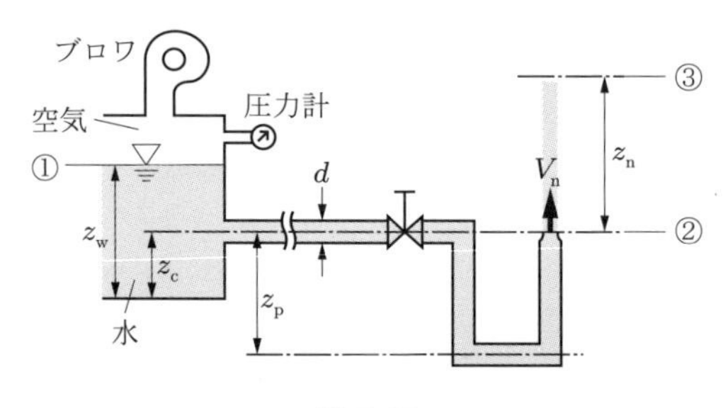

図 7.17

7.5 図 7.18 に示すように，滑らかな円管を用いてポンプにより貯水池からその上方にある大型水槽に水を $1.2\,\mathrm{m^3/min}$ 送るものとする．ポンプの吸込管 A と吐出管 B の直径と長さは，それぞれ $d_A = 50\,\mathrm{mm}$，$l_A = 5\,\mathrm{m}$，$d_B = 100\,\mathrm{mm}$，$l_B = 10\,\mathrm{m}$ である．水の動粘度は $\nu = 1.0 \times 10^{-6}\,\mathrm{m^2/s}$ である．以下の問い (1)〜(3) の順に答えよ．ただし，吸込管 A および吐出管 B の管摩擦係数 λ_A および λ_B はムーディ線図から読み取ることができ，損失係数は吸込管入口と吐出管出口を $\zeta_e = 1.0$，各曲がり部を $\zeta_b = 0.5$，仕切弁を $\zeta_v = 5.0$ とする．

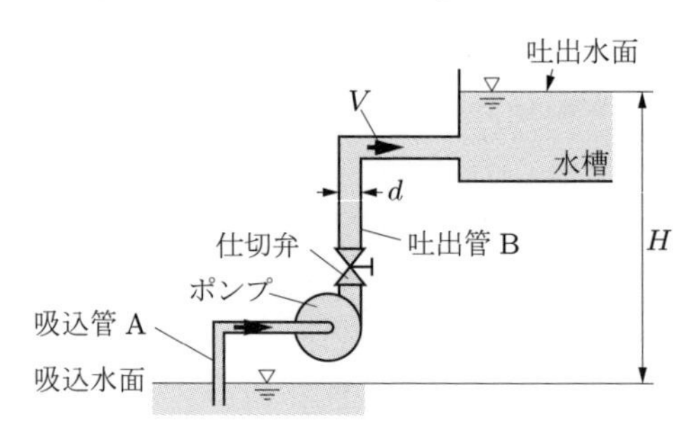

図 7.18

(1) 吸込管 A および吐出管 B の断面平均流速 V_{A}，V_{B} を求めよ．

(2) 吸込管 A および吐出管 B 内の流れのレイノルズ数 Re_{A}，Re_{B} を求めよ．

(3) 管路全体の損失ヘッド h_l を求めよ．

7.6 図 7.19 のように，大小二つの異なる直径をもつ配管系を用いて，十分大きいタンクから水を輸送して，管路先端から噴出させるものとする．大きいほうの円管の直径は $D = 50\,\mathrm{mm}$，長さは $l_D = 5\,\mathrm{m}$，小さいほうの円管の直径は $d = 25\,\mathrm{mm}$，長さは $l_d = 25\,\mathrm{m}$ である．また，各 z 位置は $z_{\mathrm{w}} = 30\,\mathrm{m}$，$z_{\mathrm{c}} = 1\,\mathrm{m}$，$z_{\mathrm{p}} = 5\,\mathrm{m}$ である．大きい直径の管路内の流速 V_D，小さい直径の管路内の流速 V_d および管路先端から噴流が上昇する高さ z_{n} を求めよ．ただし，水の密度を $\rho = 1000\,\mathrm{kg/m^3}$，円管路の管摩擦係数を $\lambda = 0.02$，各部の損失係数は管入口部を $\zeta_{\mathrm{e}} = 0.5$，各曲がり部を $\zeta_{\mathrm{b}} = 0.3$，バルブ部を $\zeta_{\mathrm{v}} = 1.2$，大小の円管を接続するためのノズル部を $\zeta_{\mathrm{n}} = 0.1$ とする．

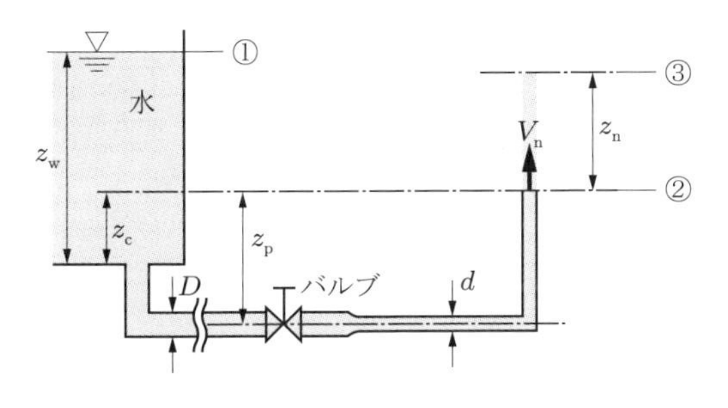

図 7.19

第8章 次元解析と相似則

第6章で，管摩擦による圧力損失が，レイノルズ数の関数である管摩擦係数，円管の直径に対する長さの比，および管内速度に基づく動圧に比例することを学んだ（ダルシー‐ワイスバッハの式）．これは，円管路内流れにおいて圧力損失という物理量が，管直径，管長さ，断面平均流速などの他の物理量間の組み合わせとして表されることを示している．このように，流れ現象を支配する物理量の相互関係を各物理量がもつ次元を利用して式で表そうとするものが次元解析である．本章では，この次元解析，および実物と模型との流れ現象を力学的に等しくするための相似性の条件について学ぶ．

8.1 単位と次元

速度，圧力，力などの物理量の大きさは，それぞれを表す基準量である**単位**（unit）と比較した数値で表される．ところが，一つの物理量を表す単位が国や用途によって多種に異なっている．たとえば，米国内ではヤード・ポンド法とよばれる伝統的な単位系が今でも用いられている．ヤード・ポンド法では，長さの単位はインチ [in]（$= 25.4\,\mathrm{mm}$），フィート [ft]（$= 12\,[\mathrm{in}]$），ヤード [yd]（$= 3\,[\mathrm{ft}]$）などで，質量の単位はポンド [lb]（$= 0.45359237\,[\mathrm{kg}]$）などで表される．このような単位の多様性は理工学分野では不便なので，国際的に単位の統一化が図られ，現在 **SI 単位系**（International System of Units）への統一が進められている．

SI 単位系は，長さ，質量，時間，温度，電流，物質量，光度の 7 種の物理量を表す基本単位と，これらを組み合わせて物理量を表す組立単位からなっている．とくに，力，圧力，エネルギーなどには組立単位で表す以外に，ニュートン [N]（$= \mathrm{m{\cdot}kg/s^2}$），パスカル [Pa]（$= \mathrm{N/m^2}$），ジュール [J]（$= \mathrm{N{\cdot}m}$）のような特有の名称が与えられ，また G（ギガ），M（メガ），k（キロ）のような接頭語も認められている．流れ学で使用する主な基本単位は，表 8.1 に示す長さ，質量，時間を表すメートル [m]，キログラム [kg]，秒 [s] である．

長さ，質量，時間のような互いに独立な基本的な物理量の概念を，表 8.1 に示す記号 $[L]$，$[M]$，$[T]$ で表すと，単位系に関係なくさまざまな物理量を，それらの組み合わせによって表すことができる．このような $[L]$，$[M]$，$[T]$，およびこれらを組み合

表 8.1 SI 基本単位と次元

物理量	次元	SI 基本単位	
		記号	名称
長さ	L	m	メートル
質量	M	kg	キログラム
時間	T	s	秒

わせた表示を**次元**（dimension）という．

8.2 次元解析

一般に物理現象は多くの物理量により支配されているが，その物理現象を表す等式がある場合，その各項のすべての次元は同じでなければならない．この物理的に意味のある等式の各項の次元が等しいということを利用して，対象とする物理現象を支配する物理量間の相互関係を見いだし，その物理現象を表す数式を求める解析方法を**次元解析**（dimensional analysis）という．複雑な現象を表す数式のおおよその形を導くのに有効な解析方法であるが，最終的に現象を表すのに不十分なところを実験などで補い，修正する必要がある．

次元解析を行うには，以下の**バッキンガムの π 定理**（Buckingham's π-theorem）が用いられる．いま，ある物理現象に対してそれに関係する物理量が n 個あり，それらを $q_1, q_2, \cdots, q_n$ とすると，それらの間には次式のような関数関係が成り立つ．

$$F(q_1, q_2, \cdots, q_n) = 0 \tag{8.1}$$

それらの物理量を次元で表すとき，その中に含まれる次元の数が k 個であるとする．このとき，物理現象は $(n-k)$ 個の無次元量 $\pi_1, \pi_2, \cdots, \pi_{n-k}$ の関係で表すことができ，次のような方程式に置き換えることができる．

$$f(\pi_1, \pi_2, \cdots, \pi_{n-k}) = 0 \tag{8.2}$$

例題 8.1 バッキンガムの π 定理を利用して，図 8.1 に示すように速度 U の一様な流れの中に置かれた直径 d の球の抗力 D に関する式を求めよ．

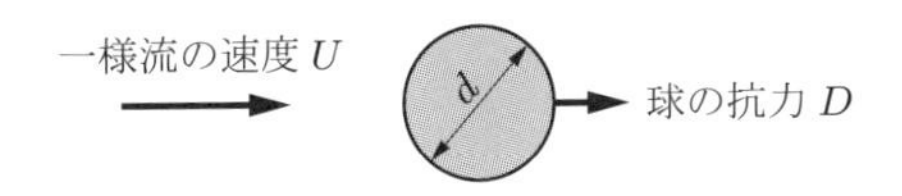

図 8.1 球の抗力の次元解析

解　流体の密度を ρ，粘度を μ とすると，球の抗力に関係する物理量は，U，D，d，ρ，μ の5個である．これらの物理量は $[L]$，$[M]$，$[T]$ の三つの次元からなるので，$n-k=2$ となる．したがって，球の抗力に関する現象は，次式のような2個の無次元量 π の関数として表すことができる．

$$f(\pi_1, \pi_2) = 0 \tag{8.3}$$

いま，5個の物理量のうち ρ，U，d を繰り返し変数として，無次元量 π_1，π_2 を

$$\pi_1 = \rho^{\alpha_1} U^{\beta_1} d^{\gamma_1} D, \qquad \pi_2 = \rho^{\alpha_2} U^{\beta_2} d^{\gamma_2} \mu \tag{8.4}$$

のようにおくことにする．次に，これらの次元を求めると

$$\begin{aligned}\pi_1 = \rho^{\alpha_1} U^{\beta_1} d^{\gamma_1} D &= \left[\frac{M}{L^3}\right]^{\alpha_1} \left[\frac{L}{T}\right]^{\beta_1} [L]^{\gamma_1} \left[\frac{LM}{T^2}\right] \\ &= [L]^{1-3\alpha_1+\beta_1+\gamma_1} [M]^{1+\alpha_1} [T]^{-2-\beta_1}\end{aligned}$$

$$\begin{aligned}\pi_2 = \rho^{\alpha_2} U^{\beta_2} d^{\gamma_2} \mu &= \left[\frac{M}{L^3}\right]^{\alpha_2} \left[\frac{L}{T}\right]^{\beta_2} [L]^{\gamma_2} \left[\frac{M}{LT}\right] \\ &= [L]^{-1-3\alpha_2+\beta_2+\gamma_2} [M]^{1+\alpha_2} [T]^{-1-\beta_2}\end{aligned}$$

となる．π_1，π_2 が無次元量であるためには，π_1，π_2 の右辺がそれぞれ $[L]^0$，$[M]^0$，$[T]^0$ とならなければならない．そのため，以下の関係が成り立つ．

$$\pi_1 : \quad \left.\begin{aligned} &1 - 3\alpha_1 + \beta_1 + \gamma_1 = 0 \\ &1 + \alpha_1 = 0 \\ &-2 - \beta_1 = 0 \end{aligned}\right\} \tag{8.5}$$

$$\pi_2 : \quad \left.\begin{aligned} &-1 - 3\alpha_2 + \beta_2 + \gamma_2 = 0 \\ &1 + \alpha_2 = 0 \\ &-1 - \beta_2 = 0 \end{aligned}\right\} \tag{8.6}$$

これらを連立して解き，その結果を式 (8.4) に代入すると，π_1，π_2 が得られる．

$$\pi_1 = \frac{D}{\rho U^2 d^2}, \qquad \pi_2 = \frac{\mu}{\rho U d} \ \left(= \frac{1}{Re}\right) \tag{8.7}$$

π 定理より

$$\pi_1 = f_1(\pi_2)$$

とできるので

$$\frac{D}{\rho U^2 d^2} = f_1\left(\frac{\mu}{\rho U d}\right) = f_1\left(\frac{1}{Re}\right) = f_2(Re)$$

$$\therefore \quad D = f_2(Re)\rho U^2 d^2 \tag{8.8}$$

という関係式が導かれる．d^2 は球の投影面積 $A = \pi d^2/4$ に，ρU^2 は一様流の動圧 $(1/2)\rho U^2$ にそれぞれ比例するので，式 (8.8) は

$$D = f_2(Re)2\left(\frac{1}{2}\rho U^2\right)\left(\frac{4A}{\pi}\right) \tag{8.9}$$

と書ける．ここで，$f_2(Re)$ はレイノルズ数 Re に依存する関数であるので，レイノルズ数の関数である抗力係数 C_D と関連させて $f_2(Re) = (\pi/8)C_\mathrm{D}$ とおき，これを式 (8.9) に代入すると

$$D = C_\mathrm{D}\left(\frac{1}{2}\right)\rho U^2 A \tag{8.10}$$

という関係式が得られる．式 (8.10) は，後述の球の抗力を示す式 (9.11) に相当する． ■

8.3 流れの相似則

ポンプや水車の内部流れや，航空機や高層建築まわりの流れなど，実際の流れは複雑であるので，同一形状の模型を用いた実験により流れが解析されることが多い．模型実験の結果を利用して実物まわりの流れや実物の作動状態を知るためには，**実物**（prototype）と**模型**（model）における流れが相似でなければならない．すなわち，実物と模型の間で幾何学的相似，運動学的相似および力学的相似の三つの相似条件が満足されなければならない．

8.3.1 幾何学的相似

実物と模型の形状が相似であるとき，**幾何学的相似**（geometric similarity）が成り立つ．この場合，実物と模型の対応する部分の寸法比はすべて等しくなる．

8.3.2 運動学的相似

実物と模型に対応する流線が幾何学的に相似で，同時に図 8.2 のように対応する点における実物の速度 v_p と模型の速度 v_m との比が一定であるとき，実物と模型との間には**運動学的相似**（kinematic similarity）が成り立つ．

図 8.2 実物と模型まわりの流れの運動学的相似

$$\frac{v_{\mathrm{m}}}{v_{\mathrm{p}}} = \mathrm{const.} \tag{8.11}$$

8.3.3 力学的相似

実物と模型の流れにおいて対応する流体粒子に作用する力の比が等しいとき，**力学的相似**（dynamic similarity）が成り立つ．流れ場の流体粒子に作用する力には，慣性力（= 質量 × 加速度）F_{I}，粘性による力 F_{V}，圧力による力 F_{P}，重力による力 F_{G}，弾性力（流体を圧縮するのに要する力）F_{C} および表面張力による力 F_{T} があり，これらはニュートンの運動方程式

$$F_{\mathrm{I}} = F_{\mathrm{V}} + F_{\mathrm{P}} + F_{\mathrm{G}} + F_{\mathrm{C}} + F_{\mathrm{T}} \tag{8.12}$$

を満たさなければならない．

力学的相似が成り立つ場合，実物と模型の流れに対して対応する点での力の比は，どの力に対しても一定となるので，実物と模型にそれぞれ添字 p と m をつけて表すと

$$\frac{F_{\mathrm{Im}}}{F_{\mathrm{Ip}}} = \frac{F_{\mathrm{Vm}}}{F_{\mathrm{Vp}}} = \frac{F_{\mathrm{Pm}}}{F_{\mathrm{Pp}}} = \frac{F_{\mathrm{Gm}}}{F_{\mathrm{Gp}}} = \frac{F_{\mathrm{Cm}}}{F_{\mathrm{Cp}}} = \frac{F_{\mathrm{Tm}}}{F_{\mathrm{Tp}}} = \mathrm{const.} \tag{8.13}$$

のように書ける．しかし，式 (8.13) に示すように実物と模型の流れに対してすべての力の比を一定に保つことは不可能である．

したがって，力学的相似を考えようとする流れ場において，式 (8.12) の右辺に示す力が同等には作用しないで，左辺の慣性力に見合う支配的な力が右辺に一つだけあると考える．その一つの力と慣性力について式 (8.13) のように力の比が一定であるとすることにより，さまざまな力学的相似則を考えることができるようになる．以下にそれらについて述べる．

(1) レイノルズの相似則

実物と模型の流れにおいて粘性力が支配的な力として作用する場合，式 (8.13) から慣性力と粘性力を取り出して

$$\frac{F_{\mathrm{Im}}}{F_{\mathrm{Ip}}} = \frac{F_{\mathrm{Vm}}}{F_{\mathrm{Vp}}} = \mathrm{const.} \tag{8.14}$$

とすることができる．これより次の関係が得られる．

$$\left(\frac{F_{\mathrm{I}}}{F_{\mathrm{V}}}\right)_{\mathrm{p}} = \left(\frac{F_{\mathrm{I}}}{F_{\mathrm{V}}}\right)_{\mathrm{m}} \tag{8.15}$$

これは，実物の流れにおける慣性力と粘性力の比を，模型の流れにおける慣性力と粘性力の比に一致させることで，力学的相似が成り立つことを示している．

ところで，慣性力 $F_{\rm I}$ と粘性力 $F_{\rm V}$ はどのように表せるであろうか．流れ場の代表長さを L，代表速度を V，密度を ρ とすると，質量は ρL^3，加速度は $dV/dt \sim V/(L/V) = V^2/L$ なので，慣性力 $F_{\rm I}$ は

$$F_{\rm I} = (\text{質量}) \times (\text{加速度}) \sim (\rho L^3) \times \left(\frac{V^2}{L}\right) = \rho L^2 V^2 \tag{8.16}$$

と表せる．一方，粘性による力 $F_{\rm V}$ は，

$$F_{\rm V} = (\text{せん断応力}) \times (\text{面積}) \sim \mu \left(\frac{V}{L}\right) \times L^2 = \mu V L \tag{8.17}$$

となる．式 (8.16) と式 (8.17) より，式 (8.15) に示す慣性力 $F_{\rm I}$ と粘性力 $F_{\rm V}$ の比は

$$\frac{F_{\rm I}}{F_{\rm V}} \propto \frac{\rho L^2 V^2}{\mu L V} = \frac{LV}{\nu} \equiv Re \tag{8.18}$$

と表され，レイノルズ数 Re に一致することがわかる．したがって，粘性力が主要な力として作用している二つの流れ場があるとき，それぞれの流れにおけるレイノルズ数が等しいならば，その二つの流れは力学的に相似であるといえる．これを**レイノルズの相似則**（Reynolds' similarity rule）という．粘性力が主要な力として作用する流れは非常に多いので，この相似則は流体力学においてもっとも基本的で重要なものである．たとえば，レイノルズ数は流れの圧力損失，物体の抗力，流れの遷移状況などに対する力学的相似を表す際の重要な無次元数となっている．

(2) フルードの相似則

重力による力 $F_{\rm G}$ が支配的な力として作用している流れ場では，実物と模型の流れに対して式 (8.13) から次式の関係が得られる．

$$\left(\frac{F_{\rm I}}{F_{\rm G}}\right)_{\rm p} = \left(\frac{F_{\rm I}}{F_{\rm G}}\right)_{\rm m} \tag{8.19}$$

これは，実物の流れにおける慣性力と重力による力の比と，模型の流れにおける慣性力と重力による力の比が一致するとき，力学的相似が成り立つことを示している．慣性力 $F_{\rm I}$ と重力による力 $F_{\rm G}$ の比は

$$\frac{F_{\rm I}}{F_{\rm G}} \propto \frac{\rho L^2 V^2}{\rho g L^3} = \frac{V^2}{gL} \tag{8.20}$$

と表されるが，一般に代表速度をレイノルズ数の場合に合わせるため，式 (8.20) の平方根をとって表される．したがって，式 (8.21) で表す**フルード数**（Froude number）が，

力学的相似の条件として用いられる．これを**フルードの相似則**（Froude's similarity rule）という．

$$Fr = \frac{V}{\sqrt{gL}} \tag{8.21}$$

船舶が進行するときの波は重力の作用によって生じ，その波のため船舶には造波抵抗が発生する．したがって，船舶による波や造波抵抗に関する模型実験では，フルード数を一致させる必要がある．

(3) 力学的相似を決めるその他の無次元数

流れに粘性による力や重力による力以外の力が顕著に作用する場合についても，次のような力学的相似の条件を表す無次元数がある．

- **オイラー数**

流れの圧力変化による力 F_P が主要な力である場合，圧力による力と慣性力の比が力学的相似の条件となる．圧力を p とおくとこれらの力の比は，

$$\frac{F_\mathrm{P}}{F_\mathrm{I}} \propto \frac{pL^2}{\rho L^2 V^2} = \frac{p}{\rho V^2} \equiv Eu \tag{8.22}$$

であり，**オイラー数**（Euler number）とよばれるものとなる．オイラー数は圧力変化を示す場合に適用できるが，通常は同種の形をもつ圧力係数 $C_\mathrm{p} = p/(1/2)\rho V^2$ を用いることが多い．

- **ウェーバ数**

一つの液体がほかの流体や固体などと接する面をもつ場合，液体の表面張力による力が重要となる．この場合，慣性力 F_I と表面張力による力 F_T の比が一致することが，実物と模型の流れの力学的相似の条件となる．表面張力を σ とおくと F_I と F_T の比は

$$\frac{F_\mathrm{I}}{F_\mathrm{T}} \propto \frac{\rho L^2 V^2}{\sigma L} = \frac{\rho L V^2}{\sigma} \tag{8.23}$$

と表される．この場合も，式 (8.23) の平方根をとった次式のような**ウェーバ数**（Weber number）が，力学的相似の条件として用いられる．

$$We = V\sqrt{\frac{\rho L}{\sigma}} \tag{8.24}$$

ウェーバ数は，水面波の運動，気体中の液滴や液体中の気泡の運動などを問題とするときに適用される．なお，$We \gg 1$ の範囲では表面張力の影響は考えなくて

よい．

• マッハ数

流体が高速で流れる場合や静止流体中を航空機などが高速で移動する場合には，流体を圧縮するのに要する力（弾性力）F_C が流体に作用する主要な力となる．したがって，慣性力 F_I と弾性力 F_C の比を一致させることが力学的相似が成り立つ条件となる．式 (1.5) に示したように体積弾性係数 K は圧力と同じ単位をもち，また式 (1.7) より $K = \rho a^2$（a は音速）であるので，F_I と F_C の比は

$$\frac{F_I}{F_C} \propto \frac{\rho L^2 V^2}{K L^2} = \frac{\rho L^2 V^2}{\rho a^2 L^2} = \frac{V^2}{a^2} \tag{8.25}$$

と表される．この場合も式 (8.25) の平方根をとって**マッハ数**（Mach number）

$$Ma = \frac{V}{a} \tag{8.26}$$

とよび，これが力学的相似の条件となる．

演習問題

8.1 速度，圧力，密度，粘度，動粘度および力の単位をそれぞれの定義に基づいて基本単位のみで表し，次にそれらの次元を求めよ．

8.2 滑らかな内壁面をもつ直円管の区間 l における圧力差 Δp（摩擦による圧力損失）は，円管の直径 d，流体の密度 ρ，流体の粘度 μ および流体の断面平均流速 V に依存している．繰り返し変数を d，V，ρ として，次元解析により圧力差 Δp（摩擦損失）を求める関係式（ダルシー－ワイスバッハの式）を導出せよ．

8.3 離着陸時を想定した低速飛行時における小型飛行機まわりの流れ状態を，(1/10) 模型を作って水中での実験で調べたい．小型飛行機の全長は l [m]，その飛行速度は $V_p = 100\,\mathrm{km/h}$ とする．このとき，飛行機模型の速度 V_m をいくらにすればよいか．ただし，飛行中の気温と模型実験における水温は 20℃ とする．

8.4 全長が長いトンネルが開通した．その断面は直径 $d_p = 10\,\mathrm{m}$ でおおむね円形をしている．トンネル断面を平均流速 $V_p = 0.5\,\mathrm{m/s}$ の空気で換気するときの流れの状態を，(1/50) トンネル模型を作製して調べるものとする．以下の (1)，(2) の問いに答えよ．ただし，空気および水の動粘度はそれぞれ $\nu_a = 1.5 \times 10^{-5}\,\mathrm{m^2/s}$，$\nu_w = 1.0 \times 10^{-6}\,\mathrm{m^2/s}$ とする．

(1) 模型実験を空気中で行うとき，模型のトンネルに流す空気の流量 Q_a はいくらにすればよいか．

(2) 模型実験を水中で行うとき，模型のトンネルに流す水の流量 Q_w はいくらにすればよいか．

第9章 物体まわりの流れと流体力

序章で述べたように，自動車や電車は空気という流体の中を走行し，航空機は空気中を飛行する．このとき，自動車のような物体には圧力や摩擦応力に基づき物体の進行を妨げる抗力が作用し，翼のように飛行する物体には揚力が大きく作用する．抗力や揚力などの流体力は，物体表面上の境界層の成長とはく離の様子により大きく変化する．本章では，まず境界層流れの概要と性質について述べる．次に，さまざまな物体の代表として円柱を取り上げ，円柱表面に作用する圧力と摩擦応力による流体力が，レイノルズ数とともに変化する円柱表面上の境界層の挙動に依存することを学ぶ．さらに，翼形や軸対称物体に作用する流体力の種類と大きさにもふれる．

9.1 境界層の概念

固体表面に沿う流れがある場合，その表面上の流体の速度は粘性による粘着条件によりゼロに拘束されることは，第6章ですでに取り扱っている．図9.1のように一様な速度 U_∞ の流れの中に物体があるときも同様に，その表面上の速度はゼロに拘束される．さらに翼表面近傍にある流れの速度もまた粘性の影響を受けて，その外側の主流領域の速度 U_∞ より遅くなる．このように，壁面上で粘性の影響を受けて速度が0から U_∞ にまで連続的に変化する領域を**境界層**（boundary layer）という．境界層は図のような翼形の先端ではきわめて薄いが，下流に向かって徐々に厚くなる．境界層の外側の主流領域では，流体の速度が一定なのでニュートンの粘性法則からわかるように粘性は生じない．翼の下流にも境界層に続いて主流領域より速度が遅く，粘性をもつ流れの領域が存在する．この領域を**後流**（wake）という．

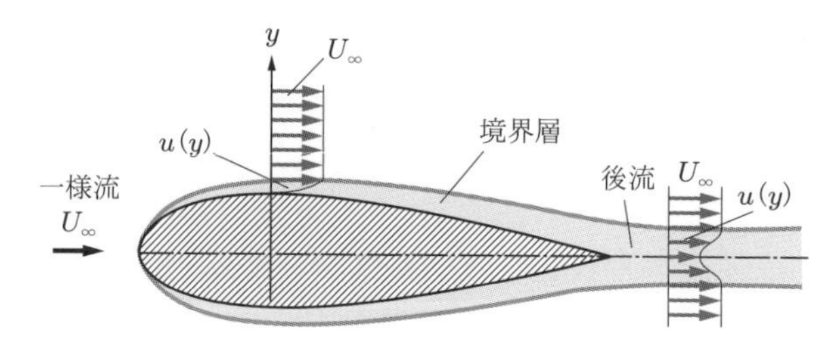

図 9.1 境界層の概念

9.2 平板上の境界層

境界層のもっとも典型的な事例は，図 9.2 に示すように一様流に平行に置かれた平板上に形成される境界層である．境界層の y 方向の厚さ δ は，主流（上流の一様流は境界層と接する領域では主流とよばれる）領域と境界層との時間平均的な境界を指し，具体的には壁面から境界層内の速度 $u(y)$ が主流速度 U_∞ の 99%，または 99.5% になる y の位置までの長さとして定義される．境界層厚さ δ は x 方向に向かって次第に成長するが，その成長割合が 3 段階に異なることがわかる．δ が $x^{1/2}$ に比例してもっとも緩やかに成長する最初の領域の境界層は層流境界層という．また，大きな波のような境界のうねりをともなって δ が $x^{4/5}$ に比例して大きく成長している領域の境界層は，乱流境界層とよばれる．層流から乱流に至る遷移領域の境界層を，遷移境界層という．

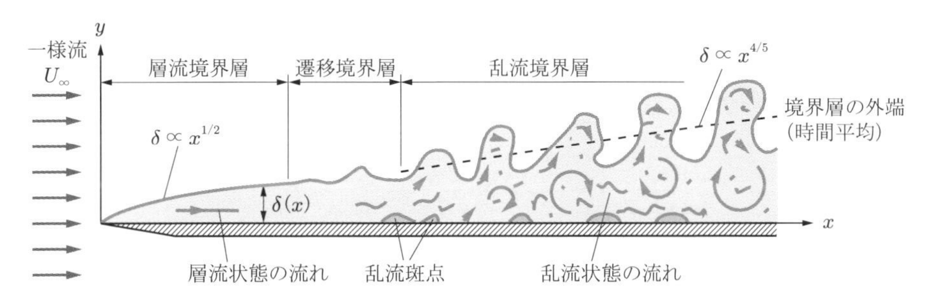

図 9.2　平板上の境界層

層流境界層内の流れは層状で二次元的な定常流であるが，遷移境界層になると TS 波動とよばれる二次元的な正弦波状の速度変化が現れる．この波動は下流に向かって三次元的に変形・崩壊する．また，平板の壁面上には乱流斑点とよばれる低速の乱流塊が発生し始める．乱流境界層になると乱流斑点が時空間的に不規則に頻繁に出現し，層内全域が不規則な渦流れとなる．層流境界層の速度分布と乱流境界層の時間平均速度分布を比較すると，図 9.3 のように，乱流境界層の場合が壁面近傍での速度および速度勾配が大きいことがわかる．これは，乱流境界層流れのほうが層流境界層流れより壁面に作用するせん断応力が大きく，次節で述べるように境界層が壁面からはく離しにくいことを示している．

9.3 曲面上の境界層とそのはく離

前節で述べたような広い空間内にある平板上の境界層では，圧力 p の流れ方向勾配が $dp/dx = 0$ であるのではく離は生じない．しかし，ディフューザ内の流れや曲面上に沿って成長する境界層では，実質的に流れ方向に圧力が増加し，一般にはく離が

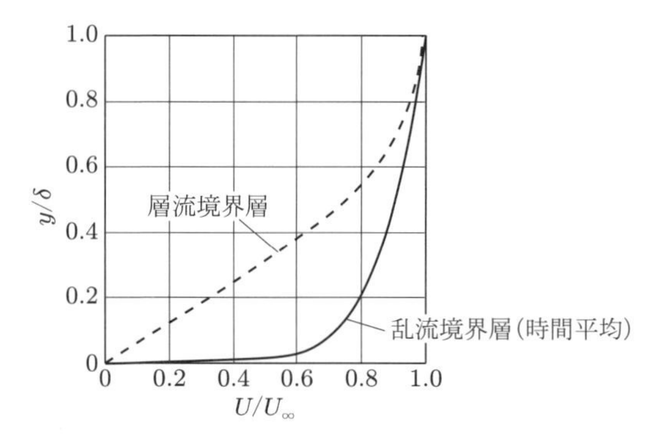

図 9.3 層流境界層と乱流境界層の速度分布

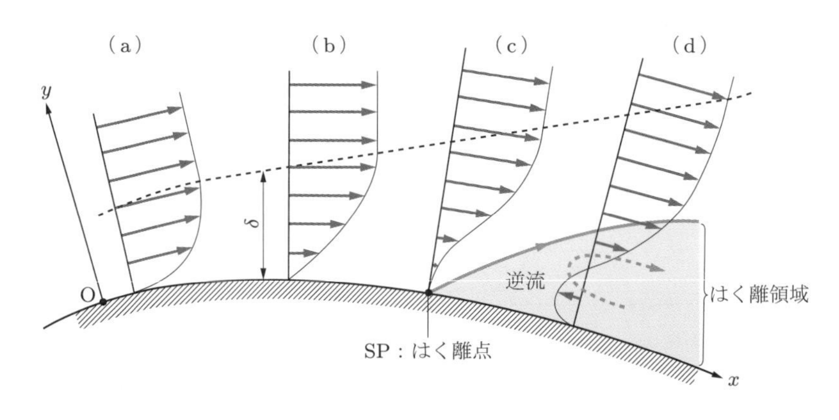

図 9.4 曲面上の境界層のはく離

生じやすい．図 9.4 のように曲面と境界層の外端近くの流線の間隔は広がるので，その間の速度は下流に向かって減少し，同時に圧力は増加する．したがって，曲面上の境界層は圧力勾配が正（$dp/dx > 0$），すなわち逆圧力勾配のもとで成長する．逆圧力勾配のもとで境界層内の速度減少が続くと，壁面近くの境界層流れは下流方向に上昇する圧力に抗しきれずに壁面から離れる．この現象を境界層の**はく離**（separation）という．このとき点 SP を**はく離点**（separation point）という．はく離点では壁面上での速度勾配 du/dy がゼロとなるので，せん断応力 τ_w もゼロとなる．はく離点より下流の壁面上には，逆流をともなうはく離領域が形成される．

流れがはく離してはく離領域が形成されると，管路内では大きな圧力損失が生じ，翼では揚力が急減少するなど，工学的には不都合な場合が多い．したがって，はく離の発生を防止したり遅らせたりする種々の対策がなされている．それらの例を図 9.5 に示す．図 (a) では翼の壁面に沿って噴流を吹き出し，壁面付近の速度を増加させている．図 (b) では壁面近傍の低速な流体を吸い込み，壁面近くの流線の広がりを減少

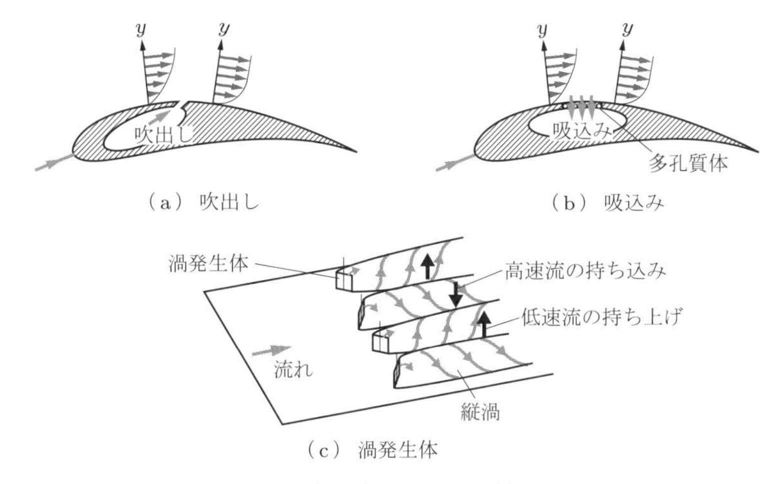

図 9.5　境界層はく離の抑制

させている．図 (c) では壁面上に渦発生体を設置することで境界層内に縦渦列を導入し，縦渦間に上昇流と下降流を発生させている．上昇流は壁面近傍の低速流を上方に持ち上げ，下降流は壁面から離れた領域にある高速流を壁面近傍に持ち込み，結果的に壁面近傍の速度を増加させている．

9.4 物体に作用する流体力

図 9.6 に示すように，流れの中にある物体には流体による力（流体力）が作用する．この流体力を，流れ方向に作用する**抗力**（drag）D と，これに垂直な方向に作用する**揚力**（lift）L とに分けて考えてみることにする．実際に流れの中にある物体に作用する抗力および揚力の大きさは，物体の大きさや流れの速度に基づいて種々に異なるので，通常は次式のように**抗力係数**（drag coefficient）C_{D} および**揚力係数**（lift coefficient）C_{L} として無次元化して表される．

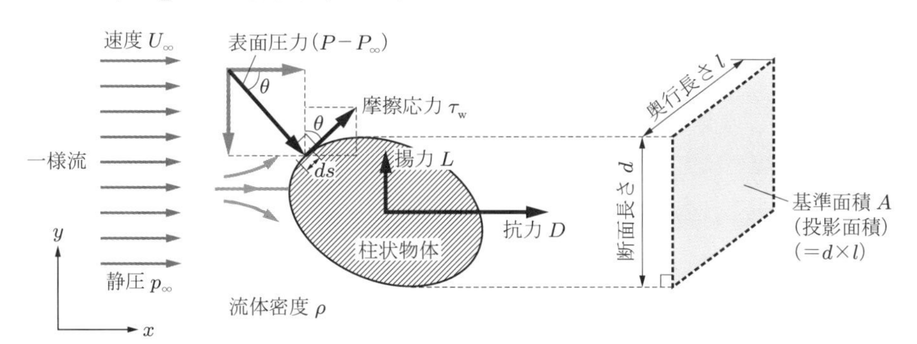

図 9.6　物体に作用する流体力

$$C_{\mathrm{D}} = \frac{D}{(1/2)\rho U_{\infty}{}^2 A} \tag{9.1}$$

$$C_{\mathrm{L}} = \frac{L}{(1/2)\rho U_{\infty}{}^2 A} \tag{9.2}$$

ここで，A は物体の大きさに関する基準面積である．基準面積は一般的には図 9.6 のように物体の投影面積であるが，翼の場合には上部投影面積が用いられる．

物体に作用する抗力係数に着目すると，抗力係数の大きさは物体の形状に大きく依存する．たとえば，図 9.1 に示す翼，あるいは薄い平板の場合，流れはその表面からはく離することなく物体表面に沿って流れ，摩擦による流体力のみが作用するだけなので，その抗力係数はきわめて小さい．翼のように抗力係数がきわめて小さくなる形状の物体を，**流線形物体**（streamline body）という．一方，図 9.7 に示すような長方形や円形の断面をもつ柱状物体の場合，その表面の角などからはく離した流れが物体背後に回り込んで大規模な低圧のはく離渦領域を形成するため，上流面と下流面との間の圧力差が増大して大きな抗力が生じる．円柱の場合，角部はないが，前述したように曲面壁上ではく離が生じる．円柱のような曲面壁上ではく離する物体におけるはく離点の位置は，レイノルズ数に依存して変化する．長方形や円形断面の物体のように境界層のはく離をともなう物体を，**鈍頭物体**（bluff body）という．

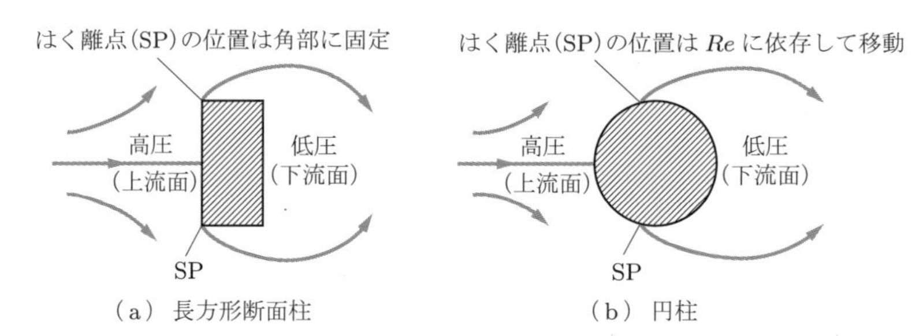

図 9.7 鈍頭物体のはく離点位置と抗力の発生

物体に作用する流体力は，図 9.6 のように，物体表面の微小面積部分 $dA\ (= lds)$ に作用する圧力 p とせん断応力 τ_{w} を物体の全表面にわたって積分することにより求めることができる．抗力 D および揚力 L は，物体に作用する流体力の x 方向と y 方向の成分であるので，流れ方向と微小面に垂直な方向がなす角を θ とすると，それぞれ

$$D = \oint (p - p_{\infty}) \cos\theta dA + \oint \tau_{\mathrm{w}} \sin\theta dA \tag{9.3}$$

$$L = -\oint (p - p_{\infty}) \sin\theta dA + \oint \tau_{\mathrm{w}} \cos\theta dA \tag{9.4}$$

として求められる．式 (9.3) の右辺第 1 項は圧力に起因する抗力で，圧力抗力または形状抗力 D_{p} とよばれる．第 2 項は壁面摩擦に起因する抗力で，摩擦抗力 D_{f} とよばれる．そのため，式 (9.3) で示す D は全抗力ともいわれる．

$$\text{圧力抗力}：D_{\mathrm{p}} = \oint (p - p_{\infty}) \cos\theta dA \tag{9.5a}$$

$$\text{摩擦抗力}：D_{\mathrm{f}} = \oint \tau_{\mathrm{w}} \sin\theta dA \tag{9.5b}$$

一般に，物体に作用する圧力抗力と摩擦抗力を比べると，圧力抗力と摩擦抗力が生じる鈍頭物体では圧力抗力のほうが圧倒的に大きくなる．流れに平行に置かれた薄い平板や翼（流線形物体）では，圧力抗力は生じないので摩擦抗力が全抗力となり，その全抗力は図 9.8 の流線形に示すように，鈍頭物体に比べてかなり小さくなる．

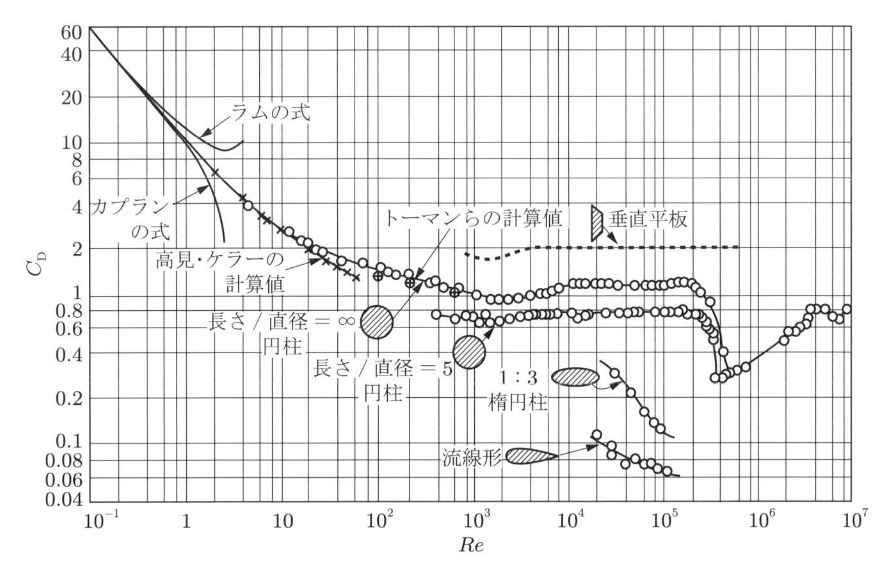

図 9.8　二次元物体の抗力係数
（日本機械学会編，「機械工学便覧 流体工学」より転載）

例題 9.1　流速が $V = 15\,\mathrm{m/s}$ の流れと垂直に置かれた，①垂直平板，②円柱，および③楕円柱 (1 : 3) という二次元物体が単位長さあたりに受ける抗力を求めよ．ただし，3 種の物体の投影面形状の幅はすべて $d = 60\,\mathrm{mm}$ とする．また，空気の密度と動粘度はそれぞれ $\rho_{\mathrm{a}} = 1.2\,\mathrm{kg/m^3}$，$\nu_{\mathrm{a}} = 1.5 \times 10^{-5}\,\mathrm{m^2/s}$ とし，各二次元物体の抗力係数 C_{D} は図 9.8 から読み取るものとする．なお，文意より流速 V は一様流速 U_{∞} に等しいものと考える．

解　それぞれの物体の抗力係数 C_D の値を図 9.8 から読み取るためには，まずレイノルズ数 Re を算出する必要がある．3 種の物体の投影面形状の幅はすべて $d = 60\,\mathrm{mm}$ であるので，レイノルズ数は

$$Re = \frac{Vd}{\nu_a} = \frac{15 \times 60 \times 10^{-3}}{1.5 \times 10^{-5}} = 6 \times 10^4$$

となる．$Re = 6 \times 10^4$ に対する垂直平板，円柱および楕円柱の抗力係数をそれぞれ C_{D1}，C_{D2}，C_{D3} とすると，それらは図 9.8 から

$$C_{D1} \fallingdotseq 2.0, \qquad C_{D2} \fallingdotseq 1.2, \qquad C_{D3} \fallingdotseq 0.16$$

と読み取れる．抗力 D は式 (9.1) を変形して

$$D = C_D \left(\frac{1}{2}\right) \rho_a V^2 A$$

より求めることができる．二次元物体の投影面積 A は各物体の単位長さ 1 m と投影面の幅 d との積に相当するので，それぞれの物体の抗力 D_1，D_2 および D_3 は次のように求められる．

①垂直平板：$D_1 = C_{D1} \left(\frac{1}{2}\right) \rho_a V^2 (d \times 1) = 2.0 \times \frac{1}{2} \times 1.2 \times 15^2 \times 60 \times 10^{-3} = 16.2\,\mathrm{N}$

②円柱：$D_2 = C_{D2} \left(\frac{1}{2}\right) \rho_a V^2 (d \times 1) = 1.2 \times \frac{1}{2} \times 1.2 \times 15^2 \times 60 \times 10^{-3} \fallingdotseq 9.7\,\mathrm{N}$

③楕円柱：$D_3 = C_{D3} \left(\frac{1}{2}\right) \rho_a V^2 (d \times 1) = 0.16 \times \frac{1}{2} \times 1.2 \times 15^2 \times 60 \times 10^{-3} \fallingdotseq 1.3\,\mathrm{N}$

以上の計算結果から，投影面積が等しい物体であっても，物体の形状によりそれらの抗力が大きく異なることがわかる．■

9.5 円柱まわりの流れ

9.5.1 流れのパターンと抗力係数

一様流中に垂直に置かれた円柱の抗力係数は，一様流速度 U_∞ と円柱直径 d に基づくレイノルズ数

$$Re = \frac{U_\infty d}{\nu} \tag{9.6}$$

に依存して変化する．その結果を図 9.8 に示す．二次元円柱の抗力係数は，およそ $Re = 4 \times 10^5$ を境に大きく変化することがわかる．このレイノルズ数を円柱まわりの流れにおける**臨界レイノルズ数** Re_c という．Re_c より大きいレイノルズ数を超臨界レイノルズ数，Re_c より小さいレイノルズ数を亜臨界レイノルズ数とよぶ．

図 9.8 にみられる抗力係数の変化や後述する図 9.12 と関連して，円柱まわりの流

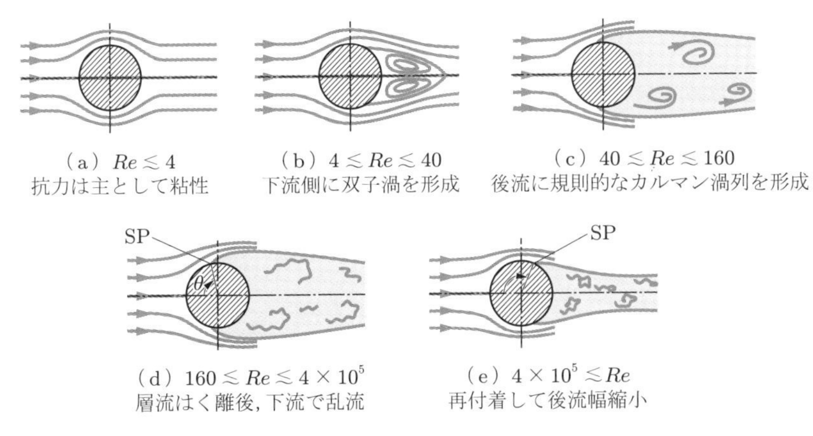

（a） $Re \lesssim 4$ 抗力は主として粘性　（b） $4 \lesssim Re \lesssim 40$ 下流側に双子渦を形成　（c） $40 \lesssim Re \lesssim 160$ 後流に規則的なカルマン渦列を形成

（d） $160 \lesssim Re \lesssim 4 \times 10^5$ 層流はく離後，下流で乱流　（e） $4 \times 10^5 \lesssim Re$ 再付着して後流幅縮小

図 9.9　円柱まわりの流れパターンの変化

れパターンの特徴は，レイノルズ数 Re により図 9.9(a)〜(e) のように変化する．

(a) $Re \lesssim 4$

粘性が大きく作用して円柱表面上で流れははく離せず，流線パターンは上流と下流で対称となり，抗力係数もきわめて大きい．

(b) $4 \lesssim Re \lesssim 40$

円柱の背面に付着した一対の定常な渦が形成される．この渦を双子渦という．

(c) $40 \lesssim Re \lesssim 160$

双子渦が波打ち始めてレイノルズが 40 を超えると，双子渦が交互に円柱背面から離脱し，規則正しい周期でカルマン渦列が形成される．カルマン渦の流出周波数は，Re の増加とともに増加する．

(d) $160 \lesssim Re \lesssim 4 \times 10^5$

Re の増加につれ後流が次第に乱流化し，カルマン渦列に不規則な変動が重なるようになる．円柱表面上の流れは層流境界層のまま $\theta = 80°$ 付近ではく離する．このような層流境界層のはく離を層流はく離という．レイノルズ数がおよそ 10^3 を超えると，カルマン渦の流出周波数と抗力係数の変化は緩やかになる．さらに，およそ 10^4 を超えると抗力係数はおよそ $C_D = 1.2$ の一定値をとるようになる．

(e) $4 \times 10^5 \lesssim Re$

円柱表面上の境界層が乱流に遷移した後にはく離（乱流はく離）するため，はく離点は最大でおよそ $\theta = 130°$ にまで後退する．はく離点の後退にともなって円柱背後の後流幅が縮小し，背面の圧力が上昇するため，抗力係数はおよそ $C_D = 0.3$ にまで減少する．また，後流幅の縮小のためカルマン渦列の流出周波数は急増する．さらに，レイノルズ数がおよそ 10^6 を超えると，はく離点が次第に上流に前進し始め，後流幅も広がるので抗力係数は上昇に転じ，カルマン渦列の流出周波数は減少に転じる．

9.5.2 円柱表面の圧力分布

抗力係数や流れパターンがレイノルズ数に依存して変化するのにともなって，円柱表面の圧力分布もまた特徴的に変化する．代表として亜臨界レイノルズ数領域を示す図 9.9(d) と超臨界レイノルズ数領域を示す図 9.9(e) に着目して，その圧力分布についてみてみる．

円柱の十分上流における一様流における速度を U_∞，圧力（静圧）を p_∞，流体の密度を ρ とすると，円柱表面の圧力 p は次のような圧力係数 C_p として無次元化される．

$$C_\mathrm{p} = \frac{p - p_\infty}{(1/2)\rho {U_\infty}^2} \tag{9.7}$$

図 9.10 は，亜臨界レイノルズ数と超臨界レイノルズ数における円柱の圧力係数 C_P の分布を示す．また，図中の破線は，粘性のない流体（完全流体）の流れを仮定した場合に得られる圧力係数の分布である．これは，円柱の上流よどみ点で分岐した流れが円柱表面上ではく離することなく，再び下流よどみ点で合流し，上流よどみ点の圧力にまで完全に回復することを示している．そのため，円柱の上流側と下流側とで完全に対称な圧力分布となり，円柱に抗力は作用しないことになる．これは粘性のない流体を仮定したために得られた圧力分布であり，実際の流体の流れとは異なっている．この矛盾は，**ダランベールのパラドックス**（d'Alembert's paradox）とよばれている．

亜臨界レイノルズ数における圧力分布をみると，逆圧力勾配が角度 $\theta = 75°$ 付近で最大となって流れははく離し，はく離後の広いはく離流領域内でほぼ一定の圧力（負圧）になっている．一方，超臨界レイノルズ数における圧力分布は，比較的破線に近

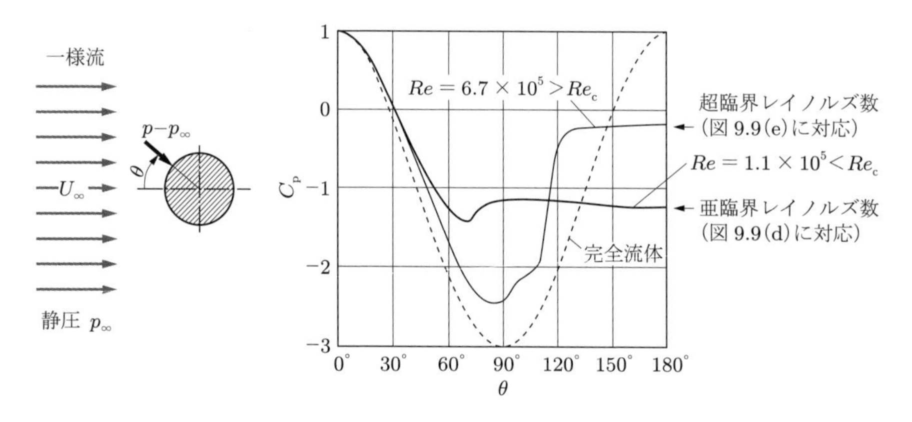

図 9.10　円柱表面の圧力分布
（日本機械学会編，「機械工学便覧 流体工学」より転載）

く，はく離点が 110° 付近にまで後退している．そのため，はく離後のはく離流領域が狭まるとともにその領域の圧力を上昇させており，それが抗力係数の減少につながっている．

9.5.3 ストローハル数

円柱などの柱状物体が流れに垂直に置かれた場合，図 9.11 のように円柱の側面からのはく離流により形成されるカルマン渦列が，下流に向かって交互に流出する．円柱の片側面から流出するカルマン渦列の周波数 f [Hz] を，次式のように円柱の直径 d [m] および一様流速度 U_∞ [m/s] を用いて無次元化したものを，**ストローハル数**（Strouhal number）St という．

$$St = \frac{fd}{U_\infty} \tag{9.8}$$

ストローハル数 St は，図 9.12 に示すようにレイノルズ数に依存して変化するが，

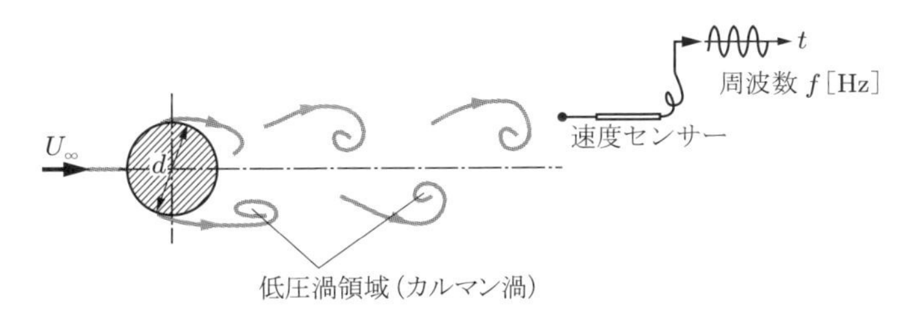

図 9.11 円柱から流出するカルマン渦列とその流出周波数の検出

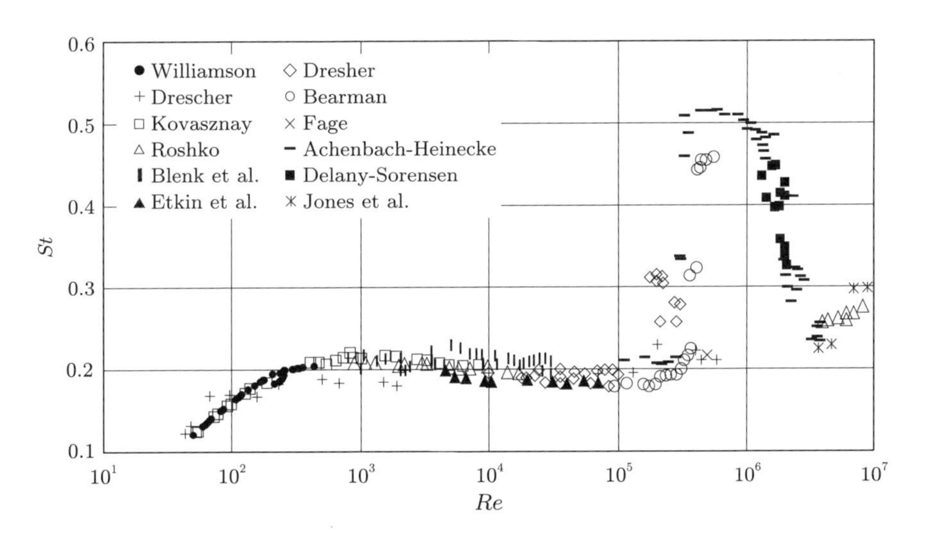

図 9.12 円柱のストローハル数

およそ $Re = 200$ から臨界レイノルズ Re_c までの広いレイノルズ数領域で約 0.2 の一定とみなせる．

カルマン渦列は，円柱以外の種々の断面形状をもつ柱状物体についても形成されることが知られている．柱状物体はカルマン渦列の流出にともなって，流れに垂直な方向に周波数 f の起振力を受ける．柱状物体がカルマン渦による起振力を受けて振動する場合には，しばしば振動・騒音の要因になる．このような渦により誘起される振動を渦励振という．

例題 9.2 直径 $d = 60\,\mathrm{mm}$ の長い円柱状物体が，$V = 15\,\mathrm{m/s}$ の気流と垂直になるように設置されている．この円柱状物体が受ける渦励振周波数 f [Hz] を求めよ．ただし，空気の動粘度は $\nu = 1.5 \times 10^{-5}\,\mathrm{m^2/s}$ とする．

解 気流速度が $V = 15\,\mathrm{m/s}$，円柱状物体の直径が $d = 60\,\mathrm{mm}$ であるので，この流れ場のレイノルズ数は

$$Re = \frac{Vd}{\nu} = \frac{15 \times 60 \times 10^{-3}}{1.5 \times 10^{-5}} = 6 \times 10^4$$

となる．$Re = 6 \times 10^4$ は亜臨界レイノルズ数の領域にあるので，ストローハル数はおよそ $St = 0.2$ とみなすことができる．したがって，渦流出による起振力の周波数 f は，式 (9.8) を変形することにより次式から求められる．

$$f = St\frac{V}{d} = 0.2 \times \frac{15}{0.06} = 50\,\mathrm{Hz}$$ ■

例題 9.2 の結果は，円柱状物体が 50 Hz の渦流出による起振力を受けることを示すが，そのことは物体が即その周波数で振動するということではない．渦励振周波数が円柱状物体の固有振動数と共振しない限り，物体が剛体でしっかり固定されていれば起振力を受けても一般に振動は生じない．

9.6 各種形状の物体に作用する流体力

9.6.1 翼

翼の断面形状は**翼形**（よくがた）(airfoil) とよばれる．翼形の各部の名称を図 9.13 に示す．翼が非対称であったり，迎え角 α をもったりする場合，翼には抗力 D に比べてきわめて大きな揚力 L が生じる．そのため，翼は航空機，軸流型の水車やポンプ，タービンおよびプロペラ風車の羽根など多岐に用いられている．

翼の揚力係数 C_L と抗力係数 C_D は，式 (9.1) と式 (9.2) における基準面積 A を翼弦長 l を用いた上部投影面積 $(l \times 1)$ と表せるので，次式のように定義される．

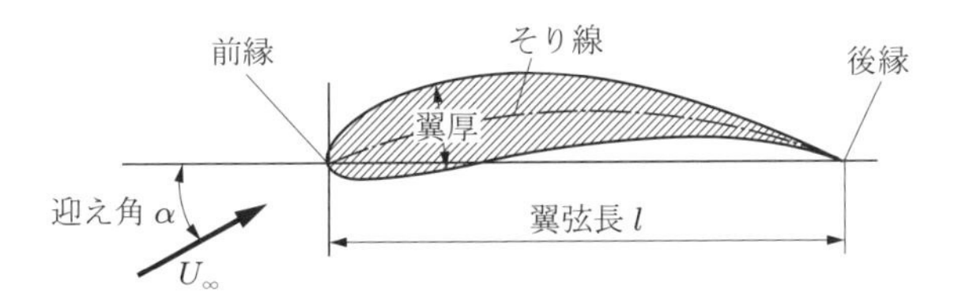

図 9.13 翼の断面形状と名称

$$揚力係数 \quad C_\mathrm{L} = \frac{L}{(1/2)\rho U_\infty{}^2(l \times 1)} \tag{9.9}$$

$$抗力係数 \quad C_\mathrm{D} = \frac{D}{(1/2)\rho U_\infty{}^2(l \times 1)} \tag{9.10}$$

図 9.14 に，迎え角 α に対する非対称翼の揚力係数 C_L と抗力係数 C_D の変化を示す．揚力係数は迎え角の増加とともにほぼ直線的に大きくなるが，迎え角が $\alpha = 15$〜$20°$ を過ぎると急減少する．翼が急激に揚力を失う現象を**失速**（stall）という．失速が生じると抗力係数が急上昇し，薄いタービンの羽根などが破損することがある．

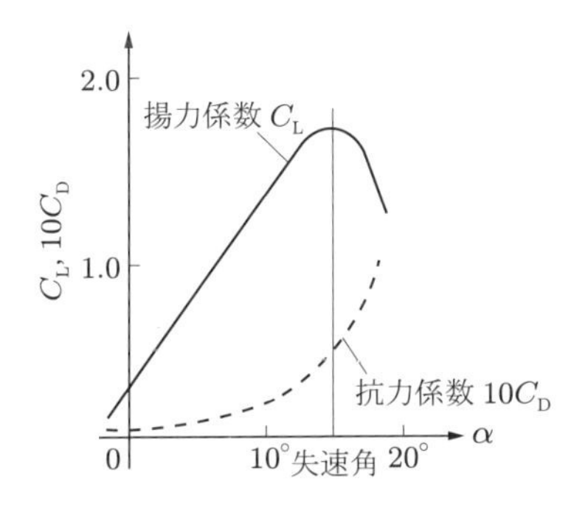

図 9.14 迎え角と翼の揚力

9.6.2 球および軸対称物体

一様流中にある球および流れ方向に軸をもつ軸対称物体の抗力係数 C_D は，それらの直径を d とするとその投影面積が $(\pi/4)d^2$ となるので，一様流の速度 U_∞ を用いて，

$$C_\mathrm{D} = \frac{D}{(1/2)\rho U_\infty{}^2(\pi/4)d^2} \tag{9.11}$$

のように定義される．レイノルズ数に対する球および各種の軸対称物体の抗力係数の変化を図 9.15 に示す．軸対称物体の中で抗力係数がもっとも小さくなる形状は，断面形状が対称翼形に類似している飛行船形の物体である．

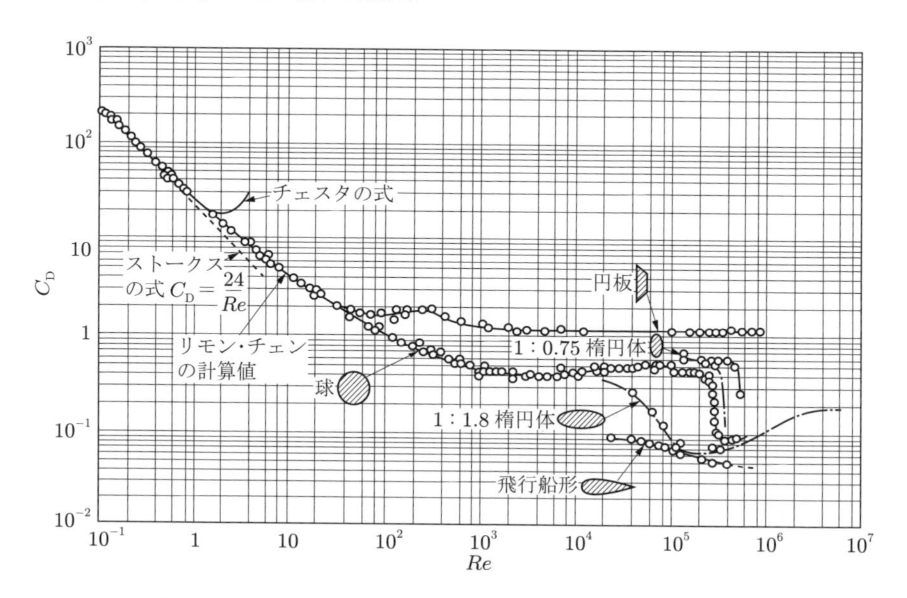

図 9.15 球および軸対称物体の抗力係数
（日本機械学会編，「機械工学便覧 流体工学」より転載）

球の抗力係数は円柱よりかなり小さいが，その臨界レイノルズ数は円柱の場合とほぼ同様で，およそ $Re_c = 4 \times 10^5$ である．レイノルズ数がきわめて小さい（$Re \lesssim 1$）場合，球の抗力係数は，次のストークス近似に基づいて得られる抵抗法則の式でよく表されることが，図 9.15 からわかる．

$$C_D = \frac{24}{Re} \tag{9.12}$$

流体中に球を落下させる場合の抗力の効果について考えてみよう．このとき，球の落下速度は重力加速度のため次第に加速する．速度の増加にともなって球が受ける抗力も増加するので，球の速度がある値に達すると，次式のように球に作用する抗力 D と浮力 B の和が重力 W と釣り合う状態になり，球の落下速度は一定となる．

$$W = D + B \tag{9.13}$$

この一定速度を**終速度**（terminal velocity）という．たとえば，雨粒も地表面近くで終速度に達して落下していると考えられている．

9.7 表面粗さと回転の効果

9.5.1 節で述べたように，円柱表面の境界層が乱流になるとはく離位置が下流に後退し，抗力が急減少する．したがって，円柱や球の表面を粗くして，境界層の乱流化

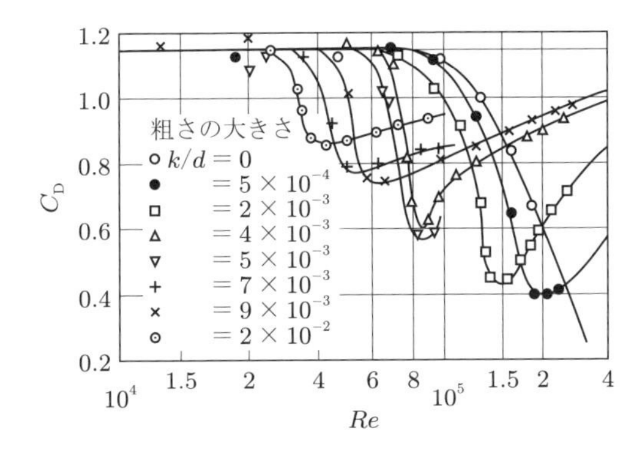

図 9.16 円柱の抗力係数に及ぼす表面粗さの影響
（日本機械学会編,「機械工学便覧 流体工学」より転載）

を強制的に促進すれば，臨界レイノルズ数 Re_c の値を小さくすることが可能となる．図 9.16 は，円柱の表面粗さ k が抗力係数に及ぼす影響を示している．円柱直径を d とするとき，その相対粗さ k/d が大きくなるにつれて，臨界レイノルズ数 Re_c の値が小さくなっていくことがわかる．ただし，k/d が大きくなるにつれ，臨界レイノルズ数領域での抗力の低減効果は小さくなることに注意する必要がある．ゴルフボールの適度な凹み (ディンプル) は表面境界層の乱流化を促進し，臨界レイノルズ数を低下させて飛距離を伸ばす効果をねらったものである．

次に，図 9.17 のように，流れの中にある円柱が回転する場合に作用する流体力について考えてみよう．円柱の上半面（$\theta = 0$〜$180°$）では，円柱の回転方向が流れの方向と同じであるので，流体の粘性により円柱が回転しない場合に比べて円柱表面近傍の流体の速度は増加する．そのため，ベルヌーイの定理より圧力は低下する．一方，下半面（$\theta = 0$〜$-180°$）では，円柱の回転方向が流れの方向と逆であるので，円柱表面近傍の流体の速度は減少し，圧力は増加する．このように，円柱の上半面と下半面

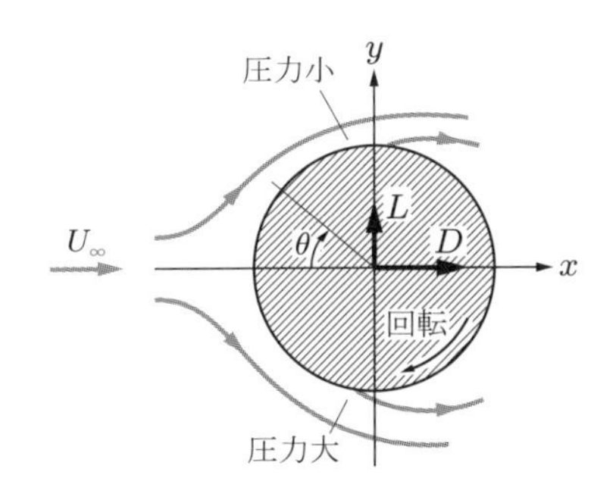

図 9.17 マグナス効果

における流れが非対称になることにより，円柱には速度 U_∞ と垂直の方向に揚力が生じる．この現象を**マグナス効果**（Magnus effect）という．この現象は断面が円形の物体一般についてみられ，野球やテニスなどでボールに回転を与えるとその軌道が曲がる理由となっている．

演習問題

9.1 直径 $d = 10\,\mathrm{mm}$ の電線が $U = 30\,\mathrm{m/s}$ の強風にさらされて，風切音が発生している．風切音の周波数 $f\,[\mathrm{Hz}]$ を求めよ．空気の動粘度は $\nu = 1.5 \times 10^{-5}\,\mathrm{m^2/s}$ とする．

9.2 直径が $d = 30\,\mathrm{mm}$ の十分長い円柱が，流速が $U = 20\,\mathrm{m/s}$ の空気の流れと垂直に設置されているとき，この円柱が長さ 1 m あたりに受ける抗力 $D\,[\mathrm{N}]$ を求めよ．ただし，空気の密度と動粘度はそれぞれ $\rho_\mathrm{a} = 1.2\,\mathrm{kg/m^3}$，$\nu_\mathrm{a} = 1.5 \times 10^{-5}\,\mathrm{m^2/s}$ とし，円柱の抗力係数 C_D は図 9.8 から読み取るものとする．

9.3 投影面形状が直径 $d = 60\,\mathrm{mm}$ の円形をしている，円板，球体および楕円体 (1 : 1.8) が速度 $V = 15\,\mathrm{m/s}$ の気流中にあるとき，それぞれの物体の抗力を求めよ．なお，空気の密度と動粘度は前問 9.2 と同様で，各物体の抗力係数 C_D は図 9.15 から読み取るものとする．

9.4 直径 $d_\mathrm{c} = 10\,\mathrm{cm}$ の円柱と短軸長さ $d_\mathrm{e} = 10\,\mathrm{cm}$ の楕円柱がある．それぞれが風速 $U_\infty = 15\,\mathrm{m/s}$ の風に垂直となるように設置されている．空気の密度は $\rho_\mathrm{a} = 1.205\,\mathrm{kg/m^3}$，粘度は $\mu_\mathrm{a} = 18.22 \times 10^{-6}\,\mathrm{Pa{\cdot}s}$ とし，抗力係数 C_D は図 9.8 から読み取るものとして，以下の問いに答えよ．ただし，楕円柱 (断面の長短軸比が 1 : 3) の長軸と風向は一致しているものとする．

(1) 長さ 1 m あたりの，円柱の抗力 D_c および楕円柱の抗力 D_e を求めよ．

(2) 同じ風速 $U_\infty = 15\,\mathrm{m/s}$ のもとで，円柱の抗力 D_c を上記の楕円柱の抗力 D_e と等しくなるようにするには，円柱の直径 d_c をいくらにすればよいか．

9.5 密度 ρ_s，直径 d の球体が，密度 ρ の流体中で重力加速度 g を受けて自由落下しているものとする．球体の抗力係数は C_D であるとして，球体の終速度 V を求める式を求めよ．

9.6 直径 d，密度 ρ_w の雨粒が，密度 ρ_a，粘度 μ_a の空気の中を自由落下しているものとする．雨粒は球形を保って落下し，その大きさが途中で変化しないものとするとき，雨粒の終速度 V を求めよ．ただし，雨粒の抗力係数 C_D はストークスの抵抗法則の式 (9.12) に従うものとする．また，$d = 0.1\,\mathrm{mm}$，$\rho_\mathrm{w} = 1000\,\mathrm{kg/m^3}$，$\rho_\mathrm{a} = 1.2\,\mathrm{kg/m^3}$，$\mu_\mathrm{a} = 1.8 \times 10^{-5}\,\mathrm{Pa{\cdot}s}$ とする．

9.7 流体中にその流体と比較的密度が近い球体を自由落下させて終速度 V を測定し，ストークスの抵抗法則を利用して流体の粘度 μ を求める方法を，落球粘度計測法という．落球粘度計測法により流体の粘度 μ を求める式を示せ．ただし，球体の直径を d，密度を ρ_s，流体の密度を ρ，重力加速度を g とする．

第10章 流体機械

第6章および第7章で，実際の管路では流体粘性により発生するエネルギー損失を含むことによりエネルギーが保存されることを学んだ．しかし，管路の途中に流体機械を導入すると，導入前に保存されるべきエネルギーは増減し，流体機械は正または負のエネルギーを受け取る．管内流れや自然風を受けて駆動される水車や風車などの原動機，および流れを作り出すために用いられるポンプや送風機などの被動機は，工業的にきわめて重要な流体機械である．本章では，流体機械の解析法の基本的考え方およびそれらの構造と特徴について述べる．とくに，ポンプについてはその性能曲線と運転状態との関係，比速度で決定される羽根車の構造と性能の関係について学ぶ．さらに，流体機械内で生じるキャビテーションの発生機構などにもふれる．

10.1 流体機械の分類

流体機械（fluid machinery）は，外部流体とのエネルギーのやり取りの観点から，**原動機**（prime mover）と**被動機**（pump machinery）に大別される．原動機は，流体のエネルギーを受けて駆動する羽根車などの軸出力を利用して発電機を回転させるもので，**風車**（windmill）や**水車**（water turbine）などがある．翼を周方向に配置したものは羽根車とよばれており，流体機械の主要な構成要素である．一方，被動機は，モータなどから得た動力により羽根車を回転させて流体にエネルギーを与えるもので，**ポンプ**（pump）や**送風機**（fan, blower）などがある．また，相対する二つの羽根車間に満ちた流体を介して動力を伝える**流体継手**（fluid coupling）は，原動機と被動機の両方の性質を併せ持っている．

流体として空気を取り扱う流体機械を空気機械，液体を取り扱う流体機械を水力機械とよぶこともある．また，これらの流体機械のうち羽根車の回転を利用してエネルギーのやり取りを行うものを，**ターボ型流体機械**または**ターボ機械**（turbomachinery），往復運動などによる容積変化を利用するものを**容積型流体機械**（displacement fluid machinery）という．

10.2 流体機械の基礎

10.2.1 流体のエネルギーとエネルギー変換

流体機械は，流体のもつ力学的エネルギーと機械的仕事との変換機といえる．図 10.1 に示すように，流量が Q [m^3/s] である流体機械に外部から単位時間あたりの仕事 W_t [J/s] と熱量 q_t [J/s] が加えられるとき，機械の入口断面①と出口断面②においてエネルギーの保存則を適用すると，次式のような関係が得られる．

$$w_\mathrm{t} = \frac{W_\mathrm{t}}{\rho Q} = \int_{p_1}^{p_2} \frac{dp}{\rho} + \frac{1}{2}({V_2}^2 - {V_1}^2) + g(z_2 - z_1) + q \,[\mathrm{J/kg}] \tag{10.1}$$

ここで，p は圧力 [Pa]，ρ は密度 [kg/m^3]，g は重力加速度 [m/s^2]，V は流速 [m/s]，z は高さ [m]，q は単位質量あたりの摩擦熱 [J/kg]（$q \fallingdotseq q_\mathrm{t}/\rho Q$）であり，機械の入口断面①および出口断面②の量に，それぞれ添え字 1 および 2 をつけて表している．w_t は単位質量の流体が受け取る仕事であり，**比仕事**（specific work）という．機械の外部から内部に動力が加えられる被動機の場合には $w_\mathrm{t} > 0$ となり，内部から外部に動力を取り出す原動機の場合には $w_\mathrm{t} < 0$ となる．第 4 章で示したベルヌーイの式は同一流線上において成立するが，式 (10.1) は同一流線上でなくても成立する．摩擦熱 q はあらゆる流体機械で発生するが，流体機械の性能には貢献しないため，これを除いた右辺第 1〜3 項の力学的エネルギーを**可逆的比仕事**（specific reversible work）とよぶ．可逆的比仕事は，単位質量の流体について機械的仕事と流体力学的エネルギーが摩擦による損失なしに変換される場合の比仕事である．

流体の圧縮性が無視できる液体の場合には，密度 ρ が一定であるから，式 (10.1) は

$$w_\mathrm{t} = \left(\frac{p_2}{\rho} + \frac{1}{2}{V_2}^2 + gz_2\right) - \left(\frac{p_1}{\rho} + \frac{1}{2}{V_1}^2 + gz_1\right) + q \,[\mathrm{J/kg}] \tag{10.2}$$

となる．上式の各項を重力加速度 g で割って，単位質量あたりのエネルギーを高さの

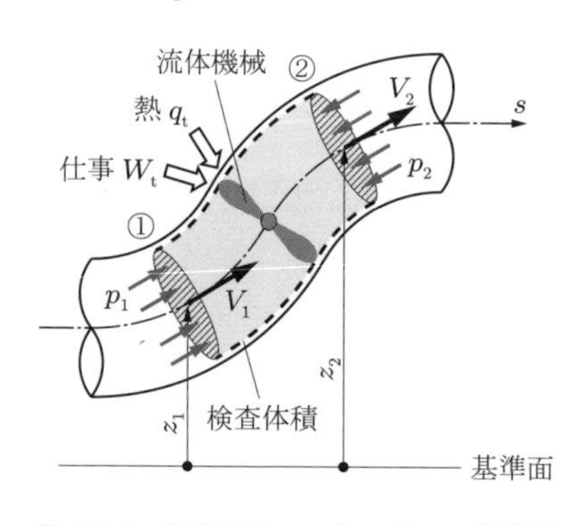

図 10.1 流体機械のエネルギーの保存則

次元に換算した**ヘッド**（水頭，head）で表すと，

$$H = \frac{w_\mathrm{t}}{g} = \left(\frac{p_2}{\rho g} + \frac{{V_2}^2}{2g} + z_2\right) - \left(\frac{p_1}{\rho g} + \frac{{V_1}^2}{2g} + z_1\right) + \Delta h_l\,[\mathrm{m}] \tag{10.3}$$

となる．Δh_l は損失ヘッドであり，次式となる．

$$\Delta h_l = \frac{q}{g}\,[\mathrm{m}] \tag{10.4}$$

圧力ヘッド $p/\rho g$，速度ヘッド $V^2/2g$，位置ヘッド z の和を全ヘッド H_i と定義すると，H_i は次のように書ける．

$$H_i = \frac{p_i}{\rho g} + \frac{{V_i}^2}{2g} + z_i\,[\mathrm{m}] \tag{10.5}$$

損失ヘッド Δh_l は性能に貢献しないため，被動機の場合の流体効率 η_h は次式となる．

$$\eta_\mathrm{h} = \frac{H_2 - H_1}{H_2 - H_1 + \Delta h_l}\,[無次元] \tag{10.6}$$

原動機の場合，式 (10.2) において $w_\mathrm{t}<0$ となる場合であるので，その比仕事を w_t' おくと次のように書ける．

$$w_\mathrm{t}' = -w_\mathrm{t} = \left(\frac{p_1}{\rho} + \frac{1}{2}{V_1}^2 + gz_1\right) - \left(\frac{p_2}{\rho} + \frac{1}{2}{V_2}^2 + gz_2\right) - q$$

ここで，原動機の場合の比仕事を改めて $w_\mathrm{t} = w_\mathrm{t}'$ とおくと，その比仕事と効率はそれぞれ次式となる．

$$w_\mathrm{t} = \left(\frac{p_1}{\rho} + \frac{1}{2}{V_1}^2 + gz_1\right) - \left(\frac{p_2}{\rho} + \frac{1}{2}{V_2}^2 + gz_2\right) - q\,[\mathrm{J/kg}] \tag{10.7}$$

$$\eta_\mathrm{h} = \frac{H_1 - H_2 - \Delta h_l}{H_1 - H_2}\,[無次元] \tag{10.8}$$

流体機械の損失には，摩擦損失以外に羽根車などの機械の可動部と静止部の隙間からの流体の漏れやエネルギー伝達部を通らない流れによる**漏れ損失**（leakage loss），および軸受けや軸封部などの機械摩擦とエネルギー伝達部以外での流体と可動部分との摩擦による**機械損失**（mechanical loss）がある．これらの損失を考慮した効率をそれぞれ漏れ効率 η_l，機械効率 η_m という．

流体効率 η_h，漏れ効率 η_l，機械効率 η_m を考慮した効率を**全効率**（total efficiency）といい，次式で定義される．

$$\eta_t = \eta_h \eta_l \eta_m \,[\text{無次元}] \tag{10.9}$$

例題 10.1 1000 L/min で水を汲み上げているポンプがある．ポンプ入口と出口の直径は 65 mm である．ポンプ入口で計測したゲージ圧力は 15 kPa，ポンプ出口におけるゲージ圧力は 200 kPa であり，ポンプ入口と出口における高さの差は 1.0 m である．入口と出口の損失ヘッドが 0.5 m のとき，ポンプが水に与える動力を求めよ．なお，水の密度は 1000 kg/m^3 とする．

解 連続の式より

$$v_1 = \frac{Q}{\pi\left(\dfrac{D_1}{2}\right)^2} = \frac{\dfrac{1000\times 10^{-3}}{60}}{\pi\left(\dfrac{65}{2\times 1000}\right)^2} = 5.02\,\mathrm{m/s}$$

であり，入口と出口の直径が等しいので，$V_2 = V_1 \fallingdotseq 5.0\,\mathrm{m/s}$ となる．エネルギーの式 (10.3) より，次のようになる．

$$\frac{p_1}{\rho} + \frac{{V_1}^2}{2} + gz_1 + w_t = \frac{p_2}{\rho} + \frac{{V_2}^2}{2} + gz_2 + g\Delta h_l$$

$$w_t = \frac{1}{\rho}(p_2 - p_1) + \frac{1}{2}\left({V_2}^2 - {V_1}^2\right) + g(z_2 - z_1) + g\Delta h_l$$

$$= \frac{1000}{1000}(200 - 15) + \frac{1}{2}\left(5.02^2 - 5.02^2\right) + 9.8\times 1 + 9.8\times 0.5 = 199.7\,\mathrm{J/kg}$$

$$W_t = \rho Q w_t = 1000 \times \frac{1000\times 10^{-3}}{60} \times 199.7 = 3328\,\mathrm{W} = 3.3\,\mathrm{kW}$$

■

10.2.2 作動原理とオイラーの比仕事

ここでは，図 10.2 に示すように，第 5 章と同様に被動機である遠心型ターボ機械の羽根車内の流れについて考える．式 (5.33) で示した角運動量の法則より，単位時間に羽根車入口断面を通過する角運動量と出口断面を通過する角運動量の差は，羽根車に発生するトルク T [Nm] と等しくなるので，

$$T = \rho Q\left(r_2 V_2 \cos\alpha_2 - r_1 V_1 \cos\alpha_1\right)\,[\mathrm{Nm}] \tag{10.10}$$

となる．ここで，密度 ρ [kg/m^3]，体積流量 Q [m^3/s]，羽根車入口半径 r_1 [m]，出口半径 r_2 [m]，羽根車入口の流れの速度 V_1 [m/s]，羽根車出口の流れの速度 V_2 [m/s] である．

羽根車の角速度を ω [rad/s] とすると，軸動力は $T\omega$ [W]，翼の周方向速度は $u = r\omega$ となるから，比仕事 w_t は式 (10.10) より

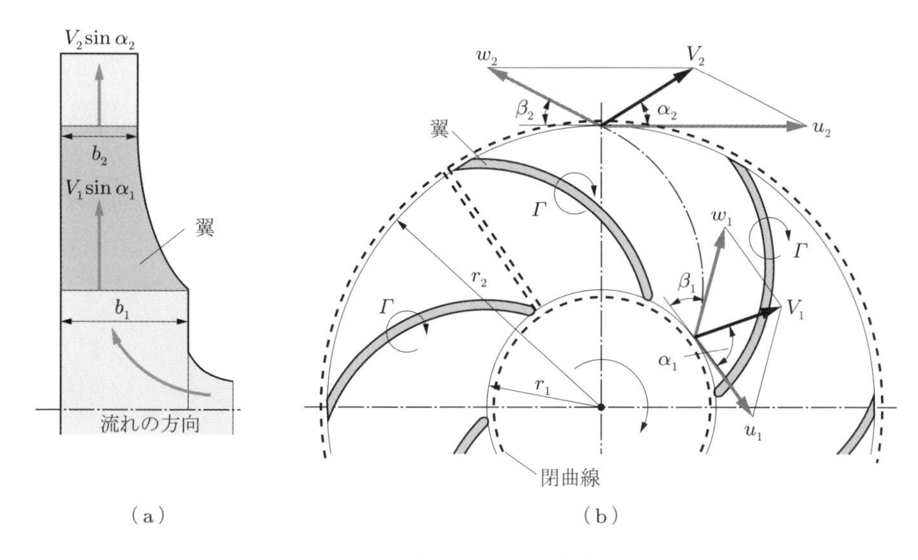

図 10.2 遠心羽根車の速度線図

$$w_t = \frac{T\omega}{\rho Q} = \omega\left(r_2 V_2 \cos\alpha_2 - r_1 V_1 \cos\alpha_1\right) = u_2 V_2 \cos\alpha_2 - u_1 V_1 \cos\alpha_1 \ [\mathrm{J/kg}] \tag{10.11}$$

となる．この式は羽根車の入口と出口における流速と比仕事との関係を表している．この仕事を**オイラーの比仕事**（Euler's specific work）という．これを，重力加速度 g で割って長さの単位に換算したものを**オイラーヘッド**（Euler's head）H_{th} といい，次式で表される．

$$H_{\mathrm{th}} = \frac{1}{g}\left(u_2 V_2 \cos\alpha_2 - u_1 V_1 \cos\alpha_1\right) \ [\mathrm{m}] \tag{10.12}$$

ところで，羽根車が回転していることから，翼から見た流れの速度 w は，三角形の余弦定理を用いると次式となる．

$$w^2 = V^2 + u^2 - 2uV\cos\alpha \tag{10.13}$$

式 (10.13) を式 (10.12) に代入すれば

$$H_{\mathrm{th}} = \frac{1}{2g}\left({u_2}^2 - {u_1}^2\right) + \frac{1}{2g}\left({w_1}^2 - {w_2}^2\right) + \frac{1}{2g}\left({V_2}^2 - {V_1}^2\right) \ [\mathrm{m}] \tag{10.14}$$

となる．この式の右辺第 1 項は遠心作用によるヘッドの変化，第 2 項は翼形状に起因する相対速度によるヘッドの変化，第 3 項は運動エネルギーの変化を意味する．

ここで，羽根車の回転による翼の周方向速度 u_1，u_2 を翼の**周速度**（circumferential velocity），静止座標系から観察した羽根車の入口と出口の速度 V_1，V_2 を流れの**絶対速度**（absolute velocity），翼から見た流れの速度 w_1，w_2 を翼に対する**相対速度**（relative velocity）という．翼の周速度ベクトル，流れの絶対速度ベクトル，翼に対する相対速度ベクトルにより形成される三角形を，**速度三角形**（velocity triangle）または**速度線図**（velocity diagram）とよぶ．なお，羽根車の入口と出口において連続の式を適用すると，V_1 と V_2 には次の関係がある．

$$Q = 2\pi r_1 b_1 V_1 \sin\alpha_1 = 2\pi r_2 b_2 V_2 \sin\alpha_2 \ [\mathrm{m^3/s}] \tag{10.15}$$

式 (10.10)〜(10.12)，(10.14) は翼の厚さと枚数を考慮しておらず，翼厚がゼロで翼枚数が ∞ の場合に相当する．

オイラーヘッド H_{th} を用いて被動機の場合の流体効率 η_{h} を表すと，次式となる．

$$\eta_{\mathrm{h}} = \frac{H_{\mathrm{th}} - \Delta h_l}{H_{\mathrm{th}}} \ [\text{無次元}] \tag{10.16}$$

ここで，Δh_l は式 (10.4) に示した損失ヘッドである．

原動機の場合，流れの方向は図 10.2 に示す被動機の場合と逆となる．機械の入口および出口断面の値にそれぞれ添字 1 と 2 をつけて表すと，式 (10.14) の添字 1 と 2 とが入れ替わり

$$H_{\mathrm{th}} = \frac{1}{2g}\left({u_1}^2 - {u_2}^2\right) + \frac{1}{2g}\left({w_2}^2 - {w_1}^2\right) + \frac{1}{2g}\left({V_1}^2 - {V_2}^2\right) \ [\mathrm{m}] \tag{10.17}$$

となる．このとき $H_{\mathrm{th}} > 0$ となる．

原動機の場合の流体効率 η_{h} は次式となる．

$$\eta_{\mathrm{h}} = \frac{H_{\mathrm{th}}}{H_{\mathrm{th}} + \Delta h_l} \ [\text{無次元}] \tag{10.18}$$

ところで，一様流中に設置された翼に作用する揚力は，流速を U，翼まわりの循環を Γ とすれば，クッタ - ジューコフスキーの定理から $\rho U \Gamma$ となることが知られている．ターボ機械の羽根車は B 枚の翼が回転軸まわりに周方向に並べて配列されており，図 10.2 のようにすべての翼を囲む閉曲線を考えて循環 Γ_{a} を求めると，

$$\Gamma_{\mathrm{a}} = 2\pi\left(r_2 V_2 \cos\alpha_2 - r_1 V_1 \cos\alpha_1\right) \tag{10.19}$$

となる．式 (10.10) から，羽根車に作用するトルク T と循環 Γ_{a} との関係は次式となる．

$$T = \frac{1}{2\pi}\rho Q \Gamma_{\mathrm{a}} = \frac{1}{2\pi}\rho Q B \Gamma \,[\mathrm{Nm}] \tag{10.20}$$

この式は，揚力を発生する物体を回転軸まわりに配列させると，被動機の場合には角運動量が増加し，原動機の場合には軸トルクが発生することを意味する．

例題 10.2 入口の直径 $D_1 = 150\,\mathrm{mm}$，幅 $b_1 = 100\,\mathrm{mm}$，出口の直径 $D_2 = 300\,\mathrm{mm}$，幅 $b_2 = 50\,\mathrm{mm}$，羽根出口角 $\beta_2 = 20°$ の羽根車をもった遠心ポンプがある．回転数 $N = 1800\,\mathrm{rpm}$，流量 $Q = 3.0\,\mathrm{m^3/min}$ のとき，ポンプが水に与えるトルク T，軸動力 L およびオイラーヘッド H_{th} を求めよ．なお，水は羽根車へ旋回成分なしに流入し（$\alpha_1 = 90°$），羽根に沿って羽根車から流出するものとする．水の密度は $\rho = 1000\,\mathrm{kg/m^3}$ とする．

解 角運動量の式 (10.10) より

$$T = \rho Q\left(\frac{D_2}{2}V_2\cos\alpha_2 - \frac{D_1}{2}V_1\cos\alpha_1\right) = \rho Q r_2 V_2 \cos\alpha_2$$

となる．右辺の数値を順に求めていくと，翼の周速度は

$$u_2 = r_2\omega = \frac{D_2}{2}\times\frac{2\pi N}{60} = \frac{300}{2\times 1000}\times\frac{2\pi\times 1800}{60} = 28.27\,\mathrm{m/s}$$

連続の式 (10.15) より

$$V_2\sin\alpha_2 = \frac{Q}{\pi D_2 b_2} = \frac{\dfrac{3.0}{60}}{\pi\times\dfrac{300}{1000}\times\dfrac{50}{1000}} = 1.06\,\mathrm{m/s}$$

となる．また，速度線図から，羽根車出口の流れの相対速度と絶対速度の周方向成分は

$$w_2 = \frac{V_2\sin\alpha_2}{\sin\beta_2} = \frac{1.06}{\sin 20°} = 3.10\,\mathrm{m/s}$$

$$V_2\cos\alpha_2 = |u_2| - |w_2\cos\beta_2| = 28.27 - 3.10\times\cos 20° = 25.36\,\mathrm{m/s}$$

となる．よって，解答は次のようになる．

トルク

$$T = \rho Q r_2 V_2\cos\alpha_2 = 1000\times\frac{3.0}{60}\times\frac{300}{2\times 1000}\times 25.36 = 190.2\,\mathrm{Nm}$$

軸動力

$$L = T\omega = T\frac{2\pi N}{60} = 190.2\times\frac{2\pi\times 1800}{60} = 35852\,\mathrm{W} \fallingdotseq 35.9\,\mathrm{kW}$$

オイラーヘッド

$$H_{\mathrm{th}} = \frac{w_{\mathrm{t}}}{g} = \frac{T\omega}{\rho Q g} = \frac{35852}{1000 \times \dfrac{3.0}{60} \times 9.8} = 73.17 \fallingdotseq 73\,\mathrm{m}$$

■

10.2.3 ターボ機械の相似則

流体機械の性能に関する物理量として，密度 $\rho\,[\mathrm{kg/m^3}]$，粘度 $\mu\,[\mathrm{Pa\cdot s}]$，圧縮率 $\beta\,[1/\mathrm{Pa}]$，流量 $Q\,[\mathrm{m^3/s}]$，回転数 $N\,[1/\mathrm{s}]$，直径 $D\,[\mathrm{m}]$，軸動力 $L\,[\mathrm{W}]$，比仕事 $w_{\mathrm{t}}\ (= gH)\,[\mathrm{J/kg}]$ があげられる．これらを用いて第8章で示した次元解析から無次元数を求め変形すると，流量係数 ϕ，圧力係数 ψ，軸動力係数 λ，レイノルズ数 Re，マッハ数 Ma の五つの無次元数が求められる．

$$\phi = \frac{Q}{Au_{\mathrm{t}}},\quad \psi = \frac{gH}{u_{\mathrm{t}}{}^2/2},\quad \lambda = \frac{1000L}{A\rho u_{\mathrm{t}}{}^3/2},\quad Re = \frac{\rho DU}{\mu},\quad Ma = \frac{U}{a}\,[\text{無次元}] \tag{10.21}$$

ここで，代表面積 $A\,[\mathrm{m^2}]$，羽根車外径の周速 $u_{\mathrm{t}}\,[\mathrm{m/s}]$，代表速度 $U\,[\mathrm{m/s}]$，音速 $a\,[\mathrm{m/s}]$ である．これらの性能に関する無次元数がすべて等しく，二つの流体機械が幾何学的に相似である場合には，二つの流体機械は互いに相似関係にあり，次に示す性能換算式を用いて一方の機械の性能（模型：添字 m）から他方の機械の性能（実機：添字 p）を換算することができる．

たとえば，ポンプや低圧送風機の場合，性能換算式は次式となる．

$$Q_{\mathrm{p}} = Q_{\mathrm{m}}\left(\frac{D_{\mathrm{p}}}{D_{\mathrm{m}}}\right)^3\left(\frac{N_{\mathrm{p}}}{N_{\mathrm{m}}}\right),\qquad H_{\mathrm{p}} = H_{\mathrm{m}}\left(\frac{D_{\mathrm{p}}}{D_{\mathrm{m}}}\right)^2\left(\frac{N_{\mathrm{p}}}{N_{\mathrm{m}}}\right)^2,$$

$$L_{\mathrm{p}} = L_{\mathrm{m}}\left(\frac{\rho_{\mathrm{p}}}{\rho_{\mathrm{m}}}\right)\left(\frac{D_{\mathrm{p}}}{D_{\mathrm{m}}}\right)^5\left(\frac{N_{\mathrm{p}}}{N_{\mathrm{m}}}\right)^3 \tag{10.22}$$

ところで，模型試験の場合には，代表寸法が小さくなり，レイノルズ数 Re を等しくすることが困難である．このときには，Re が臨界レイノルズ数 $10^5 \sim 10^6$ 以上となることが望ましい．また，レイノルズ数が $10^3 \sim 10^4$ より小さいときには相似条件を満たさなくなる．

例題 10.3 吐出量 $Q_{\mathrm{p}} = 0.05\,\mathrm{m^3/s}$，ヘッド $H_{\mathrm{p}} = 140\,\mathrm{m}$，回転数 $N_{\mathrm{p}} = 1800\,\mathrm{rpm}$ のポンプを設計するのに先立ち，吐出量 $Q_{\mathrm{m}} = 0.5\,\mathrm{m^3/min}$，ヘッド $H_{\mathrm{m}} = 2\,\mathrm{m}$ の模型を作りたい．模型の回転数，実物との寸法比を求めよ．また，模型のポンプの直径 D_{m} はどのくらいの大きさが望ましいと考えられるか．なお，水の動粘度を $1.0 \times 10^{-6}\,\mathrm{m^2/s}$，密度を $1000\,\mathrm{kg/m^3}$ とする．

解 式 (10.22) より

$$Q_{\rm p} = Q_{\rm m}\left(\frac{D_{\rm p}}{D_{\rm m}}\right)^3\left(\frac{N_{\rm p}}{N_{\rm m}}\right), \qquad H_{\rm p} = H_{\rm m}\left(\frac{D_{\rm p}}{D_{\rm m}}\right)^2\left(\frac{N_{\rm p}}{N_{\rm m}}\right)^2$$

となる．$D_{\rm p}/D_{\rm m}$ を消去して

$$N_{\rm m} = N_{\rm p}\left(\frac{H_{\rm m}}{H_{\rm p}}\right)^{3/4}\left(\frac{Q_{\rm p}}{Q_{\rm m}}\right)^{1/2} = 1800 \times \left(\frac{2}{140}\right)^{3/4}\left(\frac{0.05 \times 60}{0.5}\right)^{1/2} = 182\,\mathrm{rpm}$$

$$\frac{D_{\rm p}}{D_{\rm m}} = \frac{N_{\rm m}}{N_{\rm p}}\left(\frac{H_{\rm p}}{H_{\rm m}}\right)^{1/2} = \frac{182}{1800}\left(\frac{140}{2}\right)^{1/2} = 0.85$$

となる．上式の使用は，レイノルズ数が 10^5〜10^6 以上が望ましいとされている．代表速度として羽根車外径の周速度 $u_{\rm t}$ を用いると，レイノルズ数がこの条件を満たすとき，

$$Re = \frac{D_{\rm m}u_{\rm t}}{\nu} = \frac{D_{\rm m} \times \left(\dfrac{D_{\rm m}}{2} \times \dfrac{2\pi N_{\rm m}}{60}\right)}{\nu} = \frac{D_{\rm m} \times \dfrac{D_{\rm m}}{2} \times \dfrac{2\pi \times 182}{60}}{1.004 \times 10^{-6}} > \left(10^5\sim10^6\right)$$

となるので，$D_{\rm m}$ の条件は

$$D_{\rm m}{}^2 > \left(\frac{1.004 \times 2 \times 60}{2\pi \times 182 \times 10}\sim\frac{1.004 \times 2 \times 60}{2\pi \times 182}\right) = \left(0.010536\sim0.10536\right)$$

$$\therefore\ D_{\rm m} > \left(\sqrt{0.010536}\sim\sqrt{0.10536}\right) = \left(0.1026\sim0.3246\right) = \left(0.10\sim0.32\right)\ \mathrm{m}$$

となり，模型の直径は 0.32 m より大きいほうが望ましいといえる． ■

10.2.4 比速度

ターボ型ポンプの構造は，図 10.3 に示すように，羽根車の回転軸に対するポンプ内部で生じる流れの方向との関係により 3 種に大別される．**遠心型**（centrifugal type）または**半径流型**（radial flow type）では遠心力により回転軸方向と垂直な半径方向外

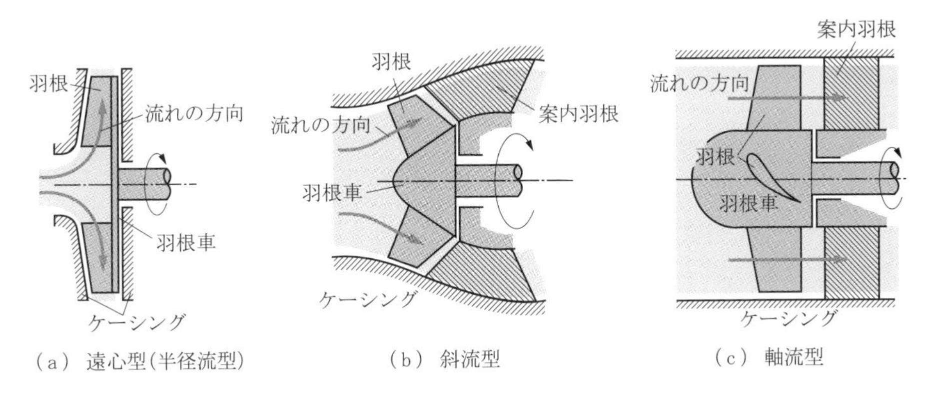

図 10.3 ターボ型ポンプ内の流れの方向と羽根車形状

側に向かう流れを，**軸流型**（axial flow type）では羽根車の揚力により回転軸方向の流れを生じさせる．また，**斜流型**（diagonal flow type）は遠心力と揚力の両方を利用して回転軸に対して傾いた方向の流れとなる．

ターボ機械の羽根車形状と密接に関係する特性数として，**比速度**（specific speed）n_{s} がある．これは，回転数 N [1/s]，流量 Q [m^3/s]，比仕事 w_{t} $(= gH)$ [J/kg]，軸動力 L [W]，密度 ρ [kg/m^3]，直径 D [m] を物理量とし，ρ，Q，gH を基本量として次元解析から得られた無次元数である．同様の解析により，ほかに比直径 d_{s} と効率 η が得られる．被動機の場合，n_{s} と d_{s} と η は次式となる．

$$n_{\mathrm{s}} = \frac{NQ^{1/2}}{(gH)^{3/4}}, \qquad d_{\mathrm{s}} = \frac{D(gH)^{1/4}}{Q^{1/2}}, \qquad \eta = \frac{\rho QgH}{L} \ [\text{無次元}] \tag{10.23}$$

図10.4は，ターボポンプの場合の n_{s} と η の関係である．高効率のターボ機械では n_{s} と d_{s} の関係がほぼ決まるので，機械の形式の選定には一般に比速度が用いられる．慣用的には重力加速度 g を省略して，N [rpm]，Q [m^3/min]，H [m] の単位を用いた比速度が使用されている．慣用的な比速度 N_{s} は次式となる．

$$N_{\mathrm{s}} = \frac{NQ^{1/2}}{H^{3/4}} = 2575 n_{\mathrm{s}} \ [\mathrm{rpm,\ m^3/\,min, m}] \tag{10.24}$$

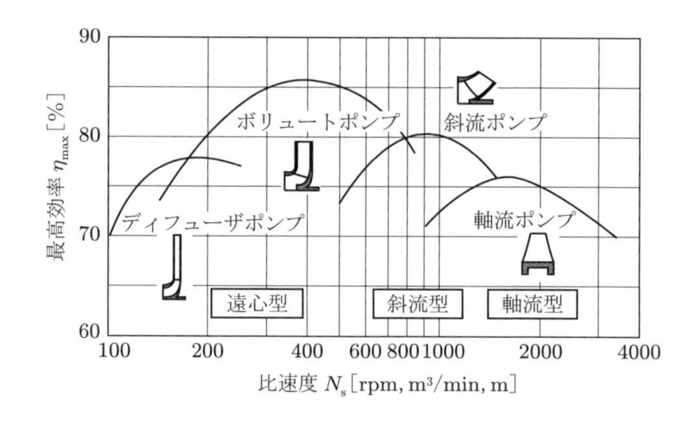

図10.4 ターボポンプの羽根車形状と比速度

ここで，羽根車の形状が相似で，羽根車の大きさが異なる実機ポンプ（添字 p）と模型ポンプ（添字 m）とがあり，それらの羽根車内の流れが相似である場合を考える．性能曲線上の対応する運転点における，それぞれの羽根車の回転数（N_{p}，N_{m}），流量（Q_{p}，Q_{m}）および揚程（H_{p}，H_{m}．ポンプの場合，ヘッドのことを揚程という）に対して比速度を求めると，

$$N_{\mathrm{p}}\frac{{Q_{\mathrm{p}}}^{1/2}}{{H_{\mathrm{p}}}^{3/4}}=N_{\mathrm{m}}\frac{{Q_{\mathrm{m}}}^{1/2}}{{H_{\mathrm{m}}}^{3/4}} \tag{10.25}$$

となり，両者は一致する．すなわち比速度は，模型ポンプを流量 Q_{m} が単位流量 $1\,\mathrm{m}^3/\mathrm{min}$，ヘッド H_{m} が単位揚程 $1\,\mathrm{m}$ である仮想のポンプとみなすとき，このポンプに与えるべき回転数 N_{m} と解釈できる．なお，比速度 N_{s} の値は，一般に実機ポンプが最大効率となるときの流量 $Q\,[\mathrm{m}^3/\mathrm{min}]$，揚程 $H\,[\mathrm{m}]$ および回転数 $N\,[\mathrm{rpm}]$ から算出される．

図 10.4 の関係より，比速度 n_{s} の値は羽根車の形状により大きく変化し，揚程 H が大きく流量 Q が小さい遠心型は比速度が小さく，逆に流量が大きく揚程が小さい軸流型は比速度が大きくなる．したがって，ポンプの設計においては，必要とされる H，Q，N の組から比速度を算出し，その比速度に対してポンプ効率が最大となる羽根車形状を選定することが望ましい．なお，図中のボリュートポンプとは，図 10.5 に示すようなもっとも一般的な遠心ポンプである．また，ディフューザポンプは，ボリュートポンプの羽根車の周囲にディフューザの役割を果たす多数の案内羽根を取り付けて，吐出圧力を高めた遠心ポンプである．

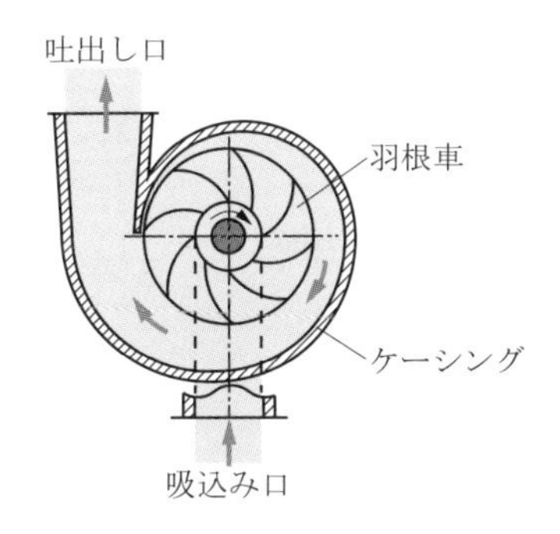

図 10.5 遠心ポンプ

また，水車の場合には，図 10.3 の流れの方向が逆になるが，型式はポンプと同様に分類できる．水車などの原動機では，流量 $Q\,[\mathrm{kg/m^3}]$ の代わりに軸動力 $L\,[\mathrm{W}]$ を用いて，次式のように比速度 n_{s} が表される．

$$n_{\mathrm{s}}=\frac{NL^{1/2}}{\rho^{1/2}(gH)^{5/4}}\ [\text{無次元}] \tag{10.26}$$

また，慣用的には $\rho=1000\,\mathrm{kg/m^3}$ とし，$N\,[\mathrm{rpm}]$，$L\,[\mathrm{kW}]$，$H\,[\mathrm{m}]$ の単位を用いて次式のような比速度が使用されている．

$$N_s = \frac{NL^{1/2}}{1000^{1/2}H^{5/4}} = 1041n_s \, [\text{rpm, kW, m}] \tag{10.27}$$

例題 10.4 吐出量 3.0 m^3/min，回転数 1800 rpm，ヘッド 20 m のポンプを設計したい．このポンプの形式は何が適切か．水の密度は 1000 kg/m^3 とする．

解

$$n_s = \frac{NQ^{1/2}}{(gH)^{3/4}} = \frac{\dfrac{1800}{60} \times \left(\dfrac{3.0}{60}\right)^{1/2}}{(9.8 \times 20)^{3/4}} = 0.128$$

$$N_s = 2575n_s = 330 \, [\text{rpm, m}^3/\text{min, m}]$$

$$\text{または } N_s = \frac{NQ^{1/2}}{H^{3/4}} = \frac{1800 \times 3.0^{1/2}}{20^{3/4}} = 329.66 \fallingdotseq 330 \, [\text{rpm, m}^3/\text{min, m}]$$

図 10.4 より効率が高くなるのは遠心型であるので，設計するポンプとしては遠心型が適している．■

10.2.5 性能曲線と作動点

ポンプは，通常図 10.6 に示されるような管路系をともなって運転される．ポンプの性能は，図に示すようにある流量 Q の液体をどれくらいの高さまで持ち上げることができるかで表される．この高さを**揚程**（head）という．図をみると，管路系を介して実際に持ち上げられた高さは，下方にあるタンクの液面から上方にあるタンクの液面までの高さ H_a [m] である．これを**実揚程**（actual head）という．実揚程は，ポン

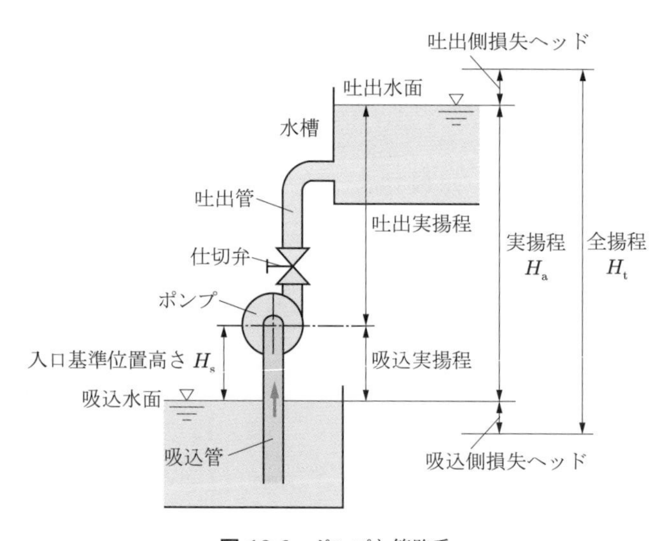

図 10.6 ポンプと管路系

プから吐出水面までの吐出実揚程とポンプから吸込水面までの吸込実揚程からなる．このときポンプに必要な性能は，図のように実揚程 H_a だけでなく，管路摩擦や弁などにより配管系に生じる総損失ヘッド分を含んだ揚程 H_t となる．ポンプに必要な性能を示す揚程を**全揚程**（total head）という．

ポンプが駆動され，管路系に液体が流れる場合，ポンプにはその際の流量に応じた管路の総損失ヘッド（全損失ヘッド）h_l と実揚程 H_a を足し合わせた揚程が必要とされる．総損失ヘッド h_l は，第 7 章に示したように断面平均流速 V の 2 乗すなわち流量 Q の 2 乗に比例して増加するため，この管路系の負荷特性 H_l は次式で表される．

$$H_l = H_\mathrm{a} + KQ^2\,[\mathrm{m}] \tag{10.28}$$

ここで，K は比例定数である．

図 10.7 は，一定の回転数 N のもとで，吐出流量 Q に対するポンプ効率 η，軸動力 L および全揚程 H の変化を表している．このように性能の変化の様子を表す曲線を**性能曲線**（performance curve）という．図より，ポンプ効率はある流量のときに最大となることがわかる．この流量 Q_0 とこのときの全揚程 H_0 がポンプの設計点であり，これらの数値はポンプの基本性能として各ポンプごとに記載されている．送風機などのほかのターボ機械についても同様である．

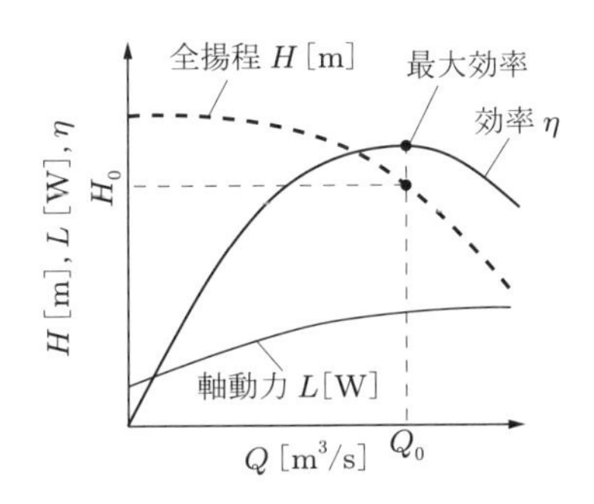

図 10.7 遠心ポンプの性能曲線

図 10.8(a) は，ポンプや送風機などのターボ機械のヘッド H と式 (10.28) の抵抗曲線 H_l との関係を表している．流量に対するヘッドの特性曲線（H-Q 特性）は，ターボ機械によって変化する．この抵抗曲線とヘッドの特性曲線との交点 A がターボ機械の**作動点**（operating point）である．ターボ機械を用いた管路系システムを設計する際には，交点 A の流量で効率が最大となるように設計することが望ましい．この効率が最大となる作動点を**設計点**（design point）ともいう．

図 (a) に示すように，弁が設計点から少し閉じられた場合には管路系における総損

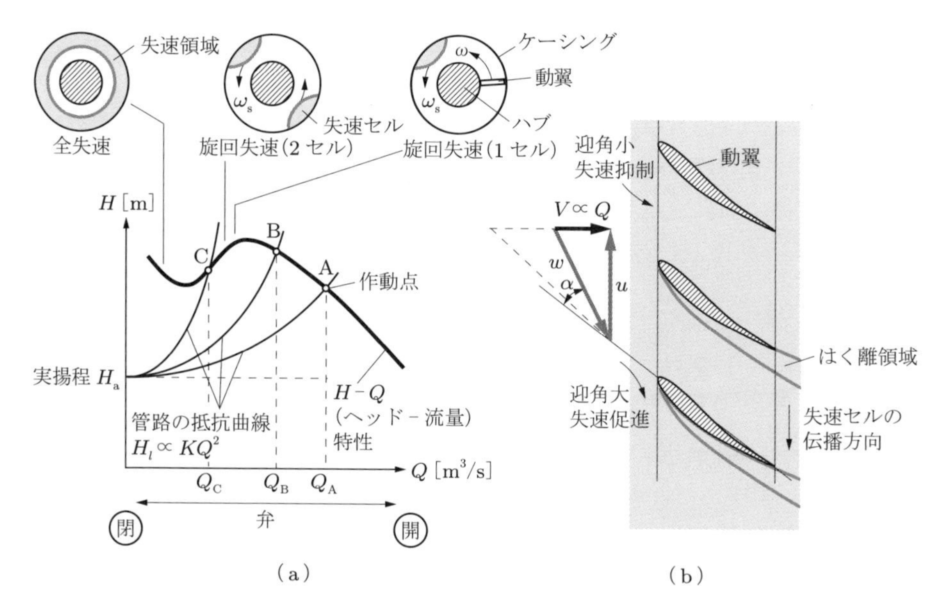

図 10.8　ターボ機械の運転点と失速領域

失ヘッドが増加するため，管路系に流れる流量は Q_B に減少する．このように，管路系の総損失の大きさにともなってターボ機械で送り出せる流量 Q は変化する．さらに弁を閉じると，さらに総損失ヘッドが増加し，流量は Q_C に減少し，作動点は交点 C に移動する．

ターボ機械が低流量域で運転される場合，軸流速度 V が減少し，翼迎角 α が増加し，羽根車内の翼では図 (b) に示すような失速が発生する．羽根車のある翼で失速が生じると，翼間にはく離領域が生じ有効流路面積が減少するため，ほかの翼間では軸流速度 V が増加し翼迎角 α が減少して，非失速状態となる．このような失速域は羽根車内で局所的に発生し，**失速セル**（stall cell）とよばれている．失速セルは，動翼から見ると羽根車の回転方向とは逆に伝播し，羽根車の回転方向に回転数の 30～70% の速度で回転する．すなわち，失速セルの角速度 ω_s は羽根車の角速度 ω の 30～70% となる．このような失速状態を**旋回失速**（rotating stall）という．さらに流量が減少すると，失速セルの個数が増加し，揚程（ヘッド）H が徐々に減少して，H-Q 特性に図 (a) に示すような右上がり勾配領域が現れる．

交点 C のように作動点が特性曲線の H-Q 特性の右上がり勾配領域にあると，ターボ機械の運転状態が不安定となり，流量が著しく変動する**サージング**（surging）が発生することがある．この現象は管路系の自励振動であり，管路系全体が激しく振動して構造物が破損する恐れがあるため，作動点が H-Q 特性の右上がり勾配領域にこないようにする必要がある．

さらに流量が減少すると，羽根車のすべての翼が失速する全失速状態となる．このときには羽根車の翼が有効に機能しないため，効率が低くなる．

10.2.6 ポンプにおけるキャビテーション

第1章で示したように，流体中の圧力が飽和蒸気圧以下になると局所的に気泡が発生する．運転中のポンプでは翼背面（翼負圧側）で圧力が低下することから，運転中のポンプの翼まわりの流れの様子と翼背面上の圧力 p との関係について考える．図10.9に翼まわりの圧力分布を示す．翼の最小圧力 $p_{\rm min}$ が飽和蒸気圧 $p_{\rm v}$ よりも大きい場合には，上流から流れてきた微小流体粒子は，翼の前縁近傍から圧力が低下しはじめ，翼背面で最小圧力となり，さらに下流に流れるにつれて圧力が回復していく．最小圧力 $p_{\rm min}$ が飽和蒸気圧 $p_{\rm v}$ よりも小さい場合には，図に示すように $p = p_{\rm v}$ で小さな蒸気泡が翼背面に現れる．蒸気泡の核は流体中の不純物や液体中に溶けている空気などのガス泡である．発生した蒸気泡は，下流に流れるにつれて圧力がさらに低下して最小圧力点 $p_{\rm min}$ まで成長し，これを過ぎると逆に圧力が回復し，$p = p_{\rm v}$ で蒸気泡が消滅する．蒸気泡の崩壊は瞬間的に起こり，このとき局所的に高い衝撃圧が発生する．キャビテーションの発生域が広がると，翼背面が蒸気泡で覆われてポンプ性能が低下するだけでなく，激しい振動と騒音が発生する．さらに，この状態で長時間運転を続けると，キャビテーション発生域の下流側で衝撃圧により翼表面に疲労破壊が生じる．これを**キャビテーション壊食**（cavitation erosion）という．同様の現象は，管路の弁や絞り部など，流体機械や管路内で圧力が低くなる場所で発生する．

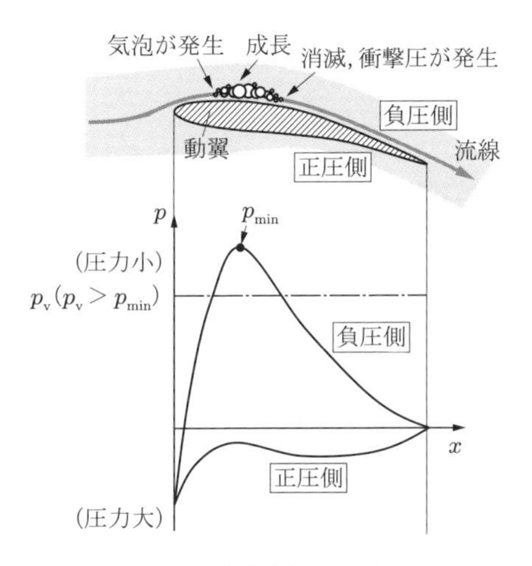

図 10.9 翼面圧力分布とキャビテーション

管路系にポンプが設置されている場合，キャビテーション発生の目安として**有効吸込ヘッド**（NPSH: net positive suction head）がある．これは，ポンプの入口の流体が飽和蒸気圧を超えて保有しているヘッドであり，次式で定義される．

$$\mathrm{NPSH} = \frac{p_{\mathrm{t}} - p_{\mathrm{v}}}{\rho g}\ [\mathrm{m}] \tag{10.29}$$

ここで，ポンプの入口基準位置の全圧（絶対圧力）p_{t} [Pa]，液体の飽和蒸気圧 p_{v} [Pa] である．全圧とは，静圧 p_{s} と動圧 $\rho V^2/2$ の和である．

図 10.6 に示す管路系では，NPSH は次式となる．

$$\mathrm{NPSH} = \frac{p_{\mathrm{t}} - p_{\mathrm{v}}}{\rho g} = \frac{p_{\mathrm{a}}}{\rho g} - H_{\mathrm{s}} - h_l - \frac{p_{\mathrm{v}}}{\rho g}\ [\mathrm{m}] \tag{10.30}$$

ここで，下方水面に作用する大気圧 p_{a} [Pa]，水面からポンプの入口基準位置までの高さが H_{s} [m]，吸込部から入口基準位置までの管路の損失ヘッド h_l [m] である．

また，ポンプの入口基準位置の全圧 p_{t} に相当するヘッドを $H_{\mathrm{t}}\ (= p_{\mathrm{t}}/\rho g)$ [m] とし，翼の最小圧力 p_{min} に相当するヘッドを $H_{\mathrm{min}}\ (= p_{\mathrm{min}}/\rho g)$ [m] とすると，$H_{\mathrm{t}} - H_{\mathrm{min}}$ は NPSH のキャビテーションの発生する限界値を表し，これを**必要有効吸込ヘッド**（required NPSH）H_{sv} という．

NPSH と H_{sv} との差は

$$\begin{aligned}\mathrm{NPSH} - H_{\mathrm{sv}} &= \left(\frac{p_{\mathrm{a}}}{\rho g} - H_{\mathrm{s}} - h_l - \frac{p_{\mathrm{v}}}{\rho g}\right) - \left(\frac{p_{\mathrm{a}}}{\rho g} - H_{\mathrm{s}} - h_l - \frac{p_{\mathrm{min}}}{\rho g}\right)\\ &= \frac{p_{\mathrm{min}} - p_{\mathrm{v}}}{\rho g}\end{aligned} \tag{10.31}$$

となる．したがって，$\mathrm{NPSH} \leqq H_{\mathrm{sv}}$ のときに $p_{\mathrm{min}} \leqq p_{\mathrm{v}}$ となり，キャビテーションが発生する．

ところで，キャビテーションの発生する限界値を表す無次元数として**吸込比速度**（suction specific speed）があり，次式で表される．

$$s = \frac{NQ^{1/2}}{(gH_{\mathrm{sv}})^{3/4}}\ [\text{無次元}] \tag{10.32}$$

ここで，回転数 N [1/s]，流量 Q [m^3/s]，必要有効吸込ヘッド H_{sv} [m] である．慣用的には N [rpm]，Q [m^3/min]，H_{sv} [m] を用いて，次式のようになる．

$$S = \frac{NQ^{1/2}}{H_{\mathrm{sv}}{}^{3/4}}\ [\mathrm{rpm, m^3/min, m}]$$

実験結果から，標準的なポンプでは吸込比速度 $s = 0.45$〜0.50（$S = 1200$〜1300 [rpm,

m^3/min, m]），キャビテーションがより発生しにくいポンプでは $s = 0.6 \sim 0.7$（$S = 1550 \sim 1800$ [rpm, m^3/min, m]）程度となる．したがって，標準的なポンプでは，H_{sv} は次式で求められる．

$$H_{sv} = \left(\frac{N}{s}\right)^{4/3} \frac{Q^{2/3}}{g} \text{ [m]} \tag{10.33}$$

$$\text{慣用的な場合} \quad H_{sv} = \left(\frac{N}{S}\right)^{4/3} Q^{2/3} \text{ [m]}$$

例題 10.5　図 10.6 のような管路系に回転数 1800 rpm，吐出量 0.6 m^3/min のポンプが設置されている．20℃ の水を 20 m の高さへ供給する場合，ポンプ内にキャビテーションが発生しないようにするには，ポンプの入口基準位置を水面からいくらの高さにすればよいか．ただし，水温 20℃ の水の密度 1000 kg/m^3，飽和蒸気圧 4.2 kPa，大気圧 0.1 MPa，ポンプ入口基準位置までの吸込管路における損失ヘッドは 0.9 m とする．

解　標準的なポンプの場合，吸込比速度 $s = 0.45$ または慣用的な場合には $S = 1200$ [rpm, m^3/ min, m] であるから，必要有効吸込ヘッドは，式 (10.33) から

$$H_{sv} = \left(\frac{N}{S}\right)^{4/3} Q^{2/3} = \left(\frac{1800}{1200}\right)^{4/3} 0.6^{2/3} = 1.22 \text{ m}$$

$$\text{または} \quad H_{sv} = \left(\frac{N}{s}\right)^{4/3} \frac{Q^{2/3}}{g} = \frac{(1800/60)^{4/3}}{0.45^{4/3}} \frac{(0.6/60)^{2/3}}{9.8} = 1.28 \text{ m}$$

となる．有効吸込ヘッドは次式となる．

$$\text{NPSH} = \frac{p_a}{\rho g} - H_s - h_l - \frac{p_v}{\rho g} = \frac{0.1 \times 10^6}{1000 \times 9.8} - H_s - 0.9 - \frac{4200}{1000 \times 9.8}$$

NPSH $> H_{sv}$ のとき，キャビテーションが発生しないから，

$$H_s < \frac{0.1 \times 10^6}{1000 \times 9.8} - 0.9 - \frac{4200}{1000 \times 9.8} - 1.28 = 7.60 \text{ m}$$

より，ポンプの据付位置はその入口基準位置が 7.6 m 未満になるようにすればよい．■

10.3 風　車

風車は，中世以降のヨーロッパ社会において揚水や製粉のための動力源として長く利用され，16 世紀の頃には世界各地に普及したが，熱機関が発明されると，風力や風向が一定しない点で動力源として不利になったため，20 世紀の後半にはほとんどみられなくなった．しかし，近年になって，将来における石油や石炭などの化石燃料の枯

渇の危機や，化石燃料を燃焼させた際に発生する二酸化炭素を低減させようとする社会的要請を受けて，クリーンで無尽蔵である風力エネルギーを利用するための風車が改めて見直されてきている．ただ，風力エネルギーはエネルギー密度が小さく，風車効率が風速に依存して大きく変動するため，風車の設置に必要な条件として年間の平均風速が 6 m/s 以上であることがあげられている．

風車には種々の種類があるが，プロペラ型，多翼型およびオランダ型などの風車の回転軸が地面に平行な水平軸型風車と，サボニウス型，ジャイロミル型およびクロスフロー型などの回転軸が鉛直方向である垂直軸型風車とに大別される（図 10.10）．風車の性能は次式の出力係数 C_P およびトルク係数 C_T により表される．

(a) プロペラ型風車

(b) サボニウス型風車

(c) ジャイロミル型風車

図 10.10 代表的な風車の例

$$C_\mathrm{P} = \frac{L}{(1/2)\rho {V_1}^3 A_\mathrm{w}} \ [\text{無次元}] \tag{10.34}$$

$$C_\mathrm{T} = \frac{T}{(1/2)\rho {V_1}^2 R A_\mathrm{w}} \ [\text{無次元}] \tag{10.35}$$

L および T は，それぞれ風車で実際に得られる動力 [W] およびトルク [Nm] である．また，V_1 は図 5.9 に示した風車上流の風速 [m/s]，A_w は風車の受風面積 [m^2]，R は風車回転面の半径 [m]，ρ は空気の密度 [kg/m^3] である．出力係数 C_P およびトルク係数 C_T は，しばしば図 10.11 のように，風速 V_1 に対する風車翼端の周速度の比で

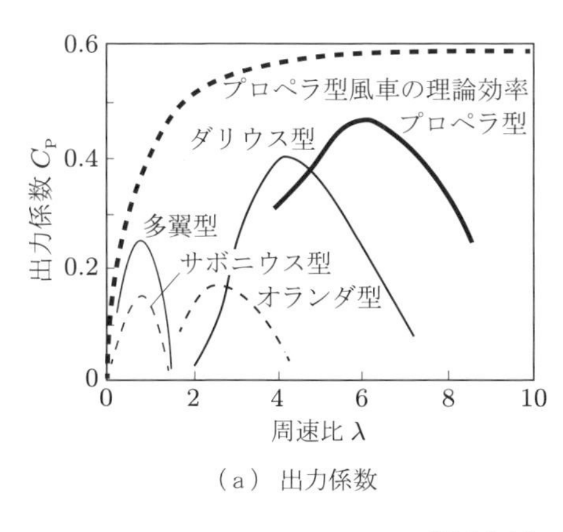

(a) 出力係数

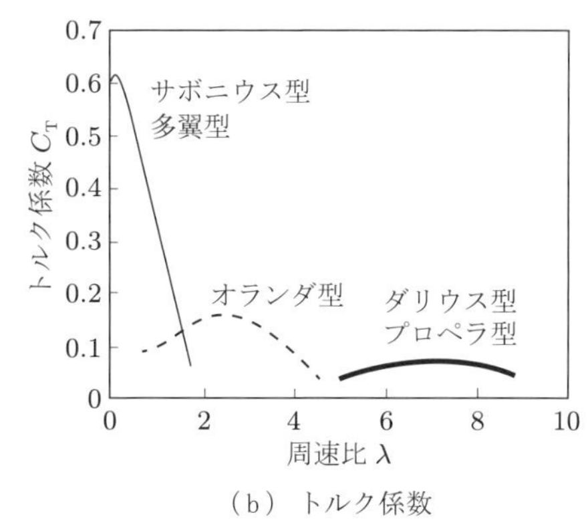

(b) トルク係数

図 10.11 風車の性能

ある**周速比**（tip speed ratio）λ に対して表される．水平軸型風車は，その回転面を風向きと垂直に保つしくみを必要とするが，風車の出力係数は比較的高いことがわかる．プロペラ型風車の出力係数 C_P は，周速比が大きくなると式 (5.32) に示したようにその理論効率である約 60% に近づく．しかし，実際には図 10.11(a) からわかるように，空気の抵抗や粘性による損失のために理論値には達しない．プロペラ型以外の風車では，最適な周速比 λ の場合でも 45% 程度であるが，さらに全体のシステムでは軸受や増速機などにおける機械損失や発電機損失などが生じるため，電気エネルギーとして取り出せるのは風力エネルギーの 20〜40% 程度である．一方，垂直軸型風車は風向きの影響を考慮しなくてよいが，出力係数 C_P はあまり大きくない．ただ，サボニウス型風車は，翼の揚力により回転するほかの風車と異なり，風受け面に作用する動圧を受けてその圧力差で回転するので，図 (b) のように周速比 λ が小さいときに大きいトルクが得られる特徴がある．

10.4 水 車

水車は，水の位置エネルギーを利用して羽根車を回転させて動力を得る流体機械の総称である．国内では，古くから小規模な河川や水路において上掛け式水車が揚水や製粉に用いられていたが，現在ではほとんど使用されていない．

近代に入ってからは，本格的な羽根車をもつ各種の水車が水力発電に用いられている．水力発電の概要を図 10.12 に示す．ダム湖に蓄えられた水は導水管を通って下方にある発電所内の水車に導かれて動力を発生させ，その動力により発電機が駆動される．水車に利用できる水の有効落差 H は，ダム湖の水面から放水河川の水面までの鉛直高さである総落差 H_a から，導水路の総損失ヘッド h_{l1} および放水損失 $V_2{}^2/2g$

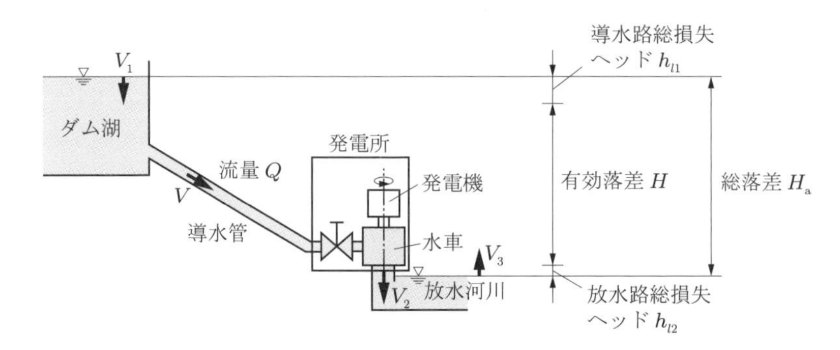

図 10.12 水力発電と有効落差

を含む放水路の総損失ヘッド h_{l2} を差し引いて次のようになる.

$$H = H_a - h_{l1} - h_{l2} \,[\mathrm{m}] \tag{10.36}$$

ここで，図中の V_1，V_3 はそれぞれダム湖と放水河川の水面変化の速度で，0 とみなせる.

水車に流入する流量を $Q\,[\mathrm{m^3/s}]$ とすると，有効落差が $H\,[\mathrm{m}]$ である水車で作り出せる理論動力 L_{th} は次式となる.

$$L_{\mathrm{th}} = \rho QgH \,[\mathrm{W}] \tag{10.37}$$

水車の出力を $L\,[\mathrm{W}]$ とすると，水車効率は次式で定義される.

$$\begin{aligned} \eta &= \frac{L}{L_{\mathrm{th}}} = \frac{L}{\rho QgH} \,[無次元] \\ &= \frac{L}{\rho QgH} \times 100[\%] \end{aligned} \tag{10.38}$$

水車の種類は，羽根車の駆動方法や水の作用方向により区別されることが多いが，ここでは基本的な 3 種の水車，ペルトン水車，フランシス水車およびプロペラ水車について概観する.

ペルトン水車（Pelton turbine）は，すでに 5.3 節で述べたように，噴流を次々にバケットに直接衝突させてその衝撃によって動力を得る構造であるので（図 5.8），**衝動水車**（impulse water turbine）の一つに分類される．ペルトン水車の理論動力は式 (5.21) に示したように，噴流の衝突速度に依存するので，水の位置エネルギーは速度エネルギーに変換されて利用される．したがって，ペルトン水車は有効落差が大きい場合に適している.

フランシス水車（Francis turbine）と**プロペラ水車**（propeller turbine）は，その

内部で速度エネルギーと圧力エネルギーの変化により羽根車を回転させるので，**反動水車**（reaction water turbine）に分類される．さらに，水車内の羽根車を通過する水の流れの方向から分類すると，フランシス水車は半径流型，プロペラ水車は軸流型となる．フランシス水車では，図 10.13(a) に示すように多数の羽根からなる羽根車の外周側から水が半径方向に流入して軸方向に流出し，その際に羽根車を回転させる構造をもっている．一方，プロペラ水車では，図 (b) に示すように 4～6 枚と少ない羽根をもつ羽根車を水が軸方向に通過する．

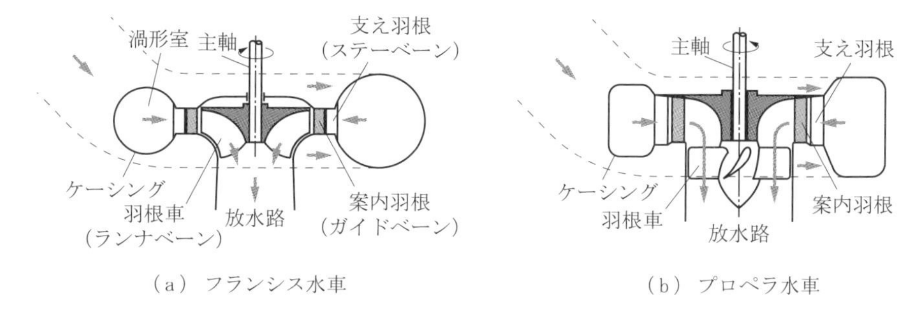

図 10.13　反動水車

10.5 ポンプ

ポンプは，モータなどにより羽根車を回転させて液体にエネルギーを与えて，下方にあるタンクなどから吸い込んだ液体を管路を介して上方に移送する際に使用されるものである．作動形式や液体へのエネルギーの与え方により図 10.14 のように分類される．

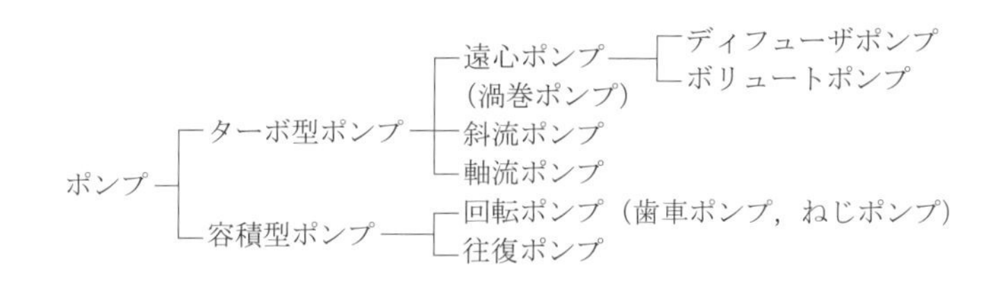

図 10.14　ポンプの分類

容積型ポンプは，内部で圧力を高めて外部に送り出す構造のポンプで，小流量で高圧力の用途に利用される．一方，ターボ型ポンプは，羽根車の回転により連続的に液体を移送でき，圧力と流量の広い範囲に対応できるので工業的に多く利用されている．

ポンプの羽根車は，モータの軸を介して回転動力を得て駆動され，液体に動力を与える．ポンプが外部から得る動力を軸動力 L [W] とすると，ポンプが液体に与える動力は水動力とよばれ，次式となる．

$$L_{\mathrm{th}} = \rho QgH\ [\mathrm{W}] \tag{10.39}$$

ポンプ効率 η は次式のように定義される．

$$\begin{aligned}\eta &= \frac{L_{\mathrm{th}}}{L} = \frac{\rho QgH}{L}\ [\text{無次元}] \\ &= \frac{\rho QgH}{L} \times 100[\%]\end{aligned} \tag{10.40}$$

10.6 送風機と圧縮機

送風機（fan, blower）と**圧縮機**（compressor）は，吸い込んだ気体の圧力を上昇させて吐出する機械である．基本的な構造はポンプと同じであるが，気体は液体に比べて密度が小さいことと，圧縮率が大きく圧力変化による圧縮，膨張の際に温度変化をともなうことが異なる．ターボ型や容積型があり，容積型には回転式および往復式が，ターボ型には軸流式および遠心式がある．

送風機と圧縮機は，一般的に吐出圧力または圧力比（吐出圧力と吸込圧力の比）によって分類される（表10.1）．送風機は，ファンとブロワの総称である．

表 10.1 送風機・圧縮機の分類

	吐出圧力	圧力比
ファン	10 kPa 未満	1.1 未満
ブロワ	10 kPa 以上 100 kPa 未満	1.1 以上 2.0 未満
圧縮機	100 kPa 以上	2.0 以上

演習問題

10.1 図10.15のようにポンプを用いて，大きいタンクから流量 $Q = 1.5\,\mathrm{m^3/min}$ の水（密度 $\rho = 1000\,\mathrm{kg/m^3}$）を，水面高さが $H_{\mathrm{a}} = 18\,\mathrm{m}$ だけ上方にあるタンクに送るものとする．送水円管の全長は $l = 20\,\mathrm{m}$ で，その内径は吸込・吐出側とも $d = 60\,\mathrm{mm}$ とする．また，管

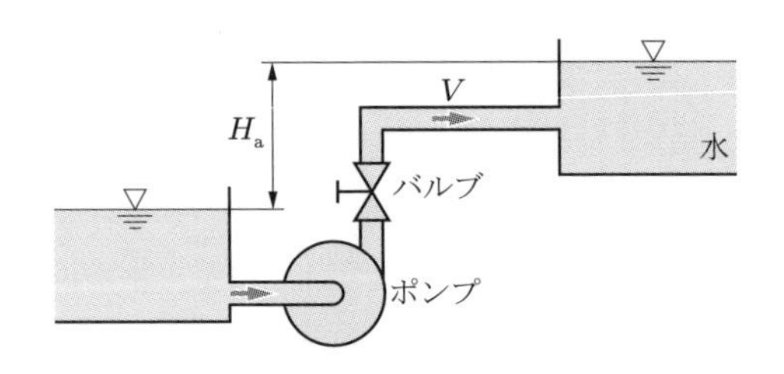

図 10.15

路の管摩擦係数は $\lambda = 0.02$，管路入口の損失係数は $\zeta_1 = 0.5$，弁（バルブ）の損失係数は $\zeta_2 = 2.0$，曲がり部の損失係数は $\zeta_3 = 0.5$ および管路出口の損失係数は $\zeta_4 = 1.0$ とする．このときポンプに必要な全揚程 H_{t} を求めよ．

10.2　図 10.16 のように，貯水槽よりポンプを用いて水を $H_{\mathrm{a}} = 15\,\mathrm{m}$ の高さまで上げて，直径が $d_2 = 20\,\mathrm{mm}$ のノズル先端から大気中に噴出させるようにする．円管路の直径は $d_1 = 40\,\mathrm{mm}$ で，ポンプの吸込側と吐出側を足し合わせた円管路の全長は $l = 50\,\mathrm{m}$ である．なお，管路の出口近くの圧力を U 字管水銀マノメータにより測定したところ，大気圧より 7.0 kPa だけ高いことがわかった．ここで，管路の管摩擦係数は $\lambda = 0.02$，曲がり部の損失係数は $\zeta_{\mathrm{b}} = 0.5$，弁の損失係数は $\zeta_{\mathrm{v}} = 4.0$ とし，管路の入口と出口におけるノズル部の損失は無視できるものとする．また，水の密度は $\rho_{\mathrm{w}} = 1000\,\mathrm{kg/m^3}$ とする．以下の問いに答えよ．

(1) 管路内の断面平均流速 V_1 およびノズルから噴出する水の流速 V_2 を求めよ．

(2) 管路系全体の損失ヘッド h_l を求めよ．

(3) ポンプに必要な全揚程 H_{t} を求めよ．

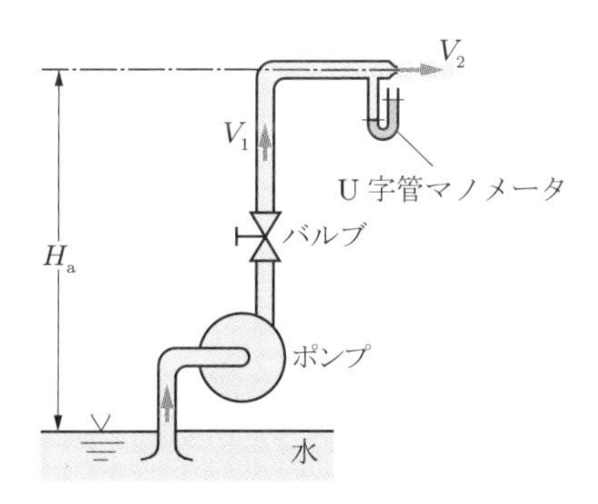

図 10.16

10.3　羽根車の回転数を $N = 1720\,\mathrm{rpm}$ とするとき，全揚程が $H = 18\,\mathrm{m}$，吐出流量が $Q = 0.012\,\mathrm{m^3/s}$ となるポンプを設計したい．選択すべき羽根車の形状として適切と考えられるものはどれか，図 10.4 を参照して答えよ．

10.4　図 10.12 に示すように，水面の差が 50 m あるダムと放水河川との間に，水車を設置した場合を考える．水車には，内径 1.5 m の円管から 6.0 m/s の流速で水が流入してくる．このタービンで取り出せる動力を求めよ．なお，摩擦による損失は無視してよい．

10.5　図 10.6 のような管路系に，回転数 3600 rpm，吐出量 $0.3\,\mathrm{m^3/min}$ のポンプが入口基準位置が水面から 8 m になるように設置されている．20℃ の水を 30 m の高さへ供給する場合，ポンプ内にキャビテーションが発生するかどうか調べよ．ただし，水温 20℃ の水の密度は $1000\,\mathrm{kg/m^3}$，飽和蒸気圧は 4.2 kPa，大気圧は 0.1 MPa，ポンプ入口基準位置までの吸込管路における損失ヘッドは 0.9 m とする．

第11章 流れの可視化と計測

これまで，各種保存則をはじめとして流れを物理的に取り扱う方法について説明してきた．しかし，実際の流れは複雑であり，これらの知見をそのままあてはめられないことが多い．そこで重要となるのが，そのような流れを視覚的あるいは定量的にとらえることである．たとえば，はく離の有無やその程度，乱流遷移の有無などが把握できれば，実際の流れを近似的に単純なモデルに帰着させたり，物体や流体に働く抵抗などを評価することが可能となる．また，速度ベクトルの時間変動は流体の流れそのものであるので，速度ベクトルの計測は流れの中から多くの情報を取り出すのに有効である．本章では，流れを視覚的にとらえ定性的な理解を可能とする各種流れの可視化方法に加え，流れ場を定量的にとらえる流速測定法について説明する．

11.1 流れの可視化

空気や水に代表されるように，日常生活あるいは工業分野で取り扱う流体の多くは，その流動を直接見ることが不可能である．「流れの可視化」は，異物の混入などによりこのような流れを「見える化」することを意味する．広義では CG などを駆使した数値計算結果の表示も流れの可視化とよばれることがあるが，これはここでは含まないものとする．

近年のイメージング技術の発達は高速度デジタルカメラの普及を促し，静止画像ではなく動画像による流れの可視化が身近になってきた．それをふまえて本節では，「流れパターン」，「流れの方向」，「流跡線」，「流脈線」，「せん断場」のように得られる流れの要素に焦点をあて，その取得を可能にする方法について説明する．なお，本章では局所的にせん断の強いせん断流れ場を，せん断場とよんでいる．

11.1.1 流れパターンと流れ方向の可視化：タフト法・油膜法

逆圧力勾配が大きくなると，流れは物体表面からはく離してその後方に逆流領域を形成する．流れのはく離は翼の失速などにつながり，大きな抗力をもたらすため，その発生場所を把握することは重要である．このような，順流から逆流への流れの方向変化を把握する方法として，**タフト法**（tuft technique）がある．これは，壁面に取り付けたタフトとよばれる糸や細かいフィルムの挙動を観察することにより，流れの方向を調べる方法である．タフトとして使用する素材の剛性などに依存して時間応答性が変化するため，基本的に定常流の観察に適しており，非定常流においては時間平均的な流れの様子が観察されることに注意が必要である．また壁面に限らず，流れ場の中に細いワイヤなどを張り巡らせてグリッド状にタフトを配置することにより，空間における大まかな流れの方向を把握することも可能である．

一方，流れの方向だけでなく，大まかな流れ構造を含む流れパターンを可視化する方法が**油膜法**（oil-film technique）である．これは，顔料（たとえば二酸化チタン）と少量の添加剤（オレイン酸）で粘度を調整した油（たとえば流動パラフィン）とを混ぜたものを壁面に塗布し，それを流れの中にさらすことによって生じる形状変化を観察することで，流れの様子を把握する方法である．図 11.1 は，平面壁上に設置された垂直有限幅平板まわりの流れの様子を，油膜法により可視化した例である．平板を取り囲むように 2 本の筋が見えるが，これは油膜が平面に沿うせん断流れによって寄せられて形成された突部であり，それぞれ垂直平板に沿って平面に向かい下降する流れと，その流れが主流と合流して上昇する位置を示している．また，平板背面に蝶のような模様が形成されているが，これは平板側端からはく離した流れが巻き上がることで形成される渦の根本を表している．このように，油膜法では油の粘度を適切にすることで明瞭な流れパターンの観察が可能であり，流れ構造の正確な位置情報を得ることができる．なお，タフト法とは異なり，油膜パターンの読み取りにはある程度の予備知識と経験が必要となる．また，油膜法の性質上，その利用は定常流あるいは非定常流の平均的な流れパターンの取得に限られる．

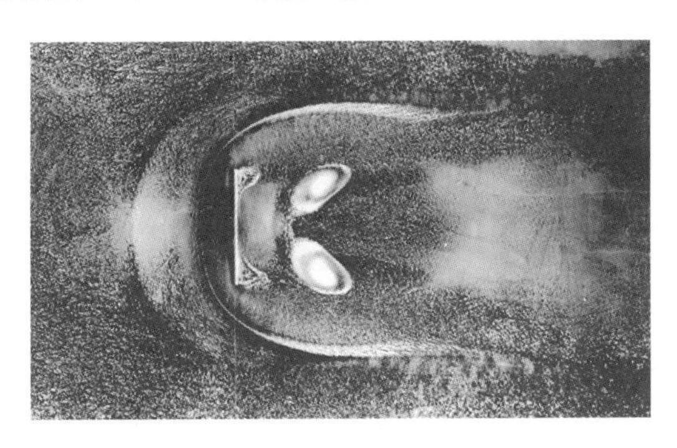

図 11.1 垂直有限幅平板まわりの平面壁上の流れパターン
（油膜法による可視化，主流の方向は左から右）

11.1.2 流脈線の可視化：染料注入法・水素気泡法・スモークワイヤ法

流脈線は，空間のある一点を通過した流体粒子が描く軌跡として定義されている（3.3.2 項）．これを可視化する代表的な手法として，水流であれば染料注入法や水素気泡を連続的に発生させるときの水素気泡法，気流であればスモークワイヤ法がある．染料を注入する方法については，図11.2(a)のような装置を用いた，有名なレイノルズの管内流の遷移実験がある．染料注入法では，流れを乱さないように流れ場に注入された染料が，下流に流れるにつれてどのような流脈線を形成するかを観察する．染料としては，コントラスト強調のために蛍光染料が用いられることが多い．図(b)は，蛍光染料を用いて円柱後流に形成される層流のカルマン渦列を可視化した結果である．ただ，流脈線には，画像が撮影された瞬時の情報だけではなく，それまでに流れが経験してきた情報が含まれている点に注意する必要がある．

(a) レイノルズの実験装置
（イギリス・マンチェスター大学所蔵）

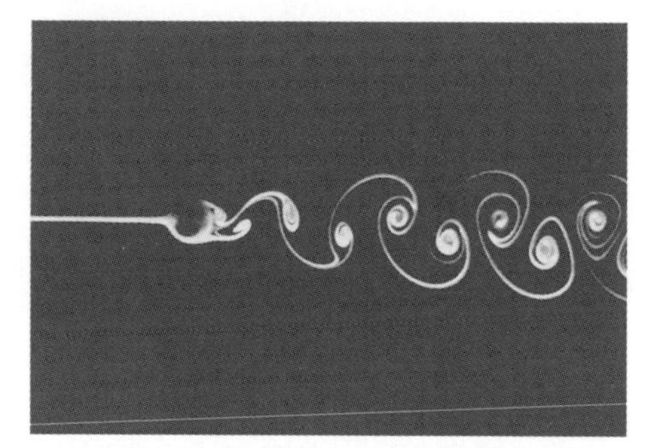

(b) 円柱背後のカルマン渦列の可視化

図11.2 染料注入法

流脈線で流れ場をとらえる場合に，複数の流脈線を同時に可視化することが有効である．そのため，染料注入法で，複数の色の染料を数多く注入して流れの干渉を調べる方法もある．気流であれば**スモークワイヤ法**（smoke-wire technique），水流であれば**水素気泡法**（hydrogen bubble technique）を用いると，多数の流脈線を取得することができる．前者は直径が0.1 mm程度のニクロム電熱線に油を塗布して通電加熱し，多数の煙の線（流脈線）を発生させる可視化法である．図11.3は，これを平面壁上に垂直に立っている有限幅平板まわりの流れに適用した結果である．一様に流入した流れが，平板上端からはく離した流れによるせん断層で乱れている様子がわかる．煙は電熱線に塗布された油の燃焼が終了するとなくなり，また比較的短い時間で拡散してしまう．そのため，可視化できる時間は短く，その領域は設置したワイヤからあまり遠くない範囲に限られる．一方，水素気泡法では水流中に細いタングステン線や白金線を張り，それを陰極として電気分解により連続的に発生させた水素気泡（陽極に発生する酸素気泡はサイズが大きく，詳細な可視化に向かない）により流脈線を可視化することができる．発生した気泡はいずれは水に溶解するが，気流用のスモー

図 11.3　スモークワイヤ法による流脈線

図 11.4　水素気泡法による等時線

クよりも持続時間が長い．発生する気泡のサイズは数十から数百 μm であり，短時間であれば浮力の効果はおおよそ無視できる．さらに，水素気泡法では，トレーサとなる微細気泡は水の電気分解から生成されるので，トレーサの素はつねに供給されている．そのため，通電方法を種々に変えて水素気泡の流出を制御することができる．図 11.4 は，水流中に設置された水平板上に垂直に張られたタングステン線を周期的に通電し，得られた水素気泡の振る舞いを示している．同時刻に流出した微細気泡が連なった線（等時線）により，層流境界層の速度分布の形が明瞭に可視化されている．

11.1.3 流跡線の可視化：トレーサ粒子法

流跡線は，同一の流体粒子がその時間変化として空間に描く軌跡である（3.3.2 項）．可視化実験では，トレーサ粒子とよばれる微細な球形粒子を対象となる流体に懸濁させ，その動きを追うことで取得することができる．古典的な手法として，天体写真のようにカメラの露光時間を長くして粒子群の撮影を行う方法があるが，図 11.5(a) のように，動画を構成する連続した数枚の画像を重ね合わせることでも容易に取得

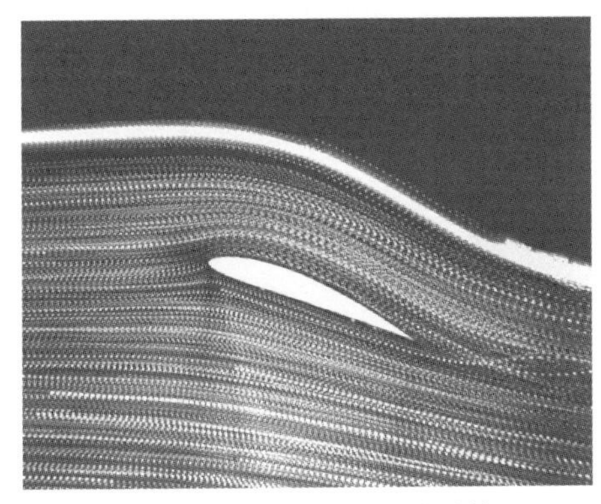

(a) 連続撮影画像による流跡線

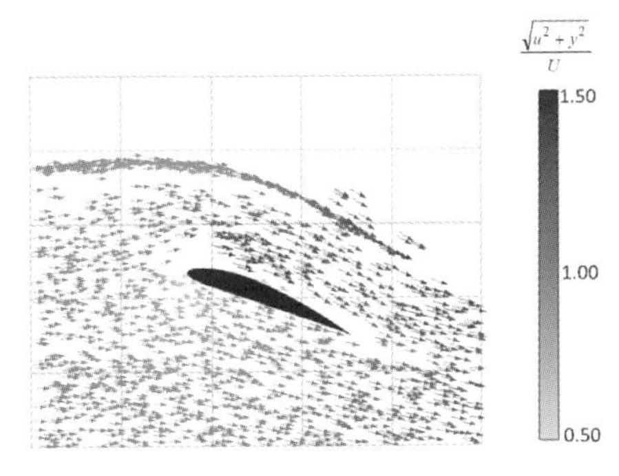

(b) PTV により得られた速度分布

図 11.5　トレーサ粒子法による流跡線と速度分布

することができる．なお，連続する画像間での各粒子の移動距離からその点における速度ベクトルを算出することができ（図 (b)），これが後述する粒子画像流速計測法（PIV）の基本原理となっている．

トレーサ粒子とは，流れに追従して運動する粒子を意味する．流れへの追従性は，周囲流体との密度差や粒子径などに依存する．流れの変化に対する追従性は次のストークス数 S により評価することができる．

$$S = \frac{(\rho_{\mathrm{p}} + \rho)d^2}{18\mu T_{\mathrm{f}}} \tag{11.1}$$

ここで，ρ_{p}，ρ，d，μ，T_{f} は，それぞれ粒子と流体の密度，粒子の直径，流体の粘度，および流れの変動時間スケールである．ストークス数 S は，流れの時間変動スケールに対する粒子の慣性応答時間を表している．$S \ll 1$ の場合には流れの変化に対して十分追従するとみなすことができる．なお，ストークス数が $S \ll 1$ の条件を満たす場合においても，固体境界近傍では粒子がもつ有限サイズの影響により流れへの追従性は失われる．その他，流れが周期的に変化する場合や重力による沈降速度の影響などに対していくつかの評価方法があるが，それらの詳細は省略する．

11.1.4 せん断場の可視化：フレーク法

破砕した雲母やアルミ粉など鱗状の微細片（フレーク）を液体に懸濁させ光を照射した場合，流れの状態に応じてフレークがみせる模様が時々刻々と変化する．フレークは流れの主ひずみ方向に配向すると考えられ，一方向に卓越した層流の場合，照射する光の方向によりほぼ一様な反射パターンを示す．流れが乱流化した場合には，光の散乱方向が至る所で複雑に変化するため，乱れたパターンとなって観察される．このようなフレークの特性を活かした可視化法は，**フレーク法**（flake technique）とよばれる．図 11.6 は，フレーク法による可視化の例を示している．図 (a) は，二重円筒間に形成されるテイラー－クエット流れであり，正面から光を照射することで，円筒壁面に沿う流れとそれと垂直な流れとが反射光のコントラストの違いとして可視化されている．図 (b) は容器内自然対流パターンであり，写真下部から入射させたシート状の光に対して，同様にロール状の対流構造が可視化されている．図 (c) と (d) は，それぞれ回転・静止円盤間および円管内流れの中で部分的に生じる乱流を示している．乱流の複雑な流れがフレークにより可視化されている．染料による可視化とは異なり，フレークによる可視化は高い時間応答性をもち，瞬時のせん断流れ場が可視化される．そのため，流れ構造の空間スケールに対する時間変化など，定量的な情報を抽出することも可能である．

（a）二重円筒間のテイラ－クエット流れ

（b）容器内自然対流のパターン（いずれも黒い部分が紙面と垂直な流れを示す）

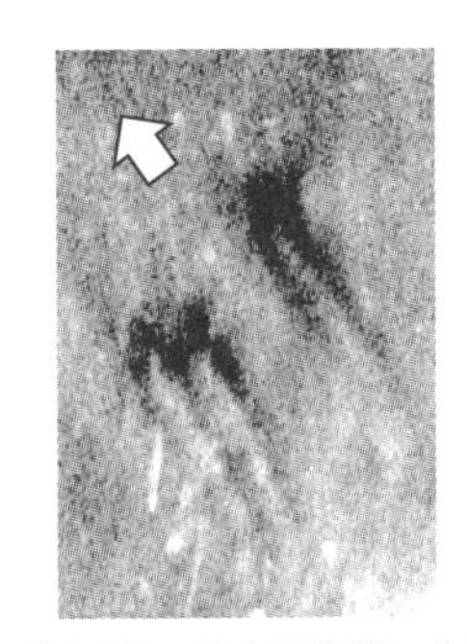

（c）回転・静止円盤間に生じる乱流斑点（黒い部分は乱れている領域，矢印は乱れが移流する方向を示す）

（d）円管内流れに生じる乱流パフ（細長いくさび形の領域）

図 11.6 フレーク法による流れの可視化

11.2 流速の計測

流れは，速度 3 成分の三次元空間分布とその時間変化をもっている．しかし，実際の流れの計測において完全にこれらの情報を取得できる手法は存在しない．したがって，目的や対象に応じて最適な速度の計測ツールを選択する必要がある．ここでは，一次元流れの仮定より一方向卓越流れの速度を見積もる古典的手法から，研究の現場でも用いられている高度な手法までを解説する．なお，各計測法の説明は基礎的な原理と特徴，とくにほかの計測法と比較した際の長所と短所，および使用上の注意に焦点をおき，計測装置の構成などの詳細についてはほかの専門書にゆずることにする．

11.2.1 何を測っているのか

流速のみならず，ほかの物理量の計測にも共通していえることであるが，まず，選択した計測法で「何を測っているのか」を知ることが重要である．たとえば，瞬時の流速ベクトルは理論的に空間の各点において与えられるが，厳密な意味で計測の対象とする流れ場の局所体積を無視できる流速測定手法は存在しない．それぞれの流速測定法について異なる測定体積が存在し，その体積内での平均としての（あるいは重み付き平均としての）流速が得られることに注意しなければならない．これは時間的な意味でも同様であり，厳密な意味で瞬時の情報が得られる計測法はないのである．しかし，流れの時間変動スケールに対して使用する計測器の応答が十分に速いならば，得られた情報は瞬時の情報として扱っても問題ないであろう．この点は，各種センサの時定数や，トレーサ粒子を用いる方法であれば，ストークス数などから判断することが可能である．以上を総合して，計測法のもつ時間分解能と空間分解能が決まることになる．また，すべての計測法について固有の計測確度（真値への近さの程度）が存在するので，計測時にランダムに発生する誤差とともに，計測結果から何かを議論する際にはこれを考慮する必要がある．ランダム誤差に対する計測精度（ばらつきの程度）は統計的に見積もることができるが，計測確度は市販品であればカタログ値などを参考にすればよい．

11.2.2 一次元流れの近似をもとにした方法

4.2 節で説明したベルヌーイの定理は，非粘性流体に加えて一次元流れを仮定している．これをもとに，ピトー管やベンチュリ管を用いて流路あるいは流管の断面平均流速が求められることは 4.3 節で説明した．しかし当然ながら，たとえ一方向に卓越した流れであっても厳密な意味で一次元流れの近似が成り立つことはなく，また実在流体として粘性による摩擦損失が生じる．よって，式 (4.20) や式 (4.29) を用いて算出された流速をそのまま使用することはできず，使用条件に応じて算出された結果に補正係数を掛け合わせる必要がある．この補正係数を得る校正作業については，11.3 節で詳しく述べる．なお，これらの機器が設定外の環境で使用されたり，経年変化した場合などには補正係数が合わなくなることにも注意を要する．

一次元流れの近似をもとにした流速計測法には，ほかに羽根車の回転数と流速とを関連づけるプロペラ型流速計，円柱後流に形成されるカルマン渦列の周波数特性を利用したカルマン渦流速計などが存在するが，いずれも補正係数が組み込まれており，使用できる流速範囲や使用環境が異なる場合には計測確度が著しく低下する恐れがある．また，これらの流速計測法では流速情報を取り出すための時間応答が悪く，流速の時間変動計測には適していない．

11.2.3 点計測：熱線流速計・レーザドップラー流速計

一次元流れの仮定をもとにした流速計測法では，速度を得るための測定体積が非常に大きく，空間的に変化する流れの様子を把握することができない．また原理上，短時間で変動する速度をとらえることも困難である．熱線流速計およびレーザドップラー流速計（LDV）はこれらの問題を解決できる，十分に確立された流速計測法である．

熱線流速計（hot-wire anemometer）は，図 11.7(a) に示すように，直径数 μm 程度のタングステン線（熱線）を取り付けたプローブをブリッジ回路に組み込み，流れによる熱線の冷却効果とそれに付随する抵抗値の変化から流速の情報を取得する方法である．一般的な定温度型熱線流速計では，流れにより冷却される熱線の温度を一定

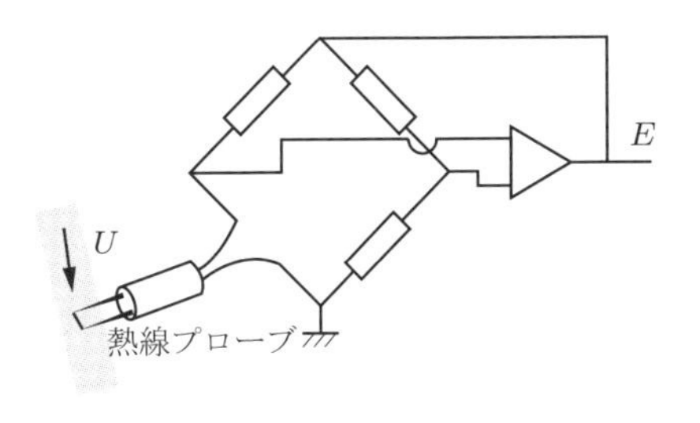

(a) ブリッジ回路の構成

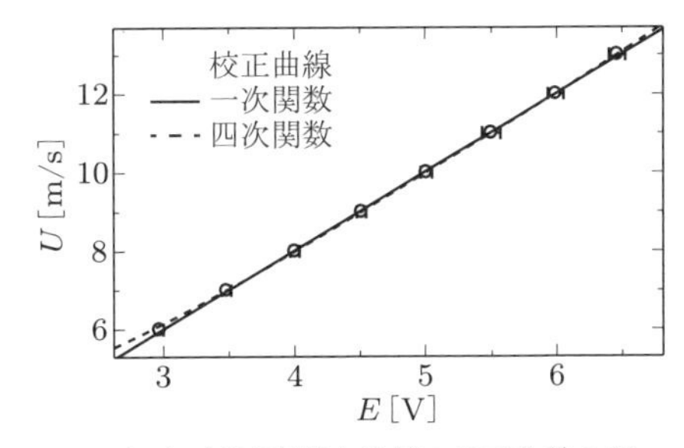

(b) 流速度出力電圧の校正曲線の例

図 11.7 熱線流速計

に保つため熱線の両端にかかる電圧値が時々刻々と変化するので，それを流速と対応づけることで速度の情報が得られる．そのため，事前に図 (b) のような流速と出力電圧との関係を示す校正曲線を作成する必要がある．強制対流熱伝達では，速度の 2 乗に比例して熱量の移動が生じるが，個別の熱線や回路の特性もあり，この校正曲線を理論的に得ることは不可能である．なお，熱線流速計では，被覆されていない熱線の受感部が測定体積となる．熱線流速計は，気流中では数十 cm/s から数十 m/s までの幅広い速度範囲および 100 kHz 程度の高速変動に対して使用できるが，水流中で使用する際には水中の汚れや熱線の加熱による気泡の生成により計測確度が著しく低下する．また，壁面の極近傍など輻射の影響や伝熱特性が変化するような状況では誤差が発生する．複数本の熱線を組み合わせると他成分の速度計測が可能であるが，その際の測定体積は大きくなる．

レーザドップラー流速計（LDV; laser Doppler velocimeter）は，光の散乱体としてのトレーサ粒子を含む流体にレーザ光を照射し，散乱光に含まれるドップラー周波数からトレーサ粒子の移動速度，つまり流れの局所的な流速を測定する方法である．しかし，光の変動周波数に対して見積もられるドップラー周波数は微小であり，実際には別の原理を介してドップラー周波数を取得している．図 11.8(a) は一般的な LDV の構成を示している．分光されたレーザ光を流れの中で交差させると，光路差による干渉縞が形成される．この交差領域は，レーザ光の太さにもよるが数十 μm から 1 mm 程度であり，これが LDV の測定体積となっている．交差部をトレーサ粒子が通過するとき，干渉縞にゆがみが生じ，それがフォトディテクターにより図 (b) のようなビート信号として取得される．この信号の周波数 f_D と流速 v には，

$$f_D = \frac{2v\sin(\theta/2)}{\lambda} \tag{11.2}$$

という関係がある．この式により，電子回路による周波数カウンタや，ディジタル信

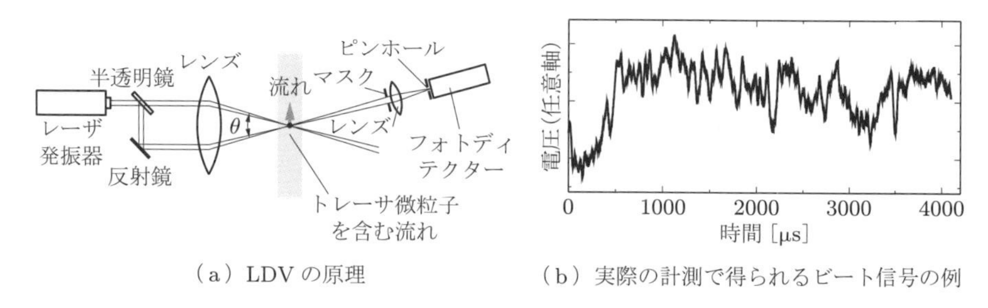

（a）LDV の原理　（b）実際の計測で得られるビート信号の例

図 11.8 レーザドップラー流速計（LDV）

号として記録したビート信号に対する短時間フーリエ変換により取得した周波数から流速を求めることができる．なお，上式における θ はレーザビームの交差角，λ はレーザ光の波長である．熱線流速計に対する LDV の利点は，プローブ挿入により測定対象の流れを乱す心配がないことである．また，水流，気流ともに計測が可能であり，気流計測においては煙がトレーサ粒子の役割を果たす．計測できる流速の範囲や時間分解能は熱線流速計には及ばないが，光電素子や A/D 変換器の高度化により，さらなる性能改善の余地を残している．なお，LDV で計測される速度はあくまでトレーサ粒子の移動速度であり，流れへの追従性が悪い粒子の場合には流速を測定しているとはいえなくなる．

11.2.4 線計測：音波・超音波流速分布計

音波や超音波を用いた流速分布の計測法は，LDV に比べて時空間の分解能が低く，測定できる速度の範囲も狭いが，速度の線計測が可能であり，また LDV では不可能な不透明液体の計測に適用できる特徴がある．**超音波流速分布計**（UVP; ultrasonic velocity profiler）の計測原理を，図 11.9 を用いて説明する．ピエゾ素子を内包する超音波トランスデューサ（TDX）からパルス的に超音波を照射する．トレーサ粒子からの散乱音波を同じトランスデューサで受信し，そこに含まれるドップラー周波数 f_D からトレーサ粒子の移動速度 v を，超音波の照射から散乱音波を受信するまでの経過時間 t からその位置 ξ を，次式に従って求めることができる．

$$v = \frac{cf_D}{2f_0} \tag{11.3}$$

$$\xi = \frac{ct}{2} \tag{11.4}$$

ここで，c と f_0 はそれぞれ測定対象となる液体中の音速と，超音波の基本周波数である．速度は超音波の伝播線上の至る所で計測され，結果として超音波の往復時間程度の時間スケールで速度の分布が計測される．なお，計測される速度 v は，超音波の伝

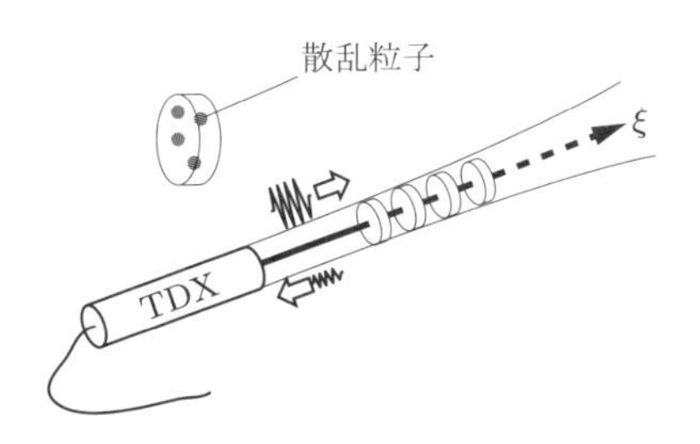

図 11.9 超音波流速分布計の計測原理

播方向の成分である．f_0 には通常，数百 kHz から数 MHz の周波数が設定される．

超音波の波長はきわめて短いので計測線方向には十分な空間分解能をもつが，図に示すようにビーム状の超音波を形成するために超音波の波長よりも十分に大きな照射面が必要となる．そのため，結果として測定体積は大きくなる．計測可能な v の大きさと ξ の範囲とは反比例の関係にあり，どちらかを大きくするためにはもう片方を小さくする必要がある．さらに，実際には超音波の吸収や拡散による減衰が無視できず，ξ のみについても限界をもっている．また，狭い流路の計測では，照射した超音波が流路内で多重反射を引き起こして深刻な計測誤差を与える．超音波は目に見えないので，オシロスコープなどを使った散乱音波の状況確認が必須である．比較的低周波数の音波を用いた ADCP（acoustic Doppler current profiler）は，河川や海洋計測など広域計測を目的とした方法であり，測定体積はさらに大きくなるが，広範囲の流速分布を計測することができる．なお，いずれの方法も基本的に気流に対する使用は想定されていない．

11.2.5 面計測：粒子画像流速計測法

時間差 Δt を隔てた 2 時刻で撮影された画像間で移動したトレーサ粒子の移動ベクトル $\boldsymbol{\Delta x}$ から，$\boldsymbol{v} = \boldsymbol{\Delta x}/\Delta t$ のようにその点における二次元速度ベクトルを求めることができる．このように，トレーサ粒子画像から速度場を求める方法を総じて**粒子画像流速計測法**（PIV; particle image velocimetry）という．PIV は，粒子群の移動を調べる方法（狭義の PIV）と，個々の粒子の移動を追跡する方法（PTV とよばれる）とに大別される．前者は高い粒子数密度の画像に適しており，図 11.10 のように，1 時刻目の画像に検査領域を設定し，2 時刻目の画像からこれに似た画像領域を探査する．設定した探査領域内で検査領域を移動して探査を行い，検査領域の粒子パターンともっとも似た点を粒子群の移動先とする．この方法では，設定したグリッド上で速度ベクトルが得られる反面，得られる値は検査領域内のおおよその平均値であり，細かな空間変動はならされて取得される．一方，PTV はむしろ PIV の基本原理に即した方法であり，低数密度の粒子画像に対して粒子サイズの空間分解能をもった結果を

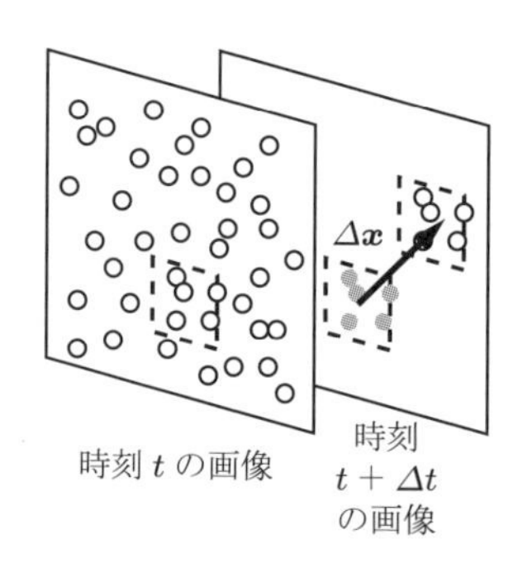

図 11.10　PIV の原理

提供する．しかし，得られる速度ベクトルの数は最大でも粒子の個数に等しく，各速度ベクトルは測定面上に不規則にもたらされる．そのため，得られた結果を用いて解析を行う際には，グリッド上への流速ベクトルの再配置を行うなどの後処理を必要とする．参考として，図 11.5(a) に示した流跡線の元となった画像から，PTV により求めた速度ベクトル場を図 11.5(b) に示す．画像の取得に際しては，ダブルパルスレーザにより，短い Δt 間で 2 枚の粒子画像を測定する方法が主流であったが，現在は高速度ビデオカメラの発達とレーザシート光源の高出力化により，複数枚の粒子画像を等時間間隔で取得することが主流となりつつある．

PIV の最大の利点は二次元速度ベクトル場を得ることができる点にある．この結果を用いることで渦度分布の算出が可能であり，また二次元流れの仮定が成り立つ場合には流れ関数の分布を求めることができる．近年では数値計算の手法を応用し，二次元ベクトル場から圧力場を推定する手法も開発されている．これらの情報から，流れ場の定性的・定量的評価が可能となり，また物体に働く力など次元の異なる情報を求めることが可能になりつつある．さらに，近年の開発により三次元 3 成分の速度ベクトル場を求める手法も提案されており，高速度デジタルカメラなどイメージング機器の発展とあわせて，速度ベクトル場の定義である「速度 3 成分の三次元空間分布とその時間変化」の情報が高精度に求められる時代に近づきつつある．しかし，PIV で得られる流速の範囲はほかの計測手法に比べて著しく狭く，探査範囲をあらかじめ設定し粒子の移動距離を調べる性格上，この短所を解消することは困難だと考えられている．

以上のように，これまでに示した流速計測法のいずれもが長所と短所を併せ持っており，目的に適した計測法を選択すること，あるいはこれらを相補的に用いて結論を導くことが重要である．科学用途の画像処理ツールを提供するフリーソフトウェアである，ImageJ（http://imagej.nih.gov/ij/）を用いることにより，簡易的に PIV を行うことができる．また，PIV の前処理にも使用できるツールも多々あるため，PIV

に興味があり使ってみたい方はとりあえずこれを試してみることをお勧めする．

11.3 流量の計測

流体の輸送や熱交換器，高付加価値の液体の取引などの問題では，局所的な流速よりもむしろ，流量が重要な情報となる．本節では，幅広い工業用途をもつ円管内流れの流量計測を対象として，いくつかの流量計測法を紹介する．ほかの計測法としては，たとえば開水路ではせきなどの確立された方法があるが，多くの書籍で解説されているためここでは省略する．通常の分類とは異なるが，本節では一次元流れの仮定をもとにした古典的な計測法と高確度な秤量法による計測機器の校正，非定常流にも適用可能な電磁流量計および速度分布の情報を考慮した超音波流量計について紹介する．

11.3.1 古典的な計測手法と高確度秤量法による補正係数の導出

流体の密度変化が無視できる場合，一次元流れの仮定のもとでの連続の式は $Q = VA = \mathrm{const.}$ となる．ここで，Q は体積流量，A は流管あるいは流路の断面積である．そもそも，一次元流れの仮定を用いるさまざまな流速計では，流速 V が管断面平均流速として $V = Q/A$ の形で求められるため，流速を求めることと流量を求めることは等価である．ベンチュリ管やオリフィス，プロペラ型流量計やカルマン渦流量計はこの部類に属しており，非定常流の計測には向かないことや，補正係数が必要となることなどの注意が必要である．補正係数を決定するために，既知の流量条件に対する各計測機器の校正作業が行われる．たとえば，産業技術総合研究所の計量標準総合センターでは，図 11.11 のような流量の範囲に合わせて異なる大きさの秤量タンクシステムを用いた静的な秤量法により質量流量を計測し，それとの比較として流量計の校正を行っている．

11.3.2 電磁流量計・超音波流量計（伝播時間差法）

図 11.12 のように，導電性流体の軸対称流れに対して垂直に磁場を加えた場合，断面平均流速を V，磁束密度を B とすると，流れと垂直な方向に起電力 $e = BdV$ が発生する．したがって，次式により流量 Q が算出される．

$$Q = \frac{\pi}{4}d^2 V = \frac{\pi}{4}d^2 \frac{e}{Bd} = \frac{\pi d}{4B}e \tag{11.5}$$

このように発生した起電力 e を利用して流量を求める装置を，**電磁流量計**（magnetic flowmeter）という．式 (11.5) は理想的な系でのみ成り立つ等式であり，実際には管壁の電磁気的影響や磁場の非一様性などを補正した式が用いられる．前項の一次元流れを仮定した方法とは異なり，管内流速が分布をもつ場合についても，その分

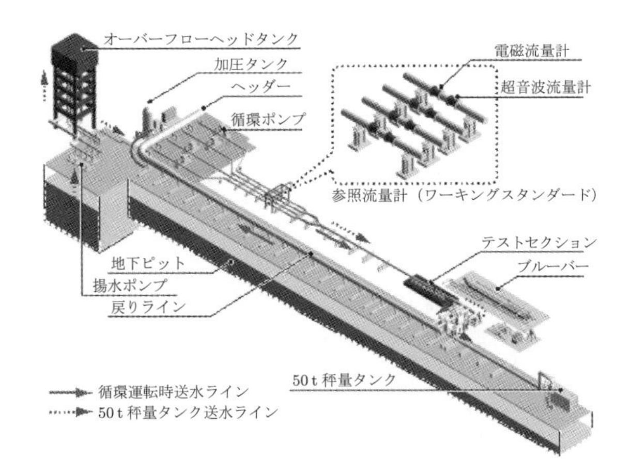

図 11.11 計量標準総合センターの水用流量計校正設備（Hi-Reff）
（提供：産業技術総合研究所 古市紀之博士）

布と磁場の分布が既知であれば，それらを考慮した関係式を構築することができる．式 (11.5) は瞬時に成り立つ等式であるため，非定常流にも対応可能である．ただし，管内速度分布が想定した形から大きく変化する場合には誤差が生じる．

図 11.13 のように，円管に対してある角度をもち対向して設置された超音波トランスデューサにより，流れの順方向と逆方向に照射された超音波の伝播時間差から流量を求める方法が，超音波伝播時間差法である．この原理に基づく装置を一般に**超音波流量計**（ultrasonic flowmeter）という．超音波流量計は，電磁流量計と同様に管内流れの速度分布が既知の場合には，それを考慮した補正係数により正確な流量を求めることができる．しかし当然ながら，速度分布は同じ流量であっても不変ではなく，レイノルズ数や測定部上流の状態により変化する．そのため，補正係数を決めるときに想定された条件と異なる流れを計測する場合には，誤差が発生する．この手法は，超音波が管壁を十分に透過する場合には，既存の配管の外部にトランスデューサを設置するだけで計測が可能であるため，常設機器ではなく定期的な配管の診断などにも

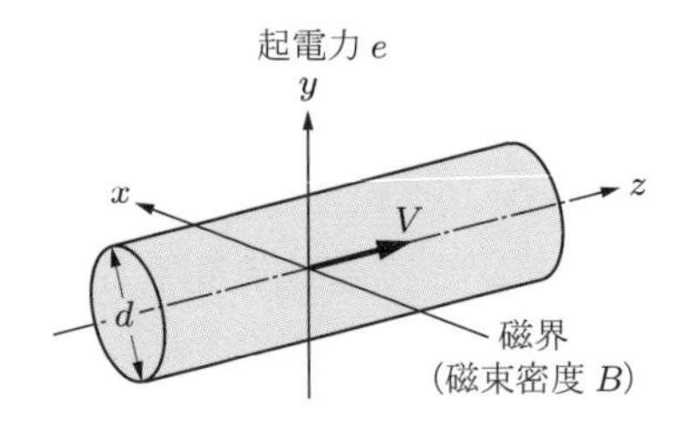

図 11.12 電磁流量計の原理

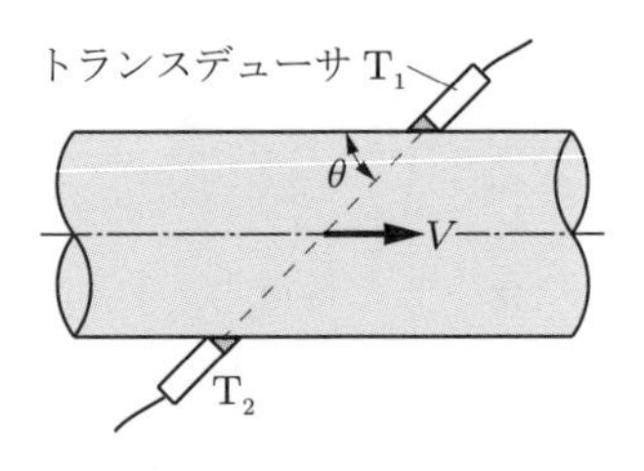

図 11.13 超音波伝播時間差法

利用可能である.

11.3.3 超音波流量計（速度分布積分法）

これまでに説明した流量計測法は，いずれも管内の速度分布に対して何らかの仮定を置いている．これに対して管断面内で管軸方向の流速分布 $u(r,\theta)$ を測定することができれば

$$Q(t) = \int_0^{2\pi} \int_0^{d/2} u(r,\theta,t) r dr d\theta \tag{11.6}$$

のように速度 u を積分することで，流量 Q を求めることができる．この場合，管内の速度分布形状を気にせず高確度な流量計測が可能となる．ここで，r と θ はそれぞれ管中心に原点をおいた極座標の半径方向座標と角度方向座標である．式 (11.6) に基づいて流量を求める方法を，一般に速度分布積分法という．

前述した超音波流速分布計（UVP）では，その計測線を管軸を含む面内に設定することができるので，半径 r の各位置における計測線方向（超音波の伝播方向）の速度を取得することができる．また，流れが管内流のように一方向に卓越しているような場合，得られた計測線方向の速度を管内流の計測線方向への投影成分として扱い，流れ方向の流速に換算することができる．したがって，超音波流速分布計測法は，式 (11.6) に基づく速度分布積分法による流量計測を可能とする．ただ，実際には周方向に無限個の計測線を設定することは不可能なので，数本の計測線により式 (11.6) を近似するか，あるいは軸対称を仮定して

$$Q(t) = 2\pi \int_0^{d/2} u(r,t) r dr \tag{11.7}$$

から流量を求める．この手法は非常に確度の高い計測法であるが，現時点ではコストが高く，より正確な流量計測が求められる環境や，高価な液体の計量が使用対象となっている．

演習問題解答

第1章

1.1 ニュートンの粘性法則より τ を求める．20℃ の水の粘度は表 1.1 より $\mu = 1.002 \times 10^{-3}\,\mathrm{Pa{\cdot}s}$ なのでクエット流れにおけるせん断応力（摩擦応力）は次のように求められる．

$$\tau = \mu\frac{dU}{dy} = \mu\frac{U}{h} = 1.002 \times 10^{-3} \times \frac{2}{0.3 \times 10^{-3}} = 6.68\,\mathrm{Pa}$$

1.2 20℃ の空気の粘度は表 1.2 より $\mu = 1.822 \times 10^{-5}\,\mathrm{Pa{\cdot}s}$ なので，任意の位置 y におけるせん断応力 τ はニュートンの粘性法則より次のように求められる．

$$\tau = \mu\frac{du}{dy} = \mu\frac{d}{dy}(150\sqrt{y}) = \frac{75\mu}{\sqrt{y}}$$

i) $y = 2\,\mathrm{mm}$ では $\tau = \left[\dfrac{75\mu}{\sqrt{y}}\right]_{y=0.002} = \dfrac{75 \times 1.822 \times 10^{-5}}{\sqrt{0.002}} = 30.56 \times 10^{-3}\,\mathrm{Pa}$

ii) $y = 20\,\mathrm{mm}$ では $\tau = \left[\dfrac{75\mu}{\sqrt{y}}\right]_{y=0.02} = \dfrac{75 \times 1.822 \times 10^{-5}}{\sqrt{0.02}} = 9.66 \times 10^{-3}\,\mathrm{Pa}$

1.3 圧力の増加量 Δp は，式 (1.5) に $(-\Delta V/V) = 0.01$，$K = 100\,\mathrm{kPa}$ を代入して求められる．

$$\Delta p = K\left(-\frac{\Delta V}{V}\right) = 100 \times 10^3 \times 0.01 = 10^3\,\mathrm{Pa} = 1\,\mathrm{kPa}$$

1.4 圧力の増加量 Δp は，前問 1.3 と同様にして求められる．$-\Delta V/V = 0.01$，$K = 2\,\mathrm{GPa}$ であるので，式 (1.5) より次のように求められる．

$$\Delta p = K\left(-\frac{\Delta V}{V}\right) = 2 \times 10^9 \times 0.01 = 20 \times 10^6\,\mathrm{Pa} = 20\,\mathrm{MPa}$$

1.5 式 (1.11) から液面の上昇高さ h を求めることができる．

$$h = \frac{4\sigma\cos\theta}{(\rho_\mathrm{w} - \rho_\mathrm{a})gd} = \frac{4 \times 72.8 \times 10^{-3} \times \cos 0^\circ}{(998.2 - 1.204) \times 9.8 \times 1 \times 10^{-3}} = 0.02980\,\mathrm{m} \fallingdotseq 29.8\,\mathrm{mm}$$

1.6 表 1.6 より，90℃ と 100℃ の間で 1℃ あたりの飽和蒸気圧の変化量を線形近似すると，

$$\frac{101.33 - 70.11}{10} = 3.122\,\mathrm{kPa/℃}$$

となるので，高原の気圧 p は次のように求められる．

$$p = 70.11 + 3.122 \times (98 - 90) = 95.086 \fallingdotseq 95.1\,\mathrm{kPa}$$

第2章

2.1　海水の密度は $s\rho_\mathrm{w}$ であるので式 (2.5) より

$$p = (s\rho_\mathrm{w})gh = 1.15 \times 1000 \times 9.8 \times 10 = 112700\,\mathrm{Pa} = 112.7\,\mathrm{kPa}$$

〈水柱〉　$h = \dfrac{p}{\rho_\mathrm{w} g} = \dfrac{112.7 \times 10^3}{1000 \times 9.8} = 11.5\,\mathrm{mAq}$

〈水銀柱〉　$h = \dfrac{p}{\rho_\mathrm{Hg} g} = \dfrac{112.7 \times 10^3}{13.6 \times 10^3 \times 9.8} \fallingdotseq 0.8456\,\mathrm{mHg} = 845.6\,\mathrm{mmHg}$

2.2　大小の油シリンダの底面積をそれぞれ A_1，A_2，油の密度を ρ_o とすると，ピストン A_2 の底面位置における圧力が左右のシリンダで等しいので，次式が成り立つ．

$$\frac{W}{A_1} + \rho_\mathrm{o} gh = \frac{F}{A_2}$$

$$\therefore\ F = \left(\frac{A_2}{A_1}\right) W + (\rho_\mathrm{o} gh) A_2 = \left(\frac{d_{\mathrm{A}_2}}{d_{\mathrm{A}_1}}\right)^2 W + (\rho_\mathrm{o} gh)\frac{\pi {d_{\mathrm{A}_2}}^2}{4}$$

$$= \left(\frac{8}{80}\right)^2 \times 50 \times 10^3 + 0.8 \times 1000 \times 9.8 \times 30 \times \frac{3.14 \times 0.08^2}{4} = 1682\,\mathrm{N}$$

2.3　U 管マノメータの左右で高さ C-C′ における圧力は等しいので，

$$p_\mathrm{A} + \rho_\mathrm{w} g(H + h) = p_\mathrm{B} + \rho_\mathrm{w} gH + (s\rho_\mathrm{w})gh$$

よって，圧力差 Δp（$=p_1 - p_2$）は，

$$p_\mathrm{A} - p_\mathrm{B} = (s - 1)\rho_\mathrm{w} gh = (13.6 - 1) \times 1000 \times 9.8 \times 20 \times 10^{-3} \fallingdotseq 2.5 \times 10^3\,\mathrm{Pa}$$

2.4　回転可能な板に作用する全圧力 F_C は式 (2.17) より

$$F_\mathrm{C} = (\rho_\mathrm{w} g z_\mathrm{G})ab = 1000 \times 9.8 \times (3 - 1.4/2) \times 1 \times 1.4 = 31556 \fallingdotseq 31.6 \times 10^3\,\mathrm{N}$$

回転可能な板の重心まわりの断面二次モーメントを I_G とすると，圧力の中心までの深さ y_C は式 (2.19) より

$$y_\mathrm{C} = \frac{I_\mathrm{G}}{y_\mathrm{G} A} + y_\mathrm{G} = \frac{ab^3/12}{y_\mathrm{G} ab} + y_\mathrm{G} = \frac{1}{y_\mathrm{G}}\frac{b^2}{12} + y_\mathrm{G}$$

$$= \frac{1}{3 - 1.4/2}\frac{1.4^2}{12} + (3 - 1.4/2) = 2.371\,\mathrm{m}$$

蝶番から圧力の中心までの距離 y'_C は，$y'_\mathrm{C} = y_\mathrm{C} - 1.6 = 2.371 - 1.6 = 0.771\,\mathrm{m}$ なので，点 A まわりの力のモーメントの釣り合いより

$$F_\mathrm{C} y'_\mathrm{C} = F_\mathrm{B} b$$

$$\therefore\ F_\mathrm{B} = \frac{y'_\mathrm{C}}{b} F_\mathrm{C} = \frac{0.771}{1.4} \times 31556 = 17378 \fallingdotseq 17.4 \times 10^3\,\mathrm{N}$$

第3章

3.1　図 11.2(b) の流れの曲線パターンは，上流の各固定点から連続的に流出された染料により表された現象を，ある時刻に同時にとらえたものであるので，流脈線に相当する．

3.2　図 11.3 の流れの各線は，それぞれ上流の一つの定点から連続的に生じた煙により表された現象を同時刻にとらえたものであるので，流脈線である．一方，図 11.5(a) の流れの各線は，それぞれ同一のトレーサ粒子が異なる時刻に通った経路を表しているので，流跡線に相当する．なお，図 11.5(a) の流れでは翼面上にはく離などがみられず，流れは定常とみなせるので流線と考えることもできる．

3.3　任意の半径 r の位置における流体の速度 $v(r)$ が与えられているので，半径 r と $(r+dr)$ の幅の微小環状領域を通過する流量 dQ は $dQ = v(r)\cdot(2\pi r)dr$ となる．よって，Q は

$$Q = \int_0^R v(r)\cdot(2\pi r)dr = \int_0^R 100(R^2 - r^2)(2\pi r)dr = 200\pi\int_0^{0.1}(0.01r - r^3)dr$$

$$= 200\times 3.14\left[\frac{0.01}{2}r^2 - \frac{1}{4}r^4\right]_0^{0.1} = 0.0157\,\mathrm{m^3/s}$$

断面平均流速 V_m は

$$V_\mathrm{m} = \frac{Q}{\pi R^2} = \frac{0.0157}{3.14\times 0.1^2} = 0.5\,\mathrm{m/s}$$

第4章

4.1　(1) タンク水面位置⓪における水面降下速度を V_0，圧力を p_0，小さいほうの円管出口断面③における流速を V_2，圧力を p_2 とすると，断面⓪と断面③との間でベルヌーイの式 (4.10) は

$$\frac{{V_1}^2}{2g} + \frac{p_1}{\rho g} + H_\mathrm{a} + H_\mathrm{b} + H_\mathrm{c} = \frac{{V_2}^2}{2g} + \frac{p_2}{\rho g} \tag{1}$$

ここで，$V_1 \fallingdotseq 0$，$p_1 = p_2 =$ 大気圧 なので，式 (1) は

$$H_\mathrm{a} + H_\mathrm{b} + H_\mathrm{c} = \frac{{V_2}^2}{2g} \tag{2}$$

と簡略化できる．したがって，式 (2) より円管出口断面における流速 V_2 は以下となる．

$$V_2 = \sqrt{2g(H_\mathrm{a} + H_\mathrm{b} + H_\mathrm{c})} = \sqrt{2\times 9.8\times(1 + 0.5 + 0.2)} = 5.77\,\mathrm{m/s}$$

(2) 大小の円管の間で連続の式

$$\frac{\pi {d_1}^2}{4}V_1 = \frac{\pi {d_2}^2}{4}V_2$$

が成り立つので，大きいほうの円管の流速 V_1 は

$$V_1 = \left(\frac{d_2}{d_1}\right)^2 V_2 = \left(\frac{0.02}{0.05}\right)^2 \times 5.77 = 0.92\,\mathrm{m/s}$$

(3) 円管の出口断面③とそこから $H_d = 0.4\,\mathrm{m}$ 下方の断面④との間におけるベルヌーイの式は

$$\frac{{V_2}^2}{2g} + H_d = \frac{{V_L}^2}{2g}$$

なので，V_L は

$$V_L = \sqrt{2gH_d + {V_2}^2} = \sqrt{2 \times 9.8 \times 0.4 + 5.77^2} = 6.41\,\mathrm{m/s}$$

円管の出口断面③における流速 V_2 と直径 d_2 より流量 Q を求めると

$$Q = \left(\frac{\pi {d_2}^2}{4}\right) V_2 = \frac{3.14 \times 0.02^2}{4} \times 5.77 = 1.81 \times 10^{-3}\,\mathrm{m^3/s} = 1.81\,\mathrm{L/s}$$

よって，断面④における水棒の直径 d_L は $Q = \left(\dfrac{\pi {d_L}^2}{4}\right) V_L$ より

$$d_L = \sqrt{\frac{4Q}{\pi V_L}} = \sqrt{\frac{4 \times 1.81 \times 10^{-3}}{3.14 \times 6.41}} = 0.01896\,\mathrm{m} \fallingdotseq 19.0\,\mathrm{mm}$$

4.2　断面①と断面②における圧力をそれぞれ p_1，p_2 とすると，ベルヌーイの定理は

$$\frac{{V_1}^2}{2g} + \frac{p_1}{\rho g} + h = \frac{{V_2}^2}{2g} + \frac{p_2}{\rho g} \tag{1}$$

連続の式は

$$\frac{\pi {d_1}^2}{4} V_1 = \frac{\pi {d_2}^2}{4} V_2 \tag{2}$$

である．式 (2) より

$$V_1 = \left(\frac{d_2}{d_1}\right)^2 V_2 = \left(\frac{40}{100}\right)^2 \times 15 = 2.4\,\mathrm{m/s}$$

圧力差 $\Delta p\ (= p_1 - p_2)$ は，式 (1) より

$$\begin{aligned}\Delta p &= p_1 - p_2 \\ &= \rho\left(\frac{{V_2}^2}{2} - \frac{{V_1}^2}{2} - gh\right) = 1.2 \times \left(\frac{15^2 - 2.4^2}{2} - 9.8 \times 3\right) \\ &= 96.3\,\mathrm{Pa}\end{aligned}$$

4.3　ベルヌーイの定理は

$$\frac{{V_1}^2}{2g} + \frac{p_1}{\rho g} = \frac{{V_2}^2}{2g} + \frac{p_2}{\rho g} \tag{1}$$

連続の式は

$$\frac{\pi {d_1}^2}{4}V_1 = \frac{\pi {d_2}^2}{4}V_2 \tag{2}$$

式 (2) より

$$V_2 = \left(\frac{d_1}{d_2}\right)^2 V_1 = \left(\frac{60}{20}\right)^2 V_1 = 9V_1 \tag{3}$$

式 (3) を式 (1) へ代入すると

$$\frac{{V_1}^2}{2g} + \frac{p_1}{\rho g} = \frac{81{V_1}^2}{2g} + \frac{p_2}{\rho g}$$

$$\therefore\ V_1 = \sqrt{\frac{2g}{80}\left(\frac{p_1 - p_2}{\rho g}\right)} = \sqrt{\frac{1}{40\rho}(p_1 - p_2)} \tag{4}$$

ここで，$(p_1 - p_2)$ は U 字管マノメータの水面高さの差 $h = 20.5\,\mathrm{mm}$ を生じるので

$$p_1 - p_2 = (\rho_\mathrm{w} - \rho)g\varDelta h = (1000 - 1.2) \times 9.8 \times 20.5 \times 10^{-3} \fallingdotseq 201\,\mathrm{Pa}$$

となる．これを式 (4) に代入すると

$$V_1 = \sqrt{\frac{201}{40 \times 1.2}} = 2.046 \fallingdotseq 2.0\,\mathrm{m/s}$$

式 (3) より

$$V_2 = 9V_1 = 9 \times 2.046 \fallingdotseq 18.4\,\mathrm{m/s}$$

流量 Q は

$$Q = \frac{\pi {d_1}^2}{4}V_1 = \frac{3.14 \times 0.06^2}{4} \times 2.046 = 0.005781\,\mathrm{m^3/s} \fallingdotseq 347\,\mathrm{L/min}$$

4.4 (1) 基準高さにおける U 字管の左右に作用する圧力が釣り合うので，次式が成り立つ．

$$p_1 + \rho_\mathrm{w} gH + \rho_\mathrm{w} g\varDelta h = p_2 + s\rho_\mathrm{w} g\varDelta h + \rho_\mathrm{a} gH$$

$$\begin{aligned}\therefore\ p_1 - p_2 &= (s\rho_\mathrm{w} - \rho_\mathrm{w})g\varDelta h + (\rho_\mathrm{a} - \rho_\mathrm{w})gH \\ &= (13.6 - 1) \times 10^3 \times 9.8 \times 0.012 + (1.2 - 1000) \times 9.8 \times 0.1 \\ &= 503\,\mathrm{Pa}\end{aligned} \tag{1}$$

(2) ベルヌーイの定理より

$$\frac{{V_1}^2}{2g} + \frac{p_1}{\rho_\mathrm{w} g} = \frac{{V_2}^2}{2g} + \frac{p_2}{\rho_\mathrm{w} g} \tag{2}$$

連続の式 $(\pi {d_1}^2/4)V_1 = (\pi {d_2}^2/4)V_2$ より

$$V_2 = \left(\frac{d_1}{d_2}\right)^2 V_1 = \left(\frac{40}{20}\right)^2 V_1 = 4V_1 \tag{3}$$

式 (2) に式 (1) および式 (3) を代入すると

$$V_1 = \sqrt{\frac{1}{7.5\rho_w}(p_1 - p_2)} = \sqrt{\frac{503}{7.5 \times 1000}} = 0.2590 \fallingdotseq 0.26\,\mathrm{m/s}$$

これを式 (3) に代入すると

$$V_2 = 4 \times 0.2590 = 1.036 \fallingdotseq 1.04\,\mathrm{m/s}$$

(3) 連続の式より

$$Q = \frac{\pi {d_1}^2}{4} V_1 = \frac{3.14 \times 0.04^2}{4} \times 0.2590 = 0.0003253\,\mathrm{m^3/s} \fallingdotseq 19.5\,\mathrm{L/min}$$

4.5　管ノズルおよび管オリフィスによる流量測定の式は次のようになるので，これに流量 Q，流量係数 α，オリフィス部における最小断面積 A の値を代入することにより，圧力差（$p_1 - p_2$）を求めることができる．

$$Q = \alpha A \sqrt{\frac{2(p_1 - p_2)}{\rho_w}} \tag{1}$$

例題 4.4 の管ノズルによる流量測定では，流量は $Q = 0.00689\,\mathrm{m^3/s}$，最小断面積部の直径が $d = 30\,\mathrm{mm}$，その開口面積比は $m = 0.25$ であった．オリフィスの場合，$m = 0.25$ に対する流量係数は表 4.1 より $\alpha = 0.624$ であるので，これらの値を式 (1) に代入し，水の密度を $\rho_w = 1000\,\mathrm{kg/m^3}$ すると，圧力差（$p_1 - p_2$）は

$$p_1 - p_2 = \frac{\rho_w}{2} \times \left(\frac{Q}{\alpha A}\right)^2 = \frac{\rho_w}{2}\left(\frac{Q}{\alpha}\frac{4}{\pi d^2}\right)^2 = \frac{1000}{2}\left(\frac{0.00689}{0.624} \times \frac{4}{3.14 \times 0.03^2}\right)^2$$
$$\fallingdotseq 122 \times 10^3\,\mathrm{Pa} = 122\,\mathrm{kPa}$$

U 字管水銀マノメータによる圧力差測定では，水銀の密度を ρ_{Hg} とすると，$p_1 - p_2 = (\rho_{Hg} - \rho_w)g\Delta h$ より

$$\Delta h = \frac{p_1 - p_2}{(\rho_{Hg} - \rho_w)g} = \frac{122 \times 10^3}{(13.6 - 1) \times 10^3 \times 9.8} \fallingdotseq 0.988\,\mathrm{m}$$

4.6　点 B の静圧孔から測定できる圧力を静圧 p とすると，点 A から測定される圧力は全圧 $(1/2)\rho V^2 + p$ となる．したがって，全圧と静圧との差圧 $(1/2)\rho V^2$ が動圧となる．その動圧を U 字管マノメータで測定するので，次式が成り立つ．

$$\frac{1}{2}\rho V^2 = (\rho_w - \rho)g\Delta h$$

$$\therefore\ V = \sqrt{\frac{2(\rho_w - \rho)g\Delta h}{\rho}} = \sqrt{\frac{2 \times (1000 - 1.2) \times 9.8 \times 20 \times 10^{-3}}{1.2}} \fallingdotseq 18.0\,\mathrm{m/s}$$

4.7 圧力の単位で断面①と断面②との間でベルヌーイの定理を示すと

$$\frac{1}{2}\rho_w {V_1}^2 + p_1 = \frac{1}{2}\rho_w {V_2}^2 + p_2$$

となる．図 4.17 の U 字管マノメータでは，断面②での全圧 $(1/2)\rho_w {V_2}^2 + p_2$ と断面① での静圧 p_1 との圧力差 $(1/2)\rho_w {V_2}^2 + p_2 - p_1$ を測定していることになり，その圧力差のヘッドが $h = 150\,\mathrm{mm}$ であるので，ベルヌーイの定理から次式が成り立つ．

$$\frac{1}{2}\rho_w {V_1}^2 = \frac{1}{2}\rho_w {V_2}^2 + p_2 - p_1 = (\rho_{Hg} - \rho_w)gh = (13.6 - 1) \times 10^3 \times 9.8 \times 0.150$$

$$= 18522\,\mathrm{Pa}$$

$$\therefore\ V_1 = \sqrt{\frac{2 \times 18522}{\rho_w}} = \sqrt{\frac{2 \times 18522}{1000}} = 6.086 \fallingdotseq 6.1\,\mathrm{m/s}$$

連続の式より

$$V_2 = \left(\frac{d_1}{d_2}\right)^2 V_1 = \left(\frac{50}{20}\right)^2 \times 6.086 \fallingdotseq 38.0\,\mathrm{m/s}$$

4.8 スロート部を断面①，円管出口を断面②とする．スロート部まで油を吸引するには，断面①における圧力が断面②における大気圧 p_a より $\rho_o g\Delta h$ だけ低くなる必要がある．そのときの流量を Q，断面①と断面②における速度をそれぞれ V_1，V_2 としてベルヌーイの定理を適用すると

$$\frac{{V_1}^2}{2g} + \frac{p_a - \rho_o g\Delta h}{\rho_a g} = \frac{{V_2}^2}{2g} + \frac{p_a}{\rho_a g}$$

$$\therefore\ \frac{{V_1}^2}{2g} - \frac{\rho_o \Delta h}{\rho_a} = \frac{{V_2}^2}{2g} \tag{1}$$

連続の式より

$$V_1 = \left(\frac{d_2}{d_1}\right)^2 V_2 = \left(\frac{100}{10}\right)^2 V_2 = 100V_2 \tag{2}$$

式 (2) を式 (1) を代入すると

$$\frac{(100V_2)^2}{2g} - \frac{\rho_o \Delta h}{\rho_a} = \frac{{V_2}^2}{2g}$$

$$\therefore\ V_2 = \sqrt{\frac{2g\rho_o \Delta h}{9999\rho_a}} = \sqrt{\frac{2 \times 9.8 \times 850 \times 0.2}{9999 \times 1.2}} = 0.527\,\mathrm{m/s}$$

$$\therefore\ V_1 = \left(\frac{d_2}{d_1}\right)^2 V_2 = \left(\frac{100}{10}\right)^2 \times 0.527 = 52.7\,\mathrm{m/s}$$

流量 Q は次のように求められる．

$$Q = \frac{\pi}{4}{d_2}^2 V_2 = \frac{\pi}{4} \times 0.1^2 \times 0.527 = 0.004136\,\mathrm{m^3/s} \fallingdotseq 248\,\mathrm{L/min}$$

4.9　(1) タンク水面位置①での流速と圧力を V_1，p_1，ノズル出口端位置②での流速と圧力を V_n，p_2 とすると，断面①と断面②との間でベルヌーイの定理は次式となる．

$$\frac{{V_1}^2}{2g} + \frac{p_1}{\rho g} + z_\mathrm{w} = \frac{{V_\mathrm{n}}^2}{2g} + \frac{p_2}{\rho g} + z_\mathrm{n}$$

ここで，$V_1 \fallingdotseq 0$，$p_1 = p_2 = p_\mathrm{a}$（大気圧）であるので

$$z_\mathrm{w} - z_\mathrm{n} = \frac{{V_\mathrm{n}}^2}{2g}$$

$$\therefore\ V_\mathrm{n} = \sqrt{2g(z_\mathrm{w} - z_\mathrm{n})} = \sqrt{2 \times 9.8 \times (10 - 3)} = 11.71 \fallingdotseq 11.7\,\mathrm{m/s}$$

(2) 連続の式を円管断面とノズル出口断面の間に適用すると

$$\frac{\pi {d_\mathrm{p}}^2}{4} V_\mathrm{p} = \frac{\pi {d_\mathrm{n}}^2}{4} V_\mathrm{n}$$

$$\therefore\ V_\mathrm{p} = \left(\frac{d_\mathrm{n}}{d_\mathrm{p}}\right)^2 V_\mathrm{n} = \left(\frac{20}{50}\right)^2 \times 11.71 = 1.87 \fallingdotseq 1.9\,\mathrm{m/s}$$

(3) ノズル出口断面②と噴水の到達最高点③との間でベルヌーイの定理は

$$\frac{{V_\mathrm{n}}^2}{2g} + \frac{p_2}{\rho g} = \frac{{V_3}^2}{2g} + \frac{p_3}{\rho g} + H$$

となる．ここで，$p_2 = p_3 = p_\mathrm{a}$（大気圧），到達最高点で $V_3 = 0$ なので

$$H = \frac{{V_\mathrm{n}}^2}{2g} = \frac{11.71^2}{2 \times 9.8} = 6.99 \fallingdotseq 7.0\,\mathrm{m}$$

第5章

5.1　円錐体に衝突する水噴流の流量 Q および速度 V は次のようになる．

$$Q = \frac{15}{60} = 0.25\,\mathrm{m^3/s}, \quad V = \frac{Q}{(\pi/4)d^2} = \frac{0.25 \times 4}{3.14 \times 0.1^2} = 31.85\,\mathrm{m/s}$$

(1) 円錐体まわりの流れを囲む検査面を考えると，圧力による力は作用しないとみなせるので，円錐体に作用する力 D は運動量の法則，式 (5.6) より

$$D = -F = \rho Q V - \rho Q V \cos 30^\circ = \rho Q V (1 - \cos 30^\circ)$$

$$= 1000 \times 0.25 \times 31.85 \times (1 - \sqrt{3}/2) = 1067\,\mathrm{N}$$

(2) 上式に相対速度（$V - u$）を適用すると

$$D_u = \rho A(V-u)^2 - \rho A(V-u)^2 \cos 30° = \rho A(V-u)^2(1-\cos 30°)$$
$$= 1000 \times \frac{3.14}{4} \times 0.1^2 \times (31.85-4)^2 \times (1-\cos 30°) = 816\,\mathrm{N}$$

(3) 力 D により円錐体を速度 u で移動させるのに要する動力は

$$L_u = D_u u = 816 \times 4 = 3264\,\mathrm{W}$$

5.2 (1) 断面①，②における流れの断面積は A，速度は V であり，検査面上の圧力は大気圧とみなせるので，運動量の法則，式 (5.5) は次式となる．

$$(x\text{ 方向})\quad D_x = -F_x = \rho AV \cdot V - \rho AV \cdot V \cos\theta = \rho AV^2(1-\cos\theta)$$
$$= 1000 \times \frac{\pi}{4} \times 0.05^2 \times 15^2 \times (1-\cos 60°) = 220.8\,\mathrm{N}$$
$$(y\text{ 方向})\quad D_y = -F_y = 0 - \rho AV \cdot V \sin\theta$$
$$= -\rho AV^2 \sin\theta = -1000 \times \frac{\pi}{4} \times 0.05^2 \times 15^2 \times \sin 60° = -382.4\,\mathrm{N}$$

したがって，それらの合力の大きさ D および x 軸に対する方向 α は次のように求められる．

$$D = \sqrt{D_x{}^2 + D_y{}^2} = \sqrt{220.8^2 + (-382.4)^2} \fallingdotseq 442\,\mathrm{N}$$
$$\alpha = \tan^{-1}\frac{D_y}{D_x} = \tan^{-1}\frac{-382.4}{220.8} \fallingdotseq -60°$$

(2) 湾曲板に流入する水の速度を相対速度（$V-u$）とすると，湾曲板に作用する x 方向の力の大きさ D_x は運動量の法則より次のように求められる．

$$D_x = \rho A(V-u)^2 - \rho A(V-u)^2 \cos\theta = \rho A(V-u)^2(1-\cos\theta)$$
$$= 1000 \times \frac{\pi}{4} \times 0.05^2 \times (15-7)^2 \times (1-\cos 60°) = 62.8\,\mathrm{N}$$

また，湾曲板を x 方向に移動させるのに必要な動力 L_x は次のように求められる．

$$L_x = D_x u = 62.8 \times 7 \fallingdotseq 440\,\mathrm{W}$$

5.3 運動量の法則に基づいてノズルに作用する力 D を算出するには，断面②，③における速度 V_2，V_3，圧力 p_2，p_3 を求める必要がある．タンク水面位置を断面①における水面降下速度を V_1 として，断面①と断面③との間にベルヌーイの定理を適用すると，両断面の圧力は大気圧とみなせるので

$$\frac{V_1{}^2}{2g} + (z_\mathrm{w} - z_\mathrm{c}) = \frac{V_3{}^2}{2g}$$

となる．さらに水面の降下速度 V_1 を無視すると

$$V_3 = \sqrt{2g(z_\mathrm{w} - z_\mathrm{c})} = \sqrt{2 \times 9.8 \times (15-3)} = 15.34\,\mathrm{m/s}$$

となる．次に断面②と断面③との間に連続の式を適用すると，速度 V_2 と V_3 の関係

$$V_2 = \left(\frac{d_3}{d_2}\right)^2 V_3 = \left(\frac{50}{100}\right)^2 V_3 = \frac{1}{4}V_3 = 3.84\,\mathrm{m/s}$$

が得られる．したがって，断面②と断面③との間にベルヌーイの定理を適用すると

$$\frac{(V_3/4)^2}{2g} + \frac{p_2}{\rho g} = \frac{{V_3}^2}{2g} + \frac{p_3}{\rho g}$$

となり，p_3 は大気圧 101.3 kPa であるので，断面②における圧力は次のようになる．

$$p_2 = \frac{\rho}{2}\frac{15}{16}{V_3}^2 + p_3 = \frac{1000}{2} \times \frac{15}{16} \times 15.34^2 + 101.3 \times 10^3 = 211.6 \times 10^3\,\mathrm{Pa}$$

以上の数値を運動量の法則，式 (5.5) に適用すると，$D = -F$ であるので

$$D = -F = \rho A_2 {V_2}^2 - \rho A_3 {V_3}^2 + \oint p ds$$

$$\therefore\ D = \rho A_2 {V_2}^2 - \rho A_3 {V_3}^2 + p_2 A_2 - p_3 A_3$$

$$= 1000 \times \left(\frac{\pi}{4} \times 0.1^2 \times 3.84^2 - \frac{\pi}{4} \times 0.05^2 \times 15.34^2\right)$$

$$+ 211.6 \times 10^3 \times \frac{\pi}{4} \times 0.1^2 - 101.3 \times 10^3 \times \frac{\pi}{4} \times 0.05^2$$

$$\fallingdotseq 1.12 \times 10^3\,\mathrm{N}$$

5.4　式 (5.23) において $x = u/V$ とおくと，ペルトン水車の効率 η は

$$\eta = 2(1-x)x(1+\cos\beta) = 2(1+\cos\beta)(-x^2+x)$$

となり，η は x 軸上の $x = 0$，$x = 1$ を通る上に凸の二次曲線であることがわかる．したがって，上式を x で微分し，これを 0 とすることにより η が最大となるときの x を得ることができる．

$$\frac{d\eta}{dx} = 2(1+\cos\beta)(-2x+1) = 0$$

上式より，水車効率 η は $x = u/V = 0.5$ のとき最大となることがわかる．この速度比が満たされる場合の水車効率 $\eta_{\max}$ は，$\beta = 15^\circ$ のとき理論的には次のようになる．

$$\eta_{\max} = 2(1+\cos 15^\circ)0.5(1-0.5) = 0.98 = 98\,\%$$

5.5　式 (5.32) において $x = V_2/V_1$ とおくと，プロペラ型風車の理論効率 η は

$$\eta = \frac{1}{2}(1-x)(1+x)^2 = -\frac{1}{2}(x^3+x^2-x-1)$$

となり，$x = -1$ で x 軸に接し，$x = 1$ を通る三次曲線であることがわかる．演習問題 5.4 と同様に上式を x で微分し，これを 0 とすることにより η が最大となるときの x が得られる．

$$\frac{d\eta}{dx} = -\frac{1}{2}(3x^2 + 2x - 1) = -\frac{1}{2}(3x-1)(x+1) = 0$$

上式を満たす解は $x = -1$, $x = 1/3$ であるが，この場合 x の負の値は存在しないので，風車効率 η は速度比 $x = V_2/V_1 = 1/3$ のとき最大となることがわかる．この速度比におけるプロペラ型風車の理論効率 $\eta_{\max}$ は次のように求められる．

$$\eta_{\max} = \frac{1}{2}\left(1 - \frac{1}{3}\right)\left(1 + \frac{1}{3}\right)^2 = 0.593 \fallingdotseq 59\,\%$$

第6章

6.1　流量 Q が $30\,\mathrm{L/min}$ なので，基本単位 $[\mathrm{m^3/s}]$ に換算してから断面平均流速 V [m/s] を計算すると以下となる．

$$V = \frac{Q}{\dfrac{\pi}{4}d^2} = \frac{30 \times 10^{-3} \times \dfrac{1}{60}}{\dfrac{3.14 \times 0.06^2}{4}} = 0.1769\,\mathrm{m/s}$$

次に，この流れ場のレイノルズ数 Re を求めると

$$Re = \frac{Vd}{\nu} = \frac{0.1769 \times 60 \times 10^{-3}}{1.0 \times 10^{-6}} = 10614 \fallingdotseq 1 \times 10^4$$

となる．このレイノルズ数における管摩擦係数 λ は，ムーディ線図から $\lambda = 0.03$ と読み取れる．したがって，区間 $l = 20\,\mathrm{m}$ における圧力損失ヘッド Δh は，ダルシー－ワイスバッハの式 (6.28) から次のように求められる．

$$\Delta h = \lambda\frac{l}{d}\frac{V^2}{2g} = 0.03 \times \frac{20}{0.06} \times \frac{0.1769^2}{2 \times 9.8} = 0.0159\,\mathrm{m} \fallingdotseq 16\,\mathrm{mm}$$

なお，管摩擦係数はブラジウスの式 (6.32) から算出することもできる．式 (6.32) を利用すると $\lambda = 0.031$ となり，ムーディ線図からの読み取り値とほぼ一致する．

6.2　流量 Q が $300\,\mathrm{L/min}$ なので，断面平均流速 V [m/s] を計算すると以下となる．

$$V = \frac{Q}{a^2} = \frac{300 \times 10^{-3} \times \dfrac{1}{60}}{0.1^2} = 0.5\,\mathrm{m/s}$$

正方形管の断面積 a^2 を，ぬれ縁長さ $4a$ で割って求められる流体平均深さ m は $a/4$ なので，正方形管の等価直径 $4m$ は a である．また，20℃ の水の動粘度は $\nu = 1.004 \times 10^{-6}\,\mathrm{m^2/s}$ なので，レイノルズ数は

$$Re = \frac{V \times 4m}{\nu} = \frac{0.5 \times 0.1}{1.004 \times 10^{-6}} = 4.98 \times 10^4$$

となり，流れは乱流である．

一方，表 6.1 から鋳鉄管の平均粗さは $k = 0.26\,\mathrm{mm}$ なので，相対粗さ $k/4m$ は

$$\frac{k}{4m} = \frac{0.26}{100} = 0.0026$$

となる．ムーディ線図における $Re = 4.98 \times 10^4$ と $k/d = k/4m = 0.0026$ の交点から，$\lambda = 0.028$ と読み取れる．したがって，式 (6.28) から損失ヘッド Δh は次のように求められる．

$$\Delta h = \lambda \frac{l}{4m}\frac{V^2}{2g} = 0.028 \times \frac{100}{0.1} \times \frac{0.5^2}{2 \times 9.8} = 0.36\,\mathrm{m}$$

6.3　管摩擦係数を λ として，タンクの水面①と円管出口断面②との間に摩擦損失を含むベルヌーイの式 (6.27) を適用すると，必要な水面高さ z は次式から求められる．

$$z = \frac{{V_2}^2}{2g} + \lambda \frac{l}{d}\frac{{V_2}^2}{2g} \tag{1}$$

ここで，20°C の水の動粘度は表 1.1 より $\nu = 1.004 \times 10^{-6}\,\mathrm{m^2/s}$ なので，レイノルズ数は次式となる．

$$Re = \frac{V_2 d}{\nu} = \frac{1.0 \times 0.045}{1.004 \times 10^{-6}} = 4.48 \times 10^4$$

円管内の相対粗度は $k/d = 0.045/45 = 0.001$ であるので，ムーディ線図上で $Re = 4.48 \times 10^4$ と $k/d = 0.001$ の交点から管摩擦係数を読み取ると，$\lambda = 0.024$ となる．これを式 (1) に代入して水面高さ z の値が求められる．

$$z = \frac{{V_2}^2}{2g}\left(1 + \lambda \frac{l}{d}\right) = \frac{1.0^2}{2 \times 9.8}\left(1 + 0.024 \times \frac{100}{0.045}\right) \fallingdotseq 2.8\,\mathrm{m}$$

6.4　塩化ビニル製と鋳鉄製の円管内の流れのレイノルズ数 Re は以下となる．

$$Re = \frac{Vd}{\nu} = \frac{2.0 \times 0.1}{1.0 \times 10^{-6}} = 2 \times 10^5$$

(1) 塩化ビニル製円管の場合

$Re = 2 \times 10^5$ における管摩擦係数 λ はムーディ線図から $\lambda = 0.015$ と読み取れるので，損失ヘッド Δh はダルシー - ワイスバッハの式より次のように求められる．

$$\Delta h = \lambda \frac{l}{d}\frac{V^2}{2g} = 0.015 \times \frac{100}{0.1} \times \frac{2.0^2}{2 \times 9.8} \fallingdotseq 3.1\,\mathrm{m}$$

(2) 鋳鉄製円管の場合

相対粗度 $k/d = 0.26/100 = 0.0026$ とレイノルズ数 $Re = 2 \times 10^5$ の条件について，ムーディ線図から管摩擦係数を読み取ると，$\lambda = 0.025$ となる．したがって，損失ヘッド Δh は次のように求められる．

$$\Delta h = \lambda \frac{l}{d}\frac{V^2}{2g} = 0.025 \times \frac{100}{0.1} \times \frac{2.0^2}{2 \times 9.8} \fallingdotseq 5.1\,\mathrm{m}$$

6.5 タンクの水面①と円管端部のノズル出口断面②との間に，摩擦損失ヘッド Δh を含むベルヌーイの式 (6.27) を適用すると次式となる．

$$\frac{{V_1}^2}{2g}+\frac{p_1}{\rho g}+z_{\mathrm{w}}=\frac{{V_{\mathrm{n}}}^2}{2g}+\frac{p_2}{\rho g}+z_{\mathrm{n}}+\Delta h \tag{1}$$

ここで，$V_1 \fallingdotseq 0$（水面降下速度），$p_1=p_2=p_{\mathrm{a}}$（大気圧），円管内流速を V_{p} とすると，式 (1) は

$$z_{\mathrm{w}}=\frac{{V_{\mathrm{n}}}^2}{2g}+z_{\mathrm{n}}+\lambda\frac{l}{d_{\mathrm{p}}}\frac{{V_{\mathrm{p}}}^2}{2g} \tag{2}$$

となる．また，連続の式 (4.3) より $(\pi {d_{\mathrm{p}}}^2/4)V_{\mathrm{p}}=(\pi {d_{\mathrm{n}}}^2/4)V_{\mathrm{n}}$ が成り立つので

$$V_{\mathrm{n}}=\left(\frac{d_{\mathrm{p}}}{d_{\mathrm{n}}}\right)^2 V_{\mathrm{p}}=\left(\frac{0.05}{0.02}\right)^2 V_{\mathrm{p}}=6.25V_{\mathrm{p}} \tag{3}$$

式 (3) および与えられた条件を式 (2) に代入すると

$$10=\frac{(6.25V_{\mathrm{p}})^2}{2\times 9.8}+3+0.02\times\frac{150}{0.05}\times\frac{{V_{\mathrm{p}}}^2}{2\times 9.8}$$

となり，$V_{\mathrm{p}}=1.18\,\mathrm{m/s}$ が求められる．また，式 (3) から $V_{\mathrm{n}}=7.38\,\mathrm{m/s}$ が求められる．次に，ノズルの出口断面②と噴流の到達位置③との間でベルヌーイの式を立てると，到達最高点における流速はゼロであるので，次のようになる．

$$\frac{{V_{\mathrm{n}}}^2}{2g}=H$$

これより，$H=2.78\,\mathrm{m}$ が求められる．

第 7 章

7.1 タンク水面の断面①における速度を V_1，圧力を p_1，円管出口端の断面②における速度を V，圧力を p_2 とすると，断面①と断面②との間で損失ヘッドを含むベルヌーイの定理は次式となる．

$$\frac{{V_1}^2}{2g}+\frac{p_1}{\rho g}+z=\frac{V^2}{2g}+\frac{p_2}{\rho g}+\lambda\frac{l}{d}\frac{V^2}{2g}+\zeta_{\mathrm{e}}\frac{V^2}{2g}$$

ここで，$V_1 \fallingdotseq 0$，$p_1=p_2=p_{\mathrm{a}}$（大気圧）なので

$$z=\left(1+\lambda\frac{l}{d}+\zeta_{\mathrm{e}}\right)\frac{V^2}{2g}$$

$$\therefore\ V=\sqrt{\frac{2gz}{1+\lambda\dfrac{l}{d}+\zeta_{\mathrm{e}}}}=\sqrt{\frac{2\times 9.8\times 3}{1+0.022\dfrac{100}{0.04}+0.5}}\fallingdotseq 1.02\,\mathrm{m/s}$$

7.2 タンクの水面①と円管端部のノズル出口断面②との間で，摩擦損失ヘッドおよび各管

路要素における形状損失ヘッドを含むベルヌーイの定理は，次式となる．

$$\frac{{V_1}^2}{2g}+\frac{p_1}{\rho g}+z_{\mathrm{w}}=\frac{{V_{\mathrm{n}}}^2}{2g}+\frac{p_2}{\rho g}+z_{\mathrm{n}}+\lambda\frac{l}{d_{\mathrm{p}}}\frac{{V_{\mathrm{p}}}^2}{2g}+\zeta_1\frac{{V_{\mathrm{p}}}^2}{2g}+\zeta_2\frac{{V_{\mathrm{p}}}^2}{2g}+\zeta_3\frac{{V_{\mathrm{n}}}^2}{2g}$$

ここで，$V_1 \fallingdotseq 0$，$p_1=p_2=p_{\mathrm{a}}$（大気圧）とおけるので，上式は

$$z_{\mathrm{w}}-z_{\mathrm{n}}=(1+\zeta_3)\frac{{V_{\mathrm{n}}}^2}{2g}+\left(\lambda\frac{l}{d_{\mathrm{p}}}+\zeta_1+\zeta_2\right)\frac{{V_{\mathrm{p}}}^2}{2g} \tag{1}$$

となる．また，連続の式 $(\pi {d_{\mathrm{p}}}^2/4)V_{\mathrm{p}}=(\pi {d_{\mathrm{n}}}^2/4)V_{\mathrm{n}}$ より，V_{n} と V_{p} の関係は次式となる．

$$V_{\mathrm{n}}=\left(\frac{d_{\mathrm{p}}}{d_{\mathrm{n}}}\right)^2 V_{\mathrm{p}}=\left(\frac{0.05}{0.02}\right)^2 V_{\mathrm{p}}=6.25V_{\mathrm{p}} \tag{2}$$

式 (2) を式 (1) に代入すると

$$z_{\mathrm{w}}-z_{\mathrm{n}}=(1+\zeta_3)\frac{(6.25V_{\mathrm{p}})^2}{2g}+\left(\lambda\frac{l}{d_{\mathrm{p}}}+\zeta_1+\zeta_2\right)\frac{{V_{\mathrm{p}}}^2}{2g}$$

$$\therefore\ z_{\mathrm{w}}-z_{\mathrm{n}}=\left\{6.25^2(1+\zeta_3)+\lambda\frac{l}{d_{\mathrm{p}}}+\zeta_1+\zeta_2\right\}\frac{{V_{\mathrm{p}}}^2}{2g}$$

$$\therefore\ V_{\mathrm{p}}=\sqrt{\frac{2g(z_{\mathrm{w}}-z_{\mathrm{n}})}{6.25^2(1+\zeta_3)+\lambda\dfrac{l}{d_{\mathrm{p}}}+\zeta_1+\zeta_2}}$$

$$=\sqrt{\frac{2\times 9.8\times(10-3)}{6.25^2(1+0.05)+0.02\dfrac{150}{0.05}+0.5+1.0}}=1.157\fallingdotseq 1.16\,\mathrm{m/s}$$

式 (2) より

$$V_{\mathrm{n}}=6.25V_{\mathrm{p}}=6.25\times 1.157\fallingdotseq 7.23\,\mathrm{m/s}$$

次に，ノズルの出口断面②と噴流の到達位置③との間でベルヌーイの式を立てると，到達位置における流速はゼロであるので次式となる．

$$\frac{{V_{\mathrm{n}}}^2}{2g}=H$$

これより，$H=2.67\,\mathrm{m}$ が求められる．

7.3　タンクの水面位置を断面①，ノズル出口を断面②とすると，両断面で圧力は大気圧とみなせる．またタンク水面の降下速度を無視すると，断面①と断面②との間で摩擦損失ヘッドおよび各管路要素における形状損失ヘッドを含むベルヌーイの定理は，次式となる．

$$z_{\mathrm{w}}-z_{\mathrm{c}}=\frac{{V_{\mathrm{n}}}^2}{2g}+\lambda\frac{l}{d}\frac{V^2}{2g}+\zeta_1\frac{V^2}{2g}+3\zeta_2\frac{V^2}{2g}+\zeta_3\frac{{V_{\mathrm{n}}}^2}{2g}+\zeta_4\frac{V^2}{2g}$$

$$\therefore\ z_{\mathrm{w}}-z_{\mathrm{c}}=(1+\zeta_3)\frac{{V_{\mathrm{n}}}^2}{2g}+\left(\lambda\frac{l}{d}+\zeta_1+3\zeta_2+\zeta_4\right)\frac{V^2}{2g} \tag{1}$$

V_n と V の関係は連続の式より次のようになる．

$$V_n = \left(\frac{d}{d_n}\right)^2 V = \left(\frac{0.06}{0.02}\right)^2 V = 9V \tag{2}$$

式 (2) を式 (1) に代入すると

$$z_w - z_c = (1+\zeta_3)\frac{81V^2}{2g} + \left(\lambda\frac{l}{d} + \zeta_1 + 3\zeta_2 + \zeta_4\right)\frac{V^2}{2g}$$

$$\therefore\ 10 - 2 = (1+0.05)\frac{81V^2}{2g} + \left(0.02 \times \frac{120}{0.06} + 1.0 + 3 \times 0.5 + 2.0\right)\frac{V^2}{2g}$$

$$\therefore\ V = 1.10\,\mathrm{m/s}$$

式 (2) より

$$V_n = 9V = 9 \times 1.10 = 9.90\,\mathrm{m/s}$$

次に，ノズルの出口断面②と噴流の到達位置③との間でベルヌーイの定理を用いると

$$\frac{{V_n}^2}{2g} = z_n$$

となり，$z_n = 5.0\,\mathrm{m}$ が求められる．

7.4 大気圧を p_a とするときタンクの水面に作用する圧力が $p_a + 100 \times 10^3$ となる点以外は，前問 7.3 に等しい．タンク水面の断面①とノズル出口断面②との間で損失を含むベルヌーイの式を作ると，

$$\frac{p_a + 100 \times 10^3}{\rho g} + z_w - z_c$$

$$= \frac{{V_n}^2}{2g} + \frac{p_a}{\rho g} + \lambda\frac{l}{d}\frac{V^2}{2g} + \zeta_1\frac{V^2}{2g} + 3\zeta_2\frac{V^2}{2g} + \zeta_3\frac{{V_n}^2}{2g} + \zeta_4\frac{V^2}{2g}$$

$$\therefore\ \frac{100 \times 10^3}{\rho g} + z_w - z_c = (1+\zeta_3)\frac{{V_n}^2}{2g} + \left(\lambda\frac{l}{d} + \zeta_1 + 3\zeta_2 + \zeta_4\right)\frac{V^2}{2g} \tag{1}$$

V_n と V の関係も前問 7.3 と等しいので

$$V_n = \left(\frac{d}{d_n}\right)^2 V = 9V \tag{2}$$

式 (2) を式 (1) に代入すると

$$\frac{100 \times 10^3}{\rho g} + z_w - z_c = (1+\zeta_3)\frac{81V^2}{2g} + \left(\lambda\frac{l}{d} + \zeta_1 + 3\zeta_2 + \zeta_4\right)\frac{V^2}{2g}$$

$$\therefore\ \frac{100}{9.8} + 10 - 2 = (1+0.05)\frac{81V^2}{2g} + \left(0.02 \times \frac{120}{0.06} + 1.0 + 3 \times 0.5 + 2.0\right)\frac{V^2}{2g}$$

$$\therefore\ V = 1.66\,\mathrm{m/s}$$

式 (2) より

$$V_{\mathrm{n}} = 9V = 9 \times 1.66 = 14.94\,\mathrm{m/s}$$

次に，ノズルの出口断面②と噴流の到達位置③との間でベルヌーイの定理を用いると

$$z_{\mathrm{n}} = \frac{{V_{\mathrm{n}}}^2}{2g} = \frac{14.94^2}{2 \times 9.8} \fallingdotseq 11.39\,\mathrm{m}$$

7.5　(1) 流量が $Q = 1.2\,\mathrm{m^3/min} = 0.02\,\mathrm{m^3/s}$ なので，吸込管 A と吐出管 B における流速は

$$V_{\mathrm{A}} = \frac{Q}{(\pi/4){d_{\mathrm{A}}}^2} = \frac{4Q}{\pi {d_{\mathrm{A}}}^2} = \frac{4 \times 0.02}{3.14 \times 0.05^2} \fallingdotseq 10.2\,\mathrm{m/s}$$

$$V_{\mathrm{B}} = \frac{Q}{(\pi/4){d_{\mathrm{B}}}^2} = \frac{4Q}{\pi {d_{\mathrm{B}}}^2} = \frac{4 \times 0.02}{3.14 \times 0.1^2} \fallingdotseq 2.5\,\mathrm{m/s}$$

(2) 吸込管 A と吐出管 B におけるレイノルズ数はそれぞれ，

$$Re_{\mathrm{A}} = \frac{V_{\mathrm{A}} d_{\mathrm{A}}}{\nu} = \frac{10.2 \times 0.05}{1 \times 10^{-6}} \fallingdotseq 5.1 \times 10^5$$

$$Re_{\mathrm{B}} = \frac{V_{\mathrm{B}} d_{\mathrm{B}}}{\nu} = \frac{2.5 \times 0.1}{1 \times 10^{-6}} \fallingdotseq 2.5 \times 10^5$$

(3) ムーディ線図より，λ_{A} は $Re_{\mathrm{A}} = 5.1 \times 10^5$ なので $\lambda_{\mathrm{A}} = 0.012$，$\lambda_{\mathrm{B}}$ は $Re_{\mathrm{B}} = 2.5 \times 10^5$ なので $\lambda_{\mathrm{B}} = 0.015$ となる．吸込管と吐出管の損失ヘッドをそれぞれ $\mathit{\Delta} H_{\mathrm{A}}$，$\mathit{\Delta} H_{\mathrm{B}}$ とすると

$$\mathit{\Delta} H_{\mathrm{A}} = \left(\lambda_{\mathrm{A}} \frac{l_{\mathrm{A}}}{d_{\mathrm{A}}} + \zeta_{\mathrm{e}} + \zeta_{\mathrm{b}}\right) \frac{{V_{\mathrm{A}}}^2}{2g} = \left(0.012 \times \frac{5}{0.05} + 1.0 + 0.5\right) \frac{10.2^2}{2 \times 9.8}$$
$$\fallingdotseq 14.3\,\mathrm{m}$$

$$\mathit{\Delta} H_{\mathrm{B}} = \left(\lambda_{\mathrm{B}} \frac{l_{\mathrm{B}}}{d_{\mathrm{B}}} + \zeta_{\mathrm{v}} + \zeta_{\mathrm{b}} + \zeta_{\mathrm{e}}\right) \frac{{V_{\mathrm{B}}}^2}{2g} = \left(0.015 \times \frac{10}{0.1} + 5.0 + 0.5 + 1.0\right) \frac{2.5^2}{2 \times 9.8}$$
$$\fallingdotseq 2.55\,\mathrm{m}$$

したがって，管路全体の損失ヘッド h_l は

$$h_l = \mathit{\Delta} H_{\mathrm{A}} + \mathit{\Delta} H_{\mathrm{B}} = 14.3 + 2.55 \fallingdotseq 16.9\,\mathrm{m}$$

7.6　タンクの水面①と円管端部のノズル出口断面②との間で，損失ヘッドを含むベルヌーイの定理は次式となる．

$$z_{\mathrm{w}} - z_{\mathrm{c}} = \frac{{V_d}^2}{2g} + \left(\lambda \frac{l_D}{D} + \zeta_{\mathrm{e}} + \zeta_{\mathrm{b}} + \zeta_{\mathrm{v}}\right) \frac{{V_D}^2}{2g} + \left(\lambda \frac{l_d}{d} + \zeta_{\mathrm{n}} + \zeta_{\mathrm{b}}\right) \frac{{V_d}^2}{2g} \tag{1}$$

V_D と V_d の関係は連続の式より次のようになる．

$$V_d = \left(\frac{D}{d}\right)^2 V_D = \left(\frac{0.05}{0.025}\right)^2 V_D = 4V_D \tag{2}$$

式 (2) を式 (1) に代入すると

$$z_\mathrm{w} - z_\mathrm{c} = \left\{16 + \left(\lambda \frac{l_D}{D} + \zeta_\mathrm{e} + \zeta_\mathrm{b} + \zeta_\mathrm{v}\right) + 16\left(\lambda \frac{l_d}{d} + \zeta_\mathrm{n} + \zeta_\mathrm{b}\right)\right\} \frac{{V_D}^2}{2g}$$

$$30 - 1 = \left\{16 + \left(0.02 \times \frac{5}{0.05} + 0.5 + 0.3 + 1.2\right)\right.$$

$$\left. +16 \times \left(0.02 \times \frac{25}{0.025} + 0.1 + 0.3\right)\right\} \frac{{V_D}^2}{2g}$$

$$\therefore\ V_D = 1.280 \fallingdotseq 1.28\,\mathrm{m/s}$$

式 (2) より

$$V_d = 4V_D = 4 \times 1.280 \fallingdotseq 5.12\,\mathrm{m/s}$$

ノズルの出口断面②と噴流の到達位置③との間でベルヌーイの定理を用いると

$$z_\mathrm{n} = \frac{{V_d}^2}{2g} = \frac{5.12^2}{2 \times 9.8} = 1.337 \fallingdotseq 1.34\,\mathrm{m}$$

第 8 章

8.1 まず，各物理量を基本単位で表す．その後，長さ，質量，時間の次元を $[L]$，$[M]$，$[T]$ とすると，各物理量の次元は次のようになる．

〈速度〉 単位 $\left[\dfrac{\mathrm{m}}{\mathrm{s}}\right]$；次元 $\left[\dfrac{\mathrm{L}}{\mathrm{T}}\right]$

〈圧力〉 単位 $[\mathrm{Pa}]=\left[\dfrac{\mathrm{N}}{\mathrm{m}^2}\right] = \left[\dfrac{\mathrm{kg}}{\mathrm{s}^2\mathrm{m}}\right]$；次元 $\left[\dfrac{\mathrm{M}}{\mathrm{LT}^2}\right]$

〈密度〉 単位 $\left[\dfrac{\mathrm{kg}}{\mathrm{m}^3}\right]$；次元 $\left[\dfrac{\mathrm{M}}{\mathrm{L}^3}\right]$

〈粘度〉 単位 $[\mathrm{Pa{\cdot}s}] = \left[\dfrac{\mathrm{kg}}{\mathrm{ms}}\right]$；次元 $\left[\dfrac{\mathrm{M}}{\mathrm{LT}}\right]$

〈動粘度〉 単位 $\left[\dfrac{\mathrm{m}^2}{\mathrm{s}}\right]$；次元 $\left[\dfrac{\mathrm{L}^2}{\mathrm{T}}\right]$

8.2 円管内流れの摩擦による圧力損失 Δp に関係する物理量は，Δp を含めて円管の直径 d，区間長さ l，流速 V，流体の密度 ρ および粘度 μ の 6 個であるので，$n = 6$ である．これらの物理量の間には次式のような関数関係が成り立つ．

$$F(d, l, V, \Delta p, \rho, \mu) = 0$$

さらに，これらの物理量は $[L]$，$[M]$，$[T]$ の三つの次元の組み合わせからなるので，$k = 3$ である．したがって，$n - k = 3$ となるので，円管内流れの摩擦損失に関する現象は，次式のような 3 個の無次元量 π の関数として表すことができる．

$$f(\pi_1, \pi_2, \pi_3) = 0 .$$

ここで，6 個の物理量のうち d，V，ρ を繰り返し変数として，無次元量 π_1，π_2，π_3 を次のようにおく．

$$\pi_1 = d^{\alpha_1} V^{\beta_1} \rho^{\gamma_1} \Delta p, \qquad \pi_2 = d^{\alpha_2} V^{\beta_2} \rho^{\gamma_2} l, \qquad \pi_3 = d^{\alpha_3} V^{\beta_3} \rho^{\gamma_3} \mu$$

これらの次元を求めると次のようになる．

$$\begin{aligned}\pi_1 &= d^{\alpha_1} V^{\beta_1} \rho^{\gamma_1} \Delta p = [L]^{\alpha_1} \left[\frac{L}{T}\right]^{\beta_1} \left[\frac{M}{L^3}\right]^{\gamma_1} \left[\frac{M}{LT^2}\right] \\ &= [L]^{\alpha_1+\beta_1-3\gamma_1-1}[M]^{\gamma_1+1}[T]^{-\beta_1-2}\end{aligned}$$

$$\pi_2 = d^{\alpha_2} V^{\beta_2} \rho^{\gamma_2} l = [L]^{\alpha_2} \left[\frac{L}{T}\right]^{\beta_2} \left[\frac{M}{L^3}\right]^{\gamma_2} [L] = [L]^{\alpha_2+\beta_2-3\gamma_2+1}[M]^{\gamma_2}[T]^{-\beta_2}$$

$$\begin{aligned}\pi_3 &= d^{\alpha_3} V^{\beta_3} \rho^{\gamma_3} \mu = [L]^{\alpha_3} \left[\frac{L}{T}\right]^{\beta_3} \left[\frac{M}{L^3}\right]^{\gamma_3} \left[\frac{M}{LT}\right] \\ &= [L]^{\alpha_3+\beta_3-3\gamma_3-1}[M]^{\gamma_3+1}[T]^{-\beta_3-1}\end{aligned}$$

π_1，π_2，π_3 が無次元量であるためには，π_1，π_2，π_3 の右辺がそれぞれ $[L]^0$，$[M]^0$，$[T]^0$ とならなければならないので，次の関係が成り立つ．

$$\begin{aligned}\pi_1 &: \alpha_1 + \beta_1 - 3\gamma_1 - 1 = 0 \\ &\quad \gamma_1 + 1 = 0 \\ &\quad -\beta_1 - 2 = 0 \\ \pi_2 &: \alpha_2 + \beta_2 - 3\gamma_2 + 1 = 0 \\ &\quad \gamma_2 = 0 \\ &\quad -\beta_2 = 0 \\ \pi_3 &: \alpha_3 + \beta_3 - 3\gamma_3 - 1 = 0 \\ &\quad \gamma_3 + 1 = 0 \\ &\quad -\beta_3 - 1 = 0\end{aligned}$$

π_1，π_2，π_3 のそれぞれについて連立して解くと，$\alpha_1 = 0$，$\beta_1 = -2$，$\gamma_1 = -1$，$\alpha_2 = -1$，$\beta_2 = \gamma_2 = 0$，$\alpha_3 = \beta_3 = \gamma_3 = -1$ が得られるので無次元量 π_1，π_2，π_3 は次のようになる．

$$\pi_1 = d^0 V^{-2} \rho^{-1} \Delta p = \frac{\Delta p}{\rho V^2}$$

$$\pi_2 = d^{-1} V^0 \rho^0 l = \frac{l}{d}$$

$$\pi_3 = d^{-1} V^{-1} \rho^{-1} \mu = \frac{\mu}{\rho V d} = \frac{\nu}{V d} = \frac{1}{Re}$$

したがって，π の関数 $f(\pi_1, \pi_2, \pi_3) = 0$ は

$$f\left(\frac{\Delta p}{\rho V^2}, \frac{l}{d}, \frac{1}{Re}\right) = 0$$

のように表される．摩擦による圧力損失は Δp であるので，その無次元量 $\Delta p/\rho V^2$ を関数とし，また，実際の流れ場で Δp が l/d に比例することが知られているので，上式は次のように書ける．

$$\frac{\Delta p}{\rho V^2} = f'\left(\frac{1}{Re}\right)\frac{l}{d}$$

$$\therefore\ \Delta p = f'\left(\frac{1}{Re}\right)\frac{l}{d}\rho V^2$$

ここで，$f'(1/Re)$ はレイノルズ数 Re に依存する量であり，管摩擦係数に比例するものとして $f'(1/Re) = (1/2)\lambda$ とおくと，圧力表示のダルシー - ワイスバッハの式が導かれる．

$$\Delta p = \lambda\frac{l}{d}\frac{\rho V^2}{2}$$

ちなみに，圧力損失 Δp を圧力損失ヘッド Δh（$= \Delta p/\rho g$）で表すと，ヘッド表示のダルシー - ワイスバッハの式 (6.28) が得られる．

$$\Delta h = \lambda\frac{l}{d}\frac{V^2}{2g}$$

8.3 20℃における空気の動粘度は表 1.2 より $\nu_a = 1.513 \times 10^{-5}$，水の動粘度は表 1.1 より $\nu_w = 1.004 \times 10^{-6}$ であるので，それぞれのレイノルズ数 Re を求めると次のようになる．

（飛行機（実機）のレイノルズ数） $Re = \dfrac{V_p l}{\nu_a}$

（模型実験のレイノルズ数） $Re = \dfrac{V_m(1/10)l}{\nu_w}$

飛行機まわりの流れ状態を模型実験で実現するには，両者のレイノルズ数を一致させる必要があるので，次の関係が得られる．

$$\frac{V_p l}{\nu_a} = \frac{V_m(1/10)l}{\nu_w}$$

したがって，V_m は次のように求められる．

$$V_m = 10V_p\frac{\nu_w}{\nu_a} = 10 \times 100 \times \frac{1.004 \times 10^{-6}}{1.513 \times 10^{-5}} = 66.4\,\mathrm{km/h} = 18.4\,\mathrm{m/s}$$

8.4 (1) 実際と模型のトンネルの代表寸法はそれぞれ d_p，d_m であるので，模型のトンネルに流す空気の速度 V_m は，次式のように実際のトンネルと模型のトンネルのレイノルズ数が等しいとして

$$\frac{V_p d_p}{\nu_a} = \frac{V_m d_m}{\nu_a}$$

から求めることができる．ここで，$d_{\mathrm{m}} = d_{\mathrm{p}}/50$ であるので，V_{m} は

$$V_{\mathrm{m}} = \frac{d_{\mathrm{p}}}{d_{\mathrm{m}}} V_{\mathrm{p}} = 50 V_{\mathrm{p}} = 50 \times 0.5 = 25\,\mathrm{m/s}$$

したがって，模型のトンネルに流す空気の流量 Q_{a} は次のようになる．

$$Q_{\mathrm{a}} = \frac{\pi}{4} {d_{\mathrm{m}}}^2 V_{\mathrm{m}} = \frac{\pi}{4} \left(\frac{d_{\mathrm{p}}}{50} \right)^2 V_{\mathrm{m}} = \frac{\pi}{4} \left(\frac{10}{50} \right)^2 \times 25 = 0.785\,\mathrm{m^3/s}$$

(2) 模型実験を水中で行う際も，同様にレイノルズ数を等しくおく必要があるので

$$\frac{V_{\mathrm{p}} d_{\mathrm{p}}}{\nu_{\mathrm{a}}} = \frac{V_{\mathrm{m}} d_{\mathrm{m}}}{\nu_{\mathrm{w}}}$$

が成り立つ．これより模型実験における水の速度 V_{m} は，

$$V_{\mathrm{m}} = \frac{d_{\mathrm{p}}}{d_{\mathrm{m}}} \frac{\nu_{\mathrm{w}}}{\nu_{\mathrm{a}}} V_{\mathrm{p}} = 50 \times \frac{1.0 \times 10^{-6}}{1.5 \times 10^{-5}} \times 0.5 = 1.667\,\mathrm{m/s}$$

したがって，模型のトンネルに流す水の流量 Q_{w} は次のようになる．

$$Q_{\mathrm{w}} = \frac{\pi}{4} {d_{\mathrm{m}}}^2 V_{\mathrm{m}} = \frac{\pi}{4} \left(\frac{d_{\mathrm{p}}}{50} \right)^2 V_{\mathrm{m}} = \frac{\pi}{4} \left(\frac{10}{50} \right)^2 \times 1.667 = 0.0523\,\mathrm{m^3/s} = 52.3\,\mathrm{L/s}$$

第 9 章

9.1　風切り音は，電線に生じるカルマン渦列による流体振動に起因するので，式 (9.8) のストローハル数を利用してカルマン渦列の流出周波数 f を求めればよい．その準備として，まずこの流れ場のレイノルズ数 Re を求めると

$$Re = \frac{Ud}{\nu} = \frac{30 \times 10 \times 10^{-3}}{1.5 \times 10^{-5}} = 2 \times 10^4$$

となる．これは，円柱まわりの流れにおける亜臨界レイノルズ数の領域に相当するので，ストローハル数はほぼ $St = 0.2$ の一定とみなせる．したがって，流出周波数 f は式 (9.8) を変形した式から次のように求められる．

$$f = St \frac{U}{d} = 0.2 \times \frac{30}{0.01} = 600\,\mathrm{Hz}$$

9.2　抗力係数の定義式 (9.1) を変形すると，抗力を算出する式

$$D = C_{\mathrm{D}} \left(\frac{1}{2} \right) \rho_{\mathrm{a}} U^2 A = C_{\mathrm{D}} \left(\frac{1}{2} \right) \rho_{\mathrm{a}} U^2 (d \times 1)$$

が得られる．レイノルズ数 Re を計算すると

$$Re = \frac{Ud}{\nu_{\mathrm{a}}} = \frac{20 \times 30 \times 10^{-3}}{1.5 \times 10^{-5}} = 4 \times 10^4$$

となるので，C_{D} の値は図 9.8 から $C_{\mathrm{D}} = 1.2$ と読み取れる．したがって，円柱の 1 m あた

りの抗力は次のように求められる．

$$D = C_{\mathrm{D}}\left(\frac{1}{2}\right)\rho_a U^2(d \times 1) = 1.2 \times \frac{1}{2} \times 1.2 \times 20^2 \times 0.03 = 8.64\,\mathrm{N}$$

9.3 それぞれの物体の抗力係数 C_{D} の値を図 9.15 から読み取るため，まずレイノルズ数 Re を算出する．物体の投影面形状の直径はすべて $d = 60\,\mathrm{mm}$ であるので，レイノルズ数は，

$$Re = \frac{Vd}{\nu_{\mathrm{a}}} = \frac{15 \times 60 \times 10^{-3}}{1.5 \times 10^{-5}} = 6 \times 10^4$$

となる．$Re = 6 \times 10^4$ に対する円板，球体，楕円体 (1 : 1.8) の抗力係数をそれぞれ C_{D1}，C_{D2}，C_{D3} とすると，それらは図 9.15 から，

$$C_{\mathrm{D1}} \fallingdotseq 1.1, \quad C_{\mathrm{D2}} \fallingdotseq 0.5, \quad C_{\mathrm{D3}} \fallingdotseq 0.19$$

と読み取れる．抗力 D は，式 (9.1) を変形して次式より求めることができる．

$$D = C_{\mathrm{D}}\left(\frac{1}{2}\right)\rho_{\mathrm{a}} V^2 A = C_{\mathrm{D}}\left(\frac{1}{2}\right)\rho_{\mathrm{a}} V^2 \frac{\pi d^2}{4}$$

垂直な円板の場合，

$$D_1 = C_{\mathrm{D1}}\left(\frac{1}{2}\right)\rho_{\mathrm{a}} V^2 \frac{\pi d^2}{4} = 1.1 \times \frac{1}{2} \times 1.2 \times 15^2 \times \frac{3.14 \times 0.06^2}{4}$$
$$\fallingdotseq 0.42\,\mathrm{N}$$

となる．同様にして球体の抗力 $D_2 = 0.19\,\mathrm{N}$，楕円体 (1 : 1.8) の抗力 $D_3 = 0.07\,\mathrm{N}$ が求められる．

9.4 (1) レイノルズ数が

$$Re = \frac{U_\infty d}{\mu_{\mathrm{a}}/\rho_{\mathrm{a}}} = \frac{15 \times 0.1}{18.22 \times 10^{-6}/1.205} = 0.99 \times 10^5$$

となるので，図 9.8 より円柱の抗力係数は 1.2，楕円柱の抗力係数は 0.12 となる．

したがって，円柱の抗力 D_{c} は

$$D_{\mathrm{c}} = C_{\mathrm{D}}\left(\frac{1}{2}\right)\rho_{\mathrm{a}} {U_\infty}^2(d_{\mathrm{c}} \times 1) = 1.2 \times \frac{1}{2} \times 1.205 \times 15^2 \times 0.1 \fallingdotseq 16.3\,\mathrm{N}$$

となる．同様に楕円柱の抗力は $D_{\mathrm{e}} \fallingdotseq 1.63\,\mathrm{N}$ と求められる．
(2) 新たな円柱の直径を d とすると

$$1.63 = 1.2 \times \frac{1}{2} \times 1.205 \times 15^2 \times d$$

より，$d = 0.010\,\mathrm{m} = 10\,\mathrm{mm}$ となる．

9.5 球体に作用する重力 W，抗力 D，浮力 B は次式のように表される．

$$W = \rho_{\mathrm{s}}\frac{4}{3}\pi\left(\frac{d}{2}\right)^3 g, \quad D = C_{\mathrm{D}}\left(\frac{1}{2}\right)\rho V^2 \pi\left(\frac{d}{2}\right)^2, \quad B = \rho\frac{4}{3}\pi\left(\frac{d}{2}\right)^3 g$$

これらは球体の落下が終速度 V に達したとき釣り合うので，

$$W = D + B$$

という関係が成り立つ．W，D および浮力 B の式を代入すると

$$\rho_\mathrm{s}\frac{4}{3}\pi\left(\frac{d}{2}\right)^3 g = C_\mathrm{D}\left(\frac{1}{2}\right)\rho V^2\pi\left(\frac{d}{2}\right)^2 + \rho\frac{4}{3}\pi\left(\frac{d}{2}\right)^3 g$$

となる．これより，終速度 V は

$$V = \sqrt{\frac{4}{3}\frac{gd}{C_\mathrm{D}}\left(\frac{\rho_s}{\rho} - 1\right)}$$

として求められる．

9.6　雨粒の抗力係数は式 (9.12) から次式のように表される．

$$C_\mathrm{D} = \frac{24}{Re} = 24\frac{\mu_\mathrm{a}/\rho_\mathrm{a}}{Vd}$$

これを，前問 9.5 の終速度 V の式に代入して再度 V を求める式を導き，与えられた数値を代入すると，次のように終速度が求められる．

$$V = \frac{1}{18}\frac{gd^2}{\mu_\mathrm{a}}(\rho_\mathrm{w} - \rho_\mathrm{a}) = \frac{1}{18} \times \frac{9.8 \times (0.1 \times 10^{-3})^2}{1.8 \times 10^{-5}} \times (1000 - 1.2) \fallingdotseq 0.30\,\mathrm{m/s}$$

9.7　前問 9.6 で求めた終速度の式を参照すると，次式のようになる．

$$\mu = \frac{1}{18}\frac{gd^2}{V}(\rho_\mathrm{s} - \rho)$$

第 10 章

10.1　流量 Q は断面積 A と流速 V の積なので，流速は次のように求められる．

$$A = \pi\left(\frac{d}{2}\right)^2 = \frac{\pi\,(60/1000)^2}{4} = 0.002827\,\mathrm{m}^2$$

$$Q = \frac{1.5}{60} = 0.025\,\mathrm{m}^3/\mathrm{s}, \qquad V = \frac{Q}{A} = 8.84\,\mathrm{m/s}$$

ポンプに必要な全揚程 H_t は，実揚程 H_a と管路の各部における損失ヘッドの和として次のように求められる．

$$\begin{aligned} H_\mathrm{t} &= H_\mathrm{a} + \lambda\frac{l}{d}\frac{V^2}{2g} + \zeta_1\frac{V^2}{2g} + \zeta_2\frac{V^2}{2g} + \zeta_3\frac{V^2}{2g} + \zeta_4\frac{V^2}{2g} \\ &= H_\mathrm{a} + \left(\lambda\frac{l}{d} + \zeta_1 + \zeta_2 + \zeta_3 + \zeta_4\right)\frac{V^2}{2g} \\ &= 18 + \left(0.02 \times \frac{20}{60/1000} + 0.5 + 2.0 + 0.5 + 1.0\right) \times \frac{8.84^2}{2 \times 9.81} \end{aligned}$$

$$= 60.5\,\mathrm{m}$$

10.2 (1) 管路末端のノズルの上流と下流の物理量にそれぞれ添字 1，2 をつけると，ベルヌーイの定理は次式となる．

$$\frac{{V_1}^2}{2g} + \frac{p_1}{\rho g} = \frac{{V_2}^2}{2g} + \frac{p_2}{\rho g}$$

$$\therefore \quad {V_2}^2 - {V_1}^2 = \frac{2}{\rho}(p_1 - p_2) \tag{1}$$

また，連続の式 $(\pi/4)\,{d_1}^2 \cdot V_1 = (\pi/4)\,{d_2}^2 \cdot V_2$ より，V_2 は次のように表せる．

$$V_2 = \left(\frac{d_1}{d_2}\right)^2 V_1 = \left(\frac{40}{20}\right)^2 V_1 = 4V_1 \tag{2}$$

式 (2) および $p_1 - p_2 = 7\,\mathrm{kPa}$ を式 (1) へ代入すると，V_1 は次のように求められる．

$$(4V_1)^2 - {V_1}^2 = \frac{2}{\rho}(p_1 - p_2)$$

$$\therefore \quad 15{V_1}^2 = \frac{2}{1000} \times \left(7 \times 10^3\right)$$

$$\therefore \quad V_1 = \sqrt{\frac{2 \times 7 \times 10^3}{15 \times 1000}} = 0.966 \fallingdotseq 0.97\,\mathrm{m/s}$$

V_2 は式 (2) より次式となる

$$V_2 = 4V_1 = 4 \times 0.966 = 3.864 \fallingdotseq 3.86\,\mathrm{m/s}$$

(2) 管路の総損失 h_l は，式 (7.28) より次のようになる．

$$h_l = \lambda \frac{l}{d}\frac{{V_1}^2}{2g} + 2\zeta_\mathrm{b}\frac{{V_1}^2}{2g} + \zeta_\mathrm{v}\frac{{V_1}^2}{2g}$$

$$= 0.02 \times \frac{50}{\left(\dfrac{40}{1000}\right)}\frac{0.966^2}{2 \times 9.8} + 2 \times 0.5 \times \frac{0.966^2}{2 \times 9.8} + 4.0 \times \frac{0.966^2}{2 \times 9.8} \fallingdotseq 1.4\,\mathrm{m}$$

(3) 全揚程 H_t は式 (10.3) の左辺に相当するので，その右辺に $\mathrm{z}_2 - \mathrm{z}_1 = H_\mathrm{a}$, $p_1 = p_2$（大気圧），$V_1 = 0$ を代入すると，

$$H_\mathrm{t} = \frac{{V_2}^2}{2g} + H_\mathrm{a} + h_l = 0.76 + 15 + 1.43 \fallingdotseq 17.2\,\mathrm{m}$$

10.3 比速度は，式 (10.23) より次のようになる．

$$n_\mathrm{s} = \frac{NQ^{1/2}}{(gH)^{3/4}} = \frac{\dfrac{1720}{60} \times 0.012^{1/2}}{(9.8 \times 18)^{3/4}} = 0.065$$

慣用的な比速度は，式 (10.24) より次のようになる．

$$N_s = 2575 n_s = 167\,[\mathrm{rpm}, \mathrm{m^3/min}, \mathrm{m}]$$

図 10.4 より効率が高くなるのは遠心型である．

10.4　ダムの水面（添字 1）と放水河川（添字 2）の水面に式 (10.7) を適用すると，次式となる．

$$w_t = \left(\frac{p_1}{\rho} + \frac{1}{2}{V_1}^2 + gz_1\right) - \left(\frac{p_2}{\rho} + \frac{1}{2}{V_2}^2 + gz_2\right) - q$$

ダムと放水河川の断面積 A_1 と A_2 は，導水管の断面積 A よりもはるかに大きいため，$V_1 \fallingdotseq 0\,\mathrm{m/s}$，$V_2 \fallingdotseq 0\,\mathrm{m/s}$ とみなせる．また，$p_1 = p_2 = p_a$（大気圧）であり，摩擦による損失が無視できるから $q = 0$ となる．

$$w_t = g(z_1 - z_2) = gH = 9.8 \times 50 = 4.9 \times 10^2\,\mathrm{W/(kg/s)}$$

$$\rho Q = \rho AV = 1000 \times \pi \left(\frac{1.5}{2}\right)^2 \times 6.0 = 10.6 \times 10^3\,\mathrm{kg/s}$$

$$L = \rho Q w_t = 10.6 \times 10^3 \times 4.9 \times 10^2 = 5.2 \times 10^6\,\mathrm{W} = 5.2\,\mathrm{MW}$$

10.5　必要有効吸込ヘッド

$$H_{sv} = \left(\frac{N}{s}\right)^{4/3} \frac{Q^{2/3}}{g} = \frac{\left(\dfrac{3600}{60}\right)^{4/3}}{0.45^{4/3}} \frac{\left(\dfrac{0.3}{60}\right)^{2/3}}{9.8} = 2.03\,\mathrm{m}$$

有効吸込ヘッド

$$\mathrm{NPSH} = \frac{p_a}{\rho g} - H_s - h_l - \frac{p_v}{\rho g} = \frac{0.1 \times 10^6}{1000 \times 9.8} - 8.0 - 0.9 - \frac{4200}{1000 \times 9.8} = 0.88\,\mathrm{m}$$

$\mathrm{NPSH} < H_{sv}$ だから，キャビテーションが発生する．

参考文献

[1] 松尾一泰「流体の力学」理工学社（2007）
[2] 菊山功嗣・佐野勝志「流体システム工学」共立出版（2007）
[3] 中林功一・伊藤基之・鬼頭修己「流体力学の基礎（1），（2）」コロナ社（1993）
[4] 中山泰喜「新編 流体の力学」養賢堂（2011）
[5] 生井武文校閲，国清行夫・木本知男・長尾 健「水力学（改訂・SI 版）」森北出版（1984）
[6] 中村育雄・大坂英雄「機械流体工学」共立出版（1982）
[7] 杉山 弘編著，松村昌典・河合秀樹・風間俊治「明解入門 流体力学」森北出版（2012）
[8] 古川明徳・金子賢二・林秀千人「流れの工学」朝倉書店（2000）
[9] 松永成徳・富田侑嗣・西 道弘・塚本 寛「流れ学—基礎と応用—」朝倉書店（1991）
[10] 井上雅弘・鎌田好久「流体機械の基礎」コロナ社（1989）
[11] 日本機械学会編「流体力学」日本機械学会（2005）
[12] 大橋秀雄「流体機械」森北出版（1987）
[13] 村上光清・部谷尚道「演習流体機械」森北出版（1986）
[14] 宮井善弘・木田輝彦・仲谷仁志・巻幡敏秋「水力学（第 2 版）」森北出版（2014）
[15] 大坂英雄・他 7 名「流体工学の基礎」共立出版（2012）
[16] Frank M. White, “Fluid Mechanics”, Eighth edition, McGraw-Hill (2015)
[17] 日本機械学会編「機械工学便覧・基礎編 A5 流体工学」日本機械学会（1986）
[18] 日本機械学会編「機械工学便覧・基礎編 α4 流体工学」日本機械学会（2006）
[19] 日本機械学会編「技術資料 管路・ダクトの流体抵抗」日本機械学会（2001）
[20] 可視化情報学会編「PIV ハンドブック」森北出版（2002）
[21] 流れの可視化学会編「新版 流れの可視化ハンドブック」朝倉書店（1986）
[22] 日本機械学会編「写真集 流れ」丸善（1984）
[23] 日本機械学会編「技術資料 流体計測法」日本機械学会（2004）

索　引

■ た　行

■ な　行

■ は　行

■ ま　行

■ や　行

■ ら　行

著　者　略　歴

山田　英巳（やまだ・ひでみ）
1978 年　山口大学大学院工学研究科修士課程修了
2005 年　大分大学教授
2019 年　大分大学名誉教授
現在に至る．工学博士
専門分野　流体工学（後流・はく離流，可視化計測など）

濱川　洋充（はまかわ・ひろみつ）
1992 年　九州大学大学院工学研究科博士後期課程修了
2011 年　大分大学教授
現在に至る．博士（工学）
専門分野　流体工学（流体音響，流体機械など）

田坂　裕司（たさか・ゆうじ）
2005 年　北海道大学大学院工学研究科博士課程修了
2011 年　北海道大学准教授
現在に至る．博士（工学）
専門分野　流体力学（流れの不安定現象，混相流体力学など）

編集担当　千先治樹（森北出版）
編集責任　上村紗帆・石田昇司（森北出版）
組　　版　ウルス
印　　刷　ワコープラネット
製　　本　ブックアート

流れ学—流体力学と流体機械の基礎—

2016 年 6 月 20 日　第 1 版第 1 刷発行
2023 年 3 月 10 日　第 1 版第 5 刷発行

著　　者　山田英巳・濱川洋充・田坂裕司
発 行 者　森北博巳
発 行 所　**森北出版株式会社**

東京都千代田区富士見 1–4–11（〒102–0071）
電話 03–3265–8341／FAX 03–3264–8709
https://www.morikita.co.jp/
日本書籍出版協会·自然科学書協会　会員
JCOPY ＜(一社)出版者著作権管理機構　委託出版物＞

落丁·乱丁本はお取替えいたします．

Printed in Japan／ISBN978–4–627–67531–5